油田设备技术问答丛书

钻井设备技术问答

张　彬　黄建喜　主编

U0325486

中国石化出版社

内 容 提 要

　　本书介绍了石油钻机基本知识、动力与传动系统、旋转系统、循环系统、起升系统、钻井液净化设备、DQ－70BS 顶部驱动系统，还介绍了 ZJ40/2250L 钻机、ZJ50/3150 电驱动钻机、ZJ70/4500DB₅ 钻机的配套设备维护保养等方面的内容，以及 ZJ70/4500DS 钻机的搬迁、安装、调试、海洋石油钻井设备等相关内容。

　　本书可作为从事石油钻井、石油机械工作的职工上岗、技能鉴定考级、培训的参考书，也可供石油院校钻井技术专业的师生参考。

图书在版编目（CIP）数据

　　钻井设备技术问答/张彬，黄建喜主编. —北京：中国石化出版社，2012.5
　　（油田设备技术问答丛书）
　　ISBN 978－7－5114－1465－6

　　Ⅰ.①钻… Ⅱ.①张… ②黄… Ⅲ.①钻井设备－问题解答 Ⅳ.①TE92－44

　　中国版本图书馆 CIP 数据核字（2012）第 089599 号

中国石化出版社出版发行
地址：北京市东城区安定门外大街 58 号
邮编：100011　电话：(010)84271850
读者服务部电话：(010)84289974
http://www.sinopec-press.com
E-mail：press@sinopec.com
北京科信印刷有限公司印刷
全国各地新华书店经销
*
850×1168 毫米 32 开本 14.75 印张 377 千字
2012 年 6 月第 1 版　2012 年 6 月第 1 次印刷
定价：42.00 元

前　言

目前在石油勘探开发中，对钻井设备的了解是其中必不可少的重要环节，因此，石油钻井设备在石油工业中占有十分重要的地位。对于从事石油钻井作业的各类专业技术人员来说，系统地掌握钻井设备相关知识十分必要。

本书在编写过程中，力求通俗易懂、针对职业能力培养，注重应用性、技术性，总体知识具备系统性和良好的衔接性，依据石油行业专业特点，以钻井技术专业的职业能力和岗位能力的要求为核心，内容侧重于操作技能，突显实用性。

全书共分十二章，系统介绍了石油钻机基本知识、石油钻机的动力与传动系统、石油钻机的旋转系统、石油钻机的循环系统、钻井液净化设备、石油钻机的起升系统、DQ－70BS 顶部驱动系统，还介绍了 ZJ40/2250L 钻机、ZJ50/3150 电驱动钻机、ZJ70/4500DB$_5$ 钻机的配套设备维护保养等方面的内容以及 ZJ70/4500DS钻机的搬迁、安装、调试、海洋石油钻井设备等相关内容。

本书可作为现场钻井操作人员的培训、技能鉴定参考书，也可作为从事钻井技术专业学生的参考教材。

本书第一章、第二章、第三章、第四章、第六章、第十二章由渤海石油职业学院张彬编写，第八章、第九章由渤海装备制造有限公司石油机械厂黄建喜编写，前言和第十章由华北油田公司采油三厂谢莹编写，第五章和第十一章由渤海石油职业学院高书杰编写，第七章由渤海石油职业学院王冠雄编写。本书由张彬、黄建喜担任主编，黄建喜担任主审工作。由于编写人员水平有限，书中难免有不妥之处，衷心希望广大读者给予批评指正。

目　　录

第一章 石油钻机基本知识

第一节 石油钻井方法概述

1. 石油钻井方法有哪些?

从地面钻一个孔道直达油气层，即钻井。井的结构如图1－1所示，图中分别标明了井口、井身、井壁、井底、井径、井段和井深。钻井的实质就是要设法解决破碎岩石和取出岩屑、保护井壁、继续加深钻进等方面的问题。

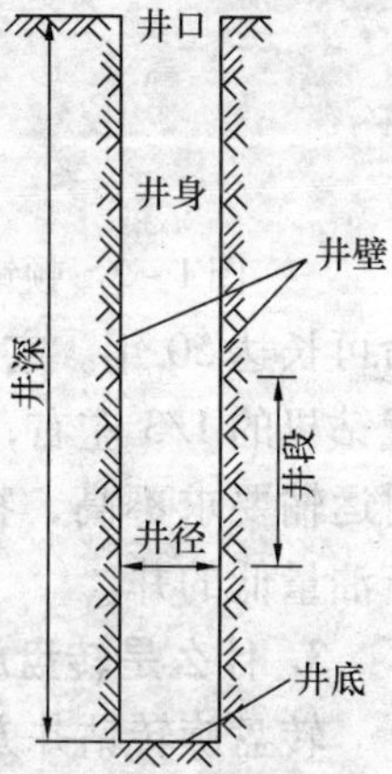

人类通过长期的生产实践和科学研究，创造了两种有工业实用价值的钻井方法，既顿钻钻井方法和旋转钻井法。旋转钻井法又包括地面驱动转盘旋转钻井方法、顶部驱动钻井方法及井下动力钻具旋转钻井方法三种。

2. 什么是顿钻钻井法?

顿钻钻井方法又称冲击钻井方法。是19世纪在世界范围内广泛应用的钻井方法，相应的钻井设备称为顿钻钻机或钢绳冲击钻机。其设备组成如图1－2所示。

其作用原理是周期地将钻头提到一定的高度向下冲击井底，破碎岩石。在不断冲击的同时，向井内注水，将岩屑、泥土混成泥浆，等井底泥浆碎块积到一定数量时，便停止冲击，下入捞砂筒捞出岩屑，然后再开始冲击作业。如此交替，加深井眼，直至钻到预定深度为止。

用这种方法钻井，破碎岩石、取出岩屑的作业是间歇式不连

图1－1 井深结构

1

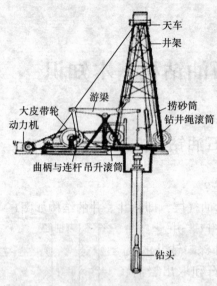

内的标注：
- 天车
- 井架
- 游梁
- 大皮带轮
- 动力机
- 捞砂筒
- 钻井绳滚筒
- 曲柄与连杆吊升滚筒
- 钻头

图 1 – 2　顿钻钻井示意图

续的。因此，钻头功率小、效率低、速度慢而且不能进行井内压力控制，远不能满足现代石油钻井中优质、快速打深井的要求，代之而起的便是旋转钻井方法。

但这种钻井方法所用的顿钻钻机并没有绝迹。不仅我国陕北地区还在继续使用，而且在拥有大量现代钻机的美国仍然存在。这是因为这种钻机经久耐用，磨损少，使用寿命可长达 50 年。它消耗少、成本低、单位进尺成本只相当于现代钻机的 1/3 左右，再加之钻机体积小、质量轻，占地面积小，对运输要求不高，特别适用于打浅井（500m 以内）、硬脆地层、产油量低的井。

3. 什么是转盘旋转钻井法？

转盘旋转钻井方法的设备组成如图 1 – 3 所示。

井架、天车、游车、大钩及绞车组成起升系统，以悬持、提升下放钻柱。接在水龙头下的方杆卡在转盘中，下部承接钻杆柱、钻铤、钻头。钻杆柱是中空的，可通入清水或钻井液。工作时，动力机驱动转盘，通过方钻杆带动井中钻杆柱，从而带动钻头旋转。通过控制绞车刹把，可调节由钻柱的重量而施加到钻头上的压力即俗称钻压的大小，使钻头以适当压力压在岩石面上，连续旋转破碎岩层。与此同时，动力机驱动钻井泵，使钻井液经地面管汇→水龙头→钻杆柱内腔→钻头水眼→井底→钻柱与井壁的环形空间→地面钻井液净化系统，进行钻井液循环，以连续带出被破碎的岩屑并保护井壁。

2

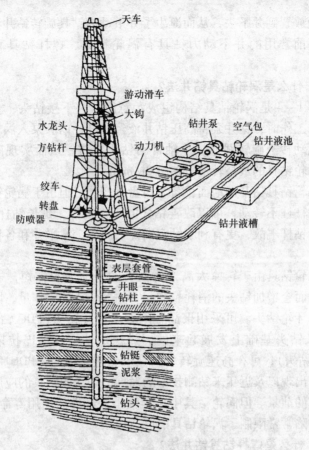

图 1-3　转盘旋转钻井示意图

（图中标注：天车、游动滑车、大钩、水龙头、方钻杆、钻井泵、空气包、钻井液池、动力机、绞车、转盘、防喷器、钻井液槽、表层套管、井眼、钻柱、钻铤、泥浆、钻头）

钻杆代替了顿钻中的钢丝绳，钻头加压旋转代替了冲击。所以，转盘旋转钻井法破碎岩石和取出岩屑都是连续的，克服了冲击钻井的缺点，提高了钻井效率。

4. 什么是井下动力钻具旋转钻井法？

从顿钻到转盘旋转钻井，是钻井方法上的第一次革命。但随着钻井深度的增加，钻杆柱在井中旋转消耗的功率也越来越大，容易引起钻杆折断事故的发生，这就促使人们朝钻杆不旋转或不用钻杆的方向去寻求驱动钻头旋转钻进的新方法，即将动力装置

3

由地面放置到井下去，从而诞生了井下动力钻具旋转钻井法。

目前常用的井下动力钻具有涡轮钻具、螺杆钻具和电动钻具。

5. 什么是涡轮钻具钻井法？

图1-4是涡轮钻具结构组成示意图。它下接钻头，上接钻杆柱。工作时，钻井泵将高压钻井液经钻杆柱内腔泵入涡轮钻具中，驱动转子旋转并通过主轴带动钻头旋转，从而实现破岩钻进。涡轮钻具的最高转速可达700r/min。

涡轮钻具钻井的地面设备与转盘钻相同。但由于涡轮钻具以上的钻杆柱不转动，可以改善钻柱的工作条件，延长钻杆寿命，减少断钻杆事故，更有利于钻定向井、斜井、水平井和各种侧钻作业。

涡轮钻具由于转速太高，使钻头的寿命大大缩短，进尺减少，从而会增加钻头的消耗量和起下钻换钻头的工作量，因此不宜配用牙轮钻头。可采用聚晶金刚石复合片钻头（PDC钻头）及在PDC钻头基础上发展起来的、热稳定性更好的巴拉斯钻头（BDC钻头），可在高速旋转和高温下钻进。因此，PDC和BDC钻头的出现以及近年来钻测技术的发展，为涡轮钻具的应用开辟了广阔的前景。但涡轮钻具中止推轴承等部件的使用寿命较短，这些缺陷常常限制了涡轮钻具的广泛应用。

6. 什么是螺杆钻具钻井法？

螺杆钻具是一种由高压钻井液驱动的渐进空穴型容积式井下动力钻具。钻井液驱动转子（螺杆）在衬套中转动，带动装在它下端的由万向轴连接的钻头破岩钻进。单螺杆钻具结构如图1-5所示。

螺杆钻具钻井，螺杆钻具上部的钻杆柱也是不旋转的，特别适用于定向井、水平井、多底井和其他特殊作业钻井。小尺寸螺杆钻具多用于小井眼和超深井钻井。

螺杆钻具结构简单，工作可靠；可通过增加螺杆的螺瓣数提高扭矩、降低转速，这就增加了钻头的功率，延长了钻头的寿

4

命，减少了钻头的消耗量和起下钻次数，可配用普通牙轮钻头，也可配用金刚石钻头。螺杆钻具的性能优于涡轮钻具。因此，螺杆钻具也是一种钻定向井、水平井、深井、超深井的很有发展前途的井下动力钻具。

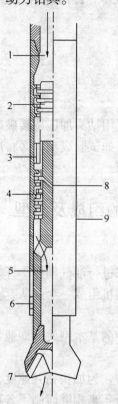 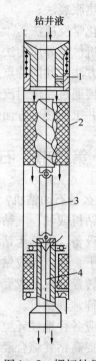

图1-4　涡轮钻具结构示意图

1、5—钻井液；2—止推轴承；

3—中间轴承；4—涡轮；

6—下轴承；7—钻头；

8—主轴；9—外壳

图1-5　螺杆钻具

结构示意图

1—旁通阀；2—单螺杆马达

总成；3—万向轴总成；

4—传动轴总成

7. 新的石油钻井方法有哪些?

随着现代科学技术的进步，钻井深度也随之增加，到目前为

5

止钻井深度已超过万米。旋转钻井方法导致钻井机械及设备愈来愈庞大和复杂。因此，近些年来，人们一直试图利用现代科学的最新成就，开辟破碎和清除岩石的新途径，积极探索和试验新的钻井方法，以实现精简设备、降低成本、提高经济效益的宗旨。新提出的钻井方法大致可分为：

（1）熔化及气化法；

（2）热胀裂法；

（3）化学反应法；

（4）机械诱导应力法。

这些方法的共同特点是，摒弃了用钻头加压旋转破碎岩石的原理，直接通过高压射流形成井眼，如试验成功，必将成为钻井方法和钻井工艺技术方面的重大变革。

第二节　石油钻机的组成及类型

8. 什么是石油钻机？

石油钻机或油、气钻机是指用来进行油气勘探、开发的成套钻井地面设备，统称为钻机。一套钻机组成一个井队，在辅助部门的配合下，独立完成钻井任务。

陆用转盘钻机是成套钻井设备中的基本型式，即通常所说的钻机，也称常规钻机。

为适应各种地理环境和地质条件，为加快钻井速度，降低钻井成本，提高钻井综合经济效益。近年来相继研制了各种具有特殊用途的钻机，比如沙漠钻机、丛式井钻机、斜井钻机、顶驱钻机、直升飞机吊运的钻机、小井眼钻机、连续柔管钻机等，这些可称为特种钻机。

9. 石油钻机由哪几部分组成？

现代石油钻机属于重型矿业机械，是由多种机器设备组成，具有多种功能的联合工作机组。如图 1-6 所示，包括如下几部分：

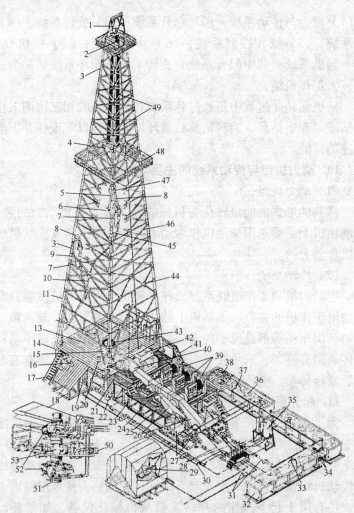

图1-6 石油钻机组成示意图

1—人字架；2—天车；3—井架；4—游车；5—水龙头提环；6—水龙头；7—保险链；8—鹅颈管；9—立管；10—水龙带；11—井架大腿；12—小鼠洞；13—钻台；14—架脚；15—转盘传动；16—填充钻井液管；17—扶梯；18—坡板；19—底座；20—大鼠洞；21—水刹车；22—缓冲室；23—绞车底座；24—并车箱；25—发动机平台；26—泵传动；27—钻井泵；28—钻井液管线；29—钻井液配置系统；30—供水管；31—吸入管；32—钻井液池；33—固定钻井液枪；34—连接软管；35—空气包；36—沉砂池；37—钻井液枪；38—振动筛；39—动力机组；40—绞车传动装置；41—钻井液槽；42—钻井绞车；43—转盘；44—井架横梁；45—方钻杆；46—斜撑；47—大钩；48—二层平台；49—游绳；50—钻井液喷出口；51—井口装置；52—防喷器；53—换向阀门

7

（1）动力与传动系统；（2）起升系统；（3）旋转系统；（4）循环系统；（5）操作控制系统；（6）井控系统；（7）钻机底座；（8）辅助系统。其中起升系统、旋转系统、循环系统被称为钻机的三大工作机组。

钻机在钻井过程中是通过各系统和各部件的相互协调工作完成钻进、起下钻具、旋转钻具、循环钻井液，以实现往井下继续钻进的目的。

10. 动力机组与传动系统的主要功能是什么？

（1）动力机组

将其他形式的能量转化为机械能且为设备提供动力的装置。目前钻机上主要选用柴油机作为动力，也有用天然气发动机或电动机作动力的。

（2）传动系统

把动力机和工作机联系起来并将来自动力机的机械能分配和传递给工作机的装置。如钻机上的传动箱、并车箱、减速箱、变速箱、倒车箱等都是属于传动装置。现代石油钻机机械传动常用的传动副有链条、三角胶带、齿轮及万向轴。此外，还有液力传动、液压传动、电传动等形式。

11. 起升系统由哪几部分组成？

为了起下钻具、下套管，控制钻压及钻头钻进等，钻机配备有一套提升设备，以辅助完成钻井生产。这套设备主要由井架、天车、游车、大钩、绞车、钢丝绳等部件组成。绞车由动力机组经传动机组驱动，用来完成起下钻柱，控制钻头往地层钻进。另外，还有用于起下操作的井口工具及机械化设备，如吊环、吊卡、卡瓦、动力大钳、立根移运机构等。

12. 旋转系统由哪几部分组成？

旋转系统由转盘、水龙头等组成，功能是转动井中钻具，带动钻头破碎岩石。转盘由动力机输出的动力经传动系统驱动旋转，转盘方补心随即带动方钻杆及与其相连的水龙头、井下钻具、钻头等旋转，完成钻进的目的。

常规钻机配备有转盘和水龙头，顶部驱动钻机配备的是顶驱装置而无转盘。

13. 循环系统由哪几部分组成？

为了及时清洗井底、携带岩屑、保护井壁，钻机配有全套的钻井液的循环系统。循环系统由钻井泵，地面高压管汇，立管，水龙带，方钻杆，钻杆，钻头，防喷器，振动筛，除砂器，清洁器，钻井液槽、池，搅拌器，搅拌池等组合而成。动力机组输出的动力驱动钻井泵作往复运动，将钻井液泵送经过地面高压管汇，流经立管、水龙带、水龙头、方钻杆、钻杆、钻铤、钻头等达到井底，携带井底钻碎的岩屑流经钻杆与井壁的环形空间返回到地面。钻井液经净化处理后又重新泵送到井底，反复循环，为钻头在井底创造良好的工作环境。

当采用井下动力钻具钻进时，钻井液的循环系统提供高压钻井液，以驱动井下动力钻具工作。

14. 操作控制系统由哪几部分组成？

为了指挥各工作机组间的协调工作，整套钻机配备有各种控制装置，常用的有机械控制，气控，电控，液控和电、气、液混合控制。现代机械驱动钻机，普遍采用集中气控。气控系统由电动和气动空气压缩机提供压缩空气，流经冷却器降温后进入储气罐，排除空气中的油、水成分，干燥净化后通往各操作部位的气动元件，达到操纵控制钻机各部位工作的目的。

为做到钻机工作的操作准确无误，现代钻机均安装有灵敏的操纵控制台、各种钻井仪表及随钻测量系统，监测显示地面有关系统设备的工况，测量井下参数，实现井眼轨迹控制。

15. 电动钻机的直流控制系统与交流变频控制系统有什么不同？

电动钻机直流控制系统，包括柴油发电机组控制单元、直流传动控制单元、司钻操作控制单元、电磁刹车控制单元和交流电动机控制中心等五个部分。系统工作稳定、动态性能好、生产效率高、负荷均衡、操作简便、显示齐全、安全保护功能完善。

电动钻机交流变频控制系统,其柴油发电机组控制单元和交流电动机控制中心部分与直流控制系统基本相同。区别在于电机驱动和制动采用了先进的全数字变频调速技术和直流斩波技术,使电机的调速性能更加优越,系统操控更加简便,功率因数高,能有效提高柴油发电机的使用功率,节能效果明显。

16. 钻机电气控制系统的主要功能特点是什么?

(1)精确控制柴油机转速和发电机电压。

(2)多台发电机并网运行时功率的自动平衡。

(3)功率限制可防机组过载。

(4)具有柴油发电机组多项保护功能(欠压、过压、过流、短路、欠频、过频和逆功)。

(5)宽广的调速范围和精确的转速控制,可完全满足不同钻井工艺的要求。

(6)采用 PLC 技术进行控制、监测和远程通讯。

(7)绞车、转盘采用能耗制动。

(8)皮带轮防滑保护(直流钻机)。

(9)零位联锁保护。

(10)电磁涡流刹车控制(直流钻机)。

(11)自动送钻。

(12)游车防碰。

(13)一体化钻井仪表。

17. 钻机电气控制系统的主要构成有哪些?

(1)柴油发电机控制系统

柴油发电机控制系统用来控制柴油发电机组,输出 600V、50Hz 交流电压。系统分为模拟发电控制和全数字发电控制系统两种。

模拟控制系统由断路器、同步装置、交流控制组件、功率限制电路和接地故障检测电路等组成；全数字发电控制系统主要由WOODWARD EGCP-2发电机控制模块，2301D发动机速度控制器组成。

（2）传动系统

传动系统分为直流传动和交流变频传动两种。

直流传动系统。用来控制SCR元件，将恒压、恒频交流电源整流成连续可调的直流电。三相全控整流桥整流，断路器与交流电网相隔离，其输出经指配接触器为直流电动机供电，实现钻机绞车、泥浆泵、转盘或顶驱的速度及转矩控制，可无级调速，满足传动要求。

交流变频控制系统。主要包括独立变频电机自动送钻和主电机送钻、绞车大功率能耗制动系统、智能一体化司钻控制、智能化游车位置控制系统、MCC智能化软启动及实时监控、交流进线阻容吸收、远程通信设备管理平台等。其控制对象为绞车主电机、泥浆泵主电机、转盘主电机、自动送钻电机。系统可实现变频器故障报警，控制液压盘刹紧急刹车；过流、短路及交流输入电压失压保护；主电机失风报警、润滑油低压报警；I2t监控；电动机锁定保护和紧急关机等保护功能。

（3）能耗制动单元

直流控制系统可将高速运转的电动机减速，手轮控制猫头速度。只需司钻释放脚控器，延时后即自动开始能耗制动，节省起下钻时间。

在交流变频控制系统的电机发电工况下，制动单元、制动电阻自动产生能耗制动，可实现游动系统提升下放速度的平稳、可调和钻具悬停，防止转盘倒转。

（4）自动送钻单元

恒压（WOB）/恒速（ROB）自动送钻为转速电流双闭环控制系统，具有钻压、钻速、转速和转距上限功能，采用该系统可明显提高钻井质量、加快钻井速度、减轻工人劳动强度、延长钻头寿命。

（5）综合控制系统

① 司钻操作控制系统。

通过 PLC、PROFIBUS－DP 总线进行数据传输，工控机监控，实现绞车、转盘、泥浆泵和自动送钻的控制。一体化司钻操作控制系统全部正压防爆，符合 API RP500 规范。系统具有起下钻与游车位置控制、自动送钻与手动送钻控制、盘刹与能耗制动控制、转盘速度与扭矩控制、泥浆泵泵冲控制、机电液气 PLC 程序控制等功能。

② 游车防碰控制系统。

该系统可实现游车运行位置的自动控制，防止游车发生上碰下砸事故。

③ 电磁涡流刹车控制系统。

该系统用于控制电磁涡流刹车装置的刹车力矩，实现游车平稳下放。

④ 一体化仪表控制系统。

通过现场的传感器、编码器、变送器等采集单元，将各种钻井参数送入 PLC 进行计算和处理，在触摸屏、工控机及远程终端上显示悬重、钻压、井深、机械钻速、转盘转速、转盘转矩、泵冲、泵压、泥浆池液位、出口返回量、总泵冲次等钻井参数和游车位置、吨/公里及衍生的其他参数。

（6）中、低压开关柜

可提供各种符合 NEMA、IEC 标准的低压开关设备和中压开关设备(400V～10kV)。

其交流电动机控制中心(MCC)可对钻机的钻台、泥浆泵房、泥浆循环区、空压机房、油罐区和水罐区等区域的交流电动机进行控制，并提供井场照明和生活电源。

根据容量不同，系统可分别采用直接启动和软启动方式。

18. 钻机电气控制系统技术参数有哪些？

钻机电气控制系统技术参数如表 1－1 所示，其外形如图 1－7所示。

表1-1 钻机电气控制系统技术参数

频率稳定精度/%	频率调整时间/s	电压稳定精度/%	电压调整时间/s	有功负载不均衡/%	电抗性负载不均衡/%
≤1	≤3	≤1	≤1.5	≤5	≤5
直流传动系统					
电压/VDC		电流/ADC			频率/Hz
750		"一比一"1400	"一比二"2400		50或60
交流传动装置					
电压/VAC	频率/Hz	单组交流电机容量/kW			频率/Hz
380	50或60	最大值达900			0~300
690	50或60	最大值达1200			0~300

图1-7 钻机电气控制系统外形图

19. 井控系统由哪几部分组成?

井控系统作用为控制井内压力,防止地层流体无控制的流入井中。主要由防喷器、防喷器管线、地面节流管汇、液压和气压控制元件等组成。

20. 底座由哪几部分组成?

底座是钻机的组成部分之一。用于安置钻井设备,方便钻井设备的移运。包括钻台底座和机房底座两部分。

钻台底座用于安装井架、转盘、防止立根盒及必要的井口工具和司钻控制台,多数还要安装绞车,下方应能容纳必要的井口装置。因此,必须有足够的高度、面积和刚度。丛式井钻机底座

13

必须满足丛式井的特殊要求。

机房底座主要用于安装动力机组及传动系统设备。因此也要有足够的面积和刚性，以保证机房设备能够迅速安装找正、平稳工作且移运方便。

21. 钻机底座的性能特点是什么？

（1）拖撬式底座，底部采用船形结构，便于整拖。

（2）拖挂式底座，自带行走轮胎，通过牵引车进行整体移动。

（3）箱块式底座，采用前高后低结构，分块组装。

（4）箱叠式底座，由多层箱型构件叠放在一起，形成不同高度的钻台底座。台面设备高位安装。

（5）双升式（弹弓式）底座，钻台及台面设备可低位安装，井架在钻台低位时起升，然后再将钻台和井架整体起升。

（6）旋升式底座，钻台及台面设备可低位安装，井架支脚低位，井架起升后再起升钻台。

22. 钻机底座的性能参数有哪些？

钻机底座的性能参数如表1-2、表1-3、表1-4和表1-5所示，其外形如图1-8所示。

表1-2　钻机底座的性能参数

底座型号	DZ90/3.9 -T	DZ170/4 -T	DZ170/6 -T	DZ170/5.1 -TG	DZ225/6 -TG
钻台高度/m	3.9	4	6	5.1	6
净空高度/m	3.234	2.91	4.9	3.8	4.9
转盘梁负荷/kN	900	1700	1700	1700	2250
立根负荷/kN	500	900	900	900	1200
井架底部跨距/m	5	6.5	7.5	2.9	4
质量/kg	30200	72800	40600	32000	78500

注：T—拖撬式；TG—拖挂式。

14

表 1 - 3   钻机底座的性能参数

底座型号	DZ225/5 -TG	TJ2 -41	DZ225/6 -K	DZ315/7.5 -K	DZ450/7.5 -K
钻台高度/m	5	4.5	6	7.5	7.5
净空高度/m	3.8		4.8	6.3	6.2
转盘梁负荷/kN	2250	2200	2250	3150	4500
立根负荷/kN	1200	1500	1200	1600	2200
井架底部跨距/m	4	8.02×8.02	9	9	10
质量/kg	102000	36800	125100	118300	145800

注：T—拖撬式；TG—拖挂式；K—箱块式。

表 1 - 4   钻机底座的性能参数

底座型号	DZ90/4.5 -S	DZ225/7.5 -S	DZ315/9 -S	DZ450/9 -S	DZ450/ 10.5-S	DZ585/ 10.5-S
钻台高度/m	5	4.5	6	7.5	10.5	10.5
净空高度/m	3.8		4.8	6.3	9	9
转盘梁负荷/kN	2250	2200	2250	3150	4500	5850
立根负荷/kN	1200	1500	1200	1600	2200	2700
井架底部跨距/m	4	8.02×8.02	9	9	9	9
质量/kg	102000	36800	125100	118300	197000	1212000

注：S—双升式(弹弓式)。

表 1 - 5   钻机底座的性能参数

底座型号	DZ180/ 6-X	DZ225/ 6-X	DZ315/ 9-X	DZ450/ 10.5-X	DZ675/ 12-X	DZ900/ 12-X
钻台高度/m	6	6	9	10.5	12	12
净空高度/m	4.775	4.8	7.7	9.08	10	10
转盘梁负荷/kN	1800	2250	3150	4500	6750	9000
立根负荷/kN	3000	1200	1600	2200	3250	4320
井架底部跨距/m		9	9	10	10	10
质量/kg	47800	124000	154800	147800	245000	265000

注：X—旋升式。

图 1-8　钻机底座外形图

23. 辅助系统由哪几部分组成？

石油钻机因常年分散在野外进行钻井作业，为满足各种季节日夜连续作业的要求，每套钻机都配有发电、照明、供水、供油、通讯、冬季保温及生活等辅助设施。

24. 主要起升系统设备及附属设施应涂什么颜色？

井架为白色或红白相间颜色，底座为白色或海蓝色，天车架为红色。天车顶部应设发红光的防爆标灯。游动滑车应为黄黑相间斜条纹。大钩应为黄色。绞车、链条护罩应为蓝色。指重表应为红色。

气（电）动绞车应为黄色，液动大钳、B型大钳应为红色，大钳液控箱应为黄色，方钻杆游扣器应为红色。

25. 主要旋转系统的设备应涂什么颜色？

水龙头应为黄色。转盘应为蓝色。

26. 机泵设备应涂什么颜色？

（1）柴油机组应为黄色。

（2）钻井泵应为天蓝色。

（3）裸露旋转部位、空气包、安全阀及泄压管应为红色。

（4）联动机护罩和机房底座应为灰色。

27. 发电设备应涂什么颜色？

（1）发电机组应为黄色。

16

（2）配电盘应为白色。

28. 气控系统应涂什么颜色？

储气罐、干燥器、气管线应为白色。

29. 井控装置应涂什么颜色？

井控装置、管汇及其附属设施应为红色。

30. 钻井液管汇应涂什么颜色？

钻井液管汇系统的高压、低压管线和阀门手轮应为红色，阀门体应为黄色。

31. 净化系统及相应设备应涂什么颜色？

（1）固控装置应为黄色。

（2）循环罐和土粉储存罐、加重剂储存罐、散装水泥储存罐应为灰色。

（3）搅拌器减速箱及电机护罩应为黄色。

32. 柴油罐、机油罐、水罐及相应设备应涂什么颜色？

（1）柴油罐、机油罐、油管线应为黄色。

（2）柴油泵及电机应为灰色。

（3）水罐、水泵及水管线应为绿色。

33. 活动房应涂什么颜色？

（1）井控房、消防工具房应为红色。

（2）锅炉房应为灰色。

（3）其余房应为白色。

34. 防护栏杆应涂什么颜色？

各部位防护栏杆颜色应为桔黄色。

35. 按用途不同，石油钻机是如何分类的？

根据钻机使用的不同目的分：石油钻机、地质钻机、地震钻机、水井钻机等，其中以石油钻机应用最广。

（1）石油钻机

主要用于勘探和开发石油和天然气，一般用于深井。

（2）其他钻机

主要用于地质调查、矿产资源的勘探、水文、物探及工程地

17

质等，一般用于浅井。

36. 按钻井深度不同，石油钻机是如何分类的?

（1）轻便钻机

多用于地质勘探。一般采用直径 33.5～89mm 等 7 种小钻杆。所钻井眼直径小于 150mm，钻机的额定起重量小于 300kN，可钻井深从几米至几十米，最大不超过 2000m。轻便钻机也有轻型、中型和重型之分，其中起重量大的可以打浅油井，最轻的微型钻机只有 20～50kg，可用人力运移，用来钻 1～5m 深的地震炮眼井。

（2）大型钻机

多用于石油或天然气的钻探，如图 1–9 所示。一般使用 89～140mm 钻杆，所钻井眼直径最大可达 1m 以上，钻机的额定起重量在 300kN 以上，可钻井深从几百米至一万米以上。大型钻机按钻井深度不同分：

① 中型钻机。可钻井深为 1000～2500m，最大起重量 800～1600kN，也可用于修井。

② 重型钻机。可钻井深为 3000～5000m，最大起重量 2000～2500kN，也称深井钻机。

③ 超重型钻机。可钻井深超过 5000m，最大起重量超过

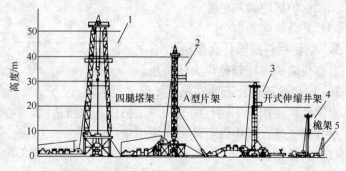

图 1–9 大型与轻型钻机

1—超重型钻机；2—重型钻机；3—中型钻机（拖车装）；

4—车装轻便钻机；5—地震轻便钻机（小型或手抬式）

18

2500kN，也称超深井钻机。

37. 按钻井方法不同，石油钻机是如何分类的？

根据钻头在井底钻进的方法不同分：顿钻钻机、转盘钻机、井下动力钻机、柔杆钻机、冲旋联合钻机和顶驱钻机。现代钻井主要使用转盘、井下动力钻机和顶驱钻机。

上述的钻井方法均属于机械破岩。为了减少起下钻次数和减少动力功率的消耗，又出现了电火花钻井、激光钻井、腐蚀钻井、爆炸钻井等方法。

38. 按动力设备不同，石油钻机是如何分类的？

根据钻机配备的源动机不同分：蒸汽机驱动钻机、燃气轮机驱动钻机、机械驱动钻机、电驱动钻机和液压驱动钻机。

目前使用较多的是柴油机驱动钻机，电驱动钻机正在以绝对的优势取代柴油机钻机。

39. 按传动方式不同，石油钻机是如何分类的？

根据钻机选用的主传动方式不同分：齿轮钻机、链条钻机、皮带钻机、万向轴传动钻机，另外有新型全液压钻机、盘管钻机等。国内外的钻机传动方式大多数是以上述一种传动方式为主，多种传动方式联合使用的钻机较多。

盘管钻机又称连续柔管钻机，如图 1-10 所示。其最大的特点是：采用一定可挠性的高强度低碳钢无缝管作为钻杆，下接井下动力钻具和高效钻头钻井。到目前为止，制造的盘管长度已达914.4~7620m 不等，视钻井需要而定，把它盘绕在一个直径 3m左右的大卷筒上。下钻时只需要从卷筒上放出盘管，到达井底后启动井下动力钻具钻进，起钻时只需开动环链牵引器，转动大卷筒，把盘管盘绕在大卷筒上便可把井下钻具提出井口。由于它不必上下提升和接卸钻杆，因此可再配备大型吊升系统和起下钻设备，并可节省大量的接单根、起下钻时间，显著提高钻井实效。更由于钻井泵的高压出口管线始终与盘管的起始端连接，故在起下钻期间可以连续循环钻井液，不断清洗井筒，可有效防止钻具黏卡等井下事故的发生。此外，在连接盘管内还可装入多芯电缆，用以输送电能，传输测试和调控各种钻井参数的有关信息，有利于实现钻井过程的全面自动化。

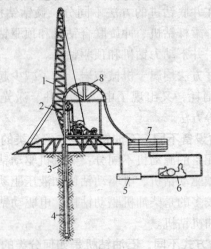

图 1-10 盘管钻机示意图

1—井架；2—环链起下牵引器；3—盘管；4—井下动力钻具；
5—钻井液池；6—钻井泵；7—卷筒；8—导向器

40. 按移运方式不同，石油钻机是如何分类的?

根据钻机搬迁采用的方式不同分：整体搬运、分块搬运、飞机吊运、车载或拖挂自走式钻机等。

移动式钻机一般分为三种：拖挂式、车装式和自行走式钻机。其中车装钻机是指将钻井装置安装在汽车底盘上的钻机。自走式是指将动力和传动装置装在车台上并分别驱动行走系统和钻进系统。但国内一直习惯将自走式钻机称为车载钻机。

41. 按使用地区条件不同，石油钻机是如何分类的?

根据钻机工作地区的环境条件不同分：陆地钻机、海上钻机。

（1）陆地钻机

有撬装钻机，拖车钻机，车装自走钻机，沙漠钻机，地震区钻机，热带、寒带地区用钻机等。它们都是根据地区特点能够适

20

应搬迁和有利于钻井的正常进行而设计、制造的。

（2）海上钻机

有海洋钻机和海滩钻机，是在固定式钻井平台、自升式钻井平台、半潜式钻井平台或钻井船上安装钻机。它们都是根据海洋钻井特点而设计制造的。我国已在渤海、黄海、东海、南海使用。

42. 按钻井井眼形式不同，石油钻机是如何分类的？

根据钻机所钻井眼的形状不同分为：直井钻机、斜井钻机、斜直井钻机等。

斜井钻机可以在倾斜 0°～45° 的范围内钻斜直井、斜向井、斜丛式井。

43. 按驱动方式不同，石油钻机是如何分类的？

根据钻机的驱动方式不同分为：单独驱动、统一驱动、分组驱动。

44. 石油钻井设备必须具备哪些能力？

根据钻井工艺的要求，它必需具备以下的能力。

（1）具备往地层钻进的能力

钻机往地层钻进时需要供给钻具必要的转速、扭矩、钻压或冲击力以破碎井下岩石，使其钻探到目的层位。

（2）具备及时冲洗井底钻屑的能力

钻机配用的钻井泵必需具备有足够的泵压、排量，满足钻井液及时冲洗井底钻屑并将其携到地面的需要，以利于钻头在井下继续钻进。如果采用涡轮钻具等井下动力钻具时，应有足够的泵压和排量满足井下动力钻具工作的要求。

（3）具备起下钻柱和下套管柱的能力

根据钻井深度的要求，钻机要能承受住起升井中钻柱和套管柱的重量。

（4）具备短期超载处理事故的能力

在钻井过程中，钻具往往在井中会发生遇阻、遇卡、顿钻等情况，钻机需要有在短期内承受超额定负荷处理事故的能力。

（5）具备良好的拆装与移运性能

根据钻探目的，当钻机需要在荒野、沙漠、海滩、沼泽、湖泊、山区、森林等艰苦的地方钻井时，必需拆装搬迁方便。

45. 石油钻机的主要特点是什么？

（1）传动效率偏低，机械化自动化程度低。

钻机是大功率多工作机组联合工作的重要矿业机械，动力机组是多台（1～4 台）多类型的（柴油机、柴油机－变矩器、电动机等）。各类型动力机具有自己的驱动特性，而工作机如前所述包括旋转（转盘、顶部驱动装置）、循环（钻井泵）、起升（绞车）三大工作系统，各工作机所需能量大小和运动特性各不相同。故动力机到工作机之间能量的传递分配及运动变换相当困难，尤其是机械驱动钻机，传动系统与控制系统很复杂，导致传动路线长、传动效率低（如发动机到大钩的传动效率仅为 0.5～0.7），实现机械化自动化难度大，手工操作繁重，在中深井、深井及超深井钻井中尤为突出。

（2）钻井操作是不连续的，钻井中辅助生产的起下钻作业劳动量大、耗时长，非生产性操作总的能量消耗很大。

（3）工作场所多变，地区广阔（平原、山地、沙漠、沼泽、海洋），自然环境恶劣（风、沙、雨、雪），野外流动作业，要求钻机有很强的适应地区、环境的能力和便捷的移运性能。

46. 石油钻井设备的新进展有哪些？

（1）石油钻机推广采用液力变矩器

在石油钻机上采用变矩器以美国最早、最广泛。美国 NSCO 公司已有 30 多年生产变矩器的历史。目前该公司 C 系列变矩器是定型产品，行销世界各国。前苏联研制的单级向心涡轮变矩器，传动比为 0.64，最高效率 89%，工作效率大于 75%。此外，前苏联还研制了一种机械式变矩器，效率高达 96%，在所有传动比工况下，效率是不变的。罗马尼亚研制的一种向心式涡轮变矩器，当传动比为 0.62 时，最高效率为 85%，工作效率大于 75%。我国新研制的变矩器，最高效率 88% ~ 90%。

（2）电驱动钻机的发展

20 世纪 80 年代以来，电驱动钻机在世界上发展很快，应用范围不断扩大。从大型钻机发展到中、小型钻机上，从钻机上发展到修井机上。其主要原因在于 SCR 和 VFD 系统能最大限度地满足钻井工艺的需要，具有较高的经济效益，节约成本。实践证明：与机械驱动钻机相比，传递效率提高了 11%，节约燃油 13% ~ 20%，延长设备大修期 80%，维护费用减少了 65%，提高钻井实效 5%，运行安全可靠，调节方便。

（3）钻机井架与钻台底座的发展

① 钻机井架的技术发展。

目前，钻机井架的类型很多，但专家们一致认为：陆地石油钻机向"K"型井架方向发展，海洋钻机以塔式井架为发展方向。

② 钻机高钻台底座的技术发展。

20 世纪 80 年代以来，由于钻井工艺发展的需要，美国、前苏联、罗马尼亚等国家均研制与应用了各种新型高钻台底座，成为钻机底座发展的兴旺时期。

高钻台底座的结构型式主要有以下六种：叠箱式底座、箱块式底座、弹弓式底座、旋升式底座、伸缩式底座和平台式底座。

目前，高钻台底座中以弹弓式与旋升式使用较多，其性能、可靠性与经济性较好。如美国 Dreco 公司研制的弹弓式底座，Pyramid 公司、Branham 公司、Dreco 公司均研制了旋升式底座。

（4）钻机转盘技术的发展

目前，石油钻机转盘普遍往大扭矩方向发展，美国 NSCO 公司研制了大扭矩转盘，采用圆弧螺旋锥齿轮，增大扭矩，传动平稳，噪声小。Dreco 公司为了满足钻丛式井的需要，研制了双快速轴驱动转盘，工作扭矩由 48809N·m(36000lb·ft) 提高到 86772N·m(64000lb·ft)。

（5）钻井泵技术的发展

20世纪80年代以来，美国研制了一种液压驱动的三缸钻井泵，传动效率为367.8kW（500hp）。该钻井泵由一个分变量液压泵驱动三个工作缸，三个工作缸分别通过活塞杆带动三个液缸，特点是冲程大、排量波动小、振动小、机械磨损小，可以实现高泵压、大排量钻井。这种泵并联可以增大排量，串联可以增大泵压，使用方便。

（6）钻井绞车盘式刹车的技术发展

20世纪80年代以来，新型绞车盘式刹车得到了研制与应用。美国NSCO公司，首先在1625－DE型钻机绞车上试用成功，已推广到系列石油钻机的应用。美国IDECO公司、EMSCO公司、GH－TTE公司等均研制与应用了新型绞车盘式刹车，代替了常规的带式刹车。

（7）钻井提升系统的技术发展

近年来，钻井提升系统的技术发展主要有两方面，一方面增大负荷级别，在API Spec5A标准中新增加了一级负荷为8915kN，为此，美国研制了8915kN和11143.75kN的提升系统。另一方面提高主要零件的机械性能，为了保证在严寒地区的钻井安全，对提升系统的主要零件材料除进行常温机械性能试验外，还必须进行－40°的低温冲击值试验。

（8）钻井窄型胶带技术的发展

采用窄型胶带作为钻机联动机组并车和驱动钻井泵，近年来在各国都获得了迅速发展。窄型胶带与标准胶带相比，其传动功率可增大0.2~1.8倍。而且传动空间可大大缩小，使设备结构紧凑，占地面积小，传动效率可高达98%，胶带使用寿命一般可达20000h，设备投资成本能相应降低20%~40%。

（9）密闭钻井液固相控制系统

在海洋、沼泽、沙漠、北极地区钻井时，需采用密闭钻井液固相控制系统。将固控系统的振动筛、除砂器、清洁器、除气器、离心机、搅拌器、钻井液罐及管汇等所有设备固定在密闭的

24

金属底座上，整体移运。其优点是：控制与改变钻井液性能方便，处理质量好，节约钻井液和用水，使用经济可靠，钻井效率高，拆装搬运方便。

（10）导向钻具

导向钻具主要由导向马达、可变径稳定器、随钻测量系统和高效金刚石复合齿钻头组成。导向马达是一种弯角可调的螺杆马达，它与可变径稳定器配合使用，可以调节钻头的前进方向，促使它沿着预定的轨道钻进。随钻测量系统是接在螺杆马达上的一系列电子器件，它可随钻测量井斜、方位、工具面角以及地层电阻率和自然伽马等参数，由钻井液脉冲发生器把这些信息传送到地面，经计算机分析处理，可及时了解井筒的确切方位和井斜角及其与某种岩层界面的相对距离。如果井筒偏离了预定的轨道，便可调节可变径稳定器和有关的钻井措施，引导钻头按照要求的方向钻进。

（11）智能钻井系统

这是一种由井下计算机按预定程序，进行闭环控制的钻井系统。一般由随钻测量、智能控制和执行机构等部分组成。这套系统与盘管钻机相结合，便可实现钻进过程的全自动化。

第三节　石油钻机标准及参数

47. GB 1806—86 中石油钻机是如何分级的?

为了规范钻机的设计、制造、维修与设备供应，以达到生产、使用最经济合理，并有利于开展国际技术交流与合作，我国根据油气勘探开发钻井的实际需要，选定主参数，将主参数系列化，也就是将钻机分级，再据此拟定其他基本参数，形成钻机标准系列，经原国家标准局批准，予以发布。

原国家标准局 1986 年 11 月 1 日发布的《石油钻机型式与基本参数》（GB 1806—86）标准，该标准适用于石油、天然气勘探开发用钻机。

钻机分为 6 级：ZJ15、ZJ20、ZJ32、ZJ45、ZJ60、ZJ80。
级别×100m 即为该钻机的名义钻井深度。如表 1－6 所示。

48. GB 1806—86 中石油钻机的型号是如何表示的？

GB 1806—86 中石油钻机型号意义如下：

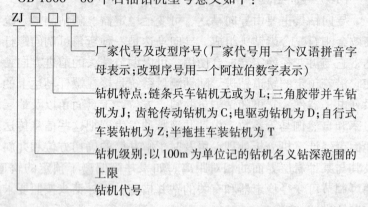

表 1－6　GB 1806—86 中石油钻机基本参数

基本参数＼钻机级别	15	20	32	45	60	80
名义钻深范围/m	900 ~ 1500	1300 ~ 2000	1900 ~ 3200	3000 ~ 4500	3000 ~ 6000	5000 ~ 8000
最大钩载/kN (tf)	900 (90)	1350 (135)	2250 (225)	3150 (315)	4500 (450)	5850 (585)
最大钻柱重量/kN	500	70	115	160	220	280
绞车最大输入功率/ kW	260 ~ 330	400 ~ 510	740	1100	1470	2210
钻井绳数	8	8	8	10	10	12
最大绳数	8	8	10	12	12	14
钢丝绳直径/mm	26	28.5	32.5	34.5	38	41.5
可配置每台钻井泵功率/kW	260 ~ 590		590，740，960		960 1180	1180
转盘开口名义直径/mm	445		520	520；700	700；950	950；1260

基本参数 钻机级别	15	20	32	45	60	80
钻台名义高度/m	1.5,3		1.5,6,7.5		6,7.5,9	7.5,9
井架	各级井架均采用可提升28m立柱的井架，对15、20两级钻机也可采用提升19m的可伸缩式井架					

49. SY/T 5609—1999 中石油钻机是如何分级的？

1999年，对《石油钻机型式与基本参数》(GB 1806—86)进行修订，制订了《石油钻机型式与基本参数》(SY/T 5609—1999)。该标准规定了钻机的型式、基本参数、型号及表示方法，将钻机分为了9级，名义钻井深度L和钻深范围$L_{min} \sim L_{max}$按4½″钻杆柱(30kg/m)确定。钻机每个级别代号用双参数表示，如10/100，前者乘以100为钻机名义钻深范围上限数值，后者是以kN为单位计的最大钩载数值。在驱动传动特征表示方法上，增加了：Y—液压钻机；DJ—交流电动钻机；DZ—直流电动钻机；DB—交流变频电动钻机。具体如下：

（1）石油钻机形式

① 驱动形式分为：柴油机驱动、电驱动、油压驱动。其中电驱动又分为：交流电驱动、直流电驱动、交流变频电驱动。

② 传动形式分为：链条传动、"V"型胶带传动、齿轮传动。

③ 移动方式分为：块装式、自行式、拖拉式。

（2）石油钻机型号的表示方法

SY/T 5609—1999 中石油钻机型号表示方法如图1－11所示。

（3）石油钻机的基本参数

SY/T 5609—1999 中石油钻机规定了9个基本参数，取消了旧标准中参数"最大钻柱重量"，如表1－7所示。

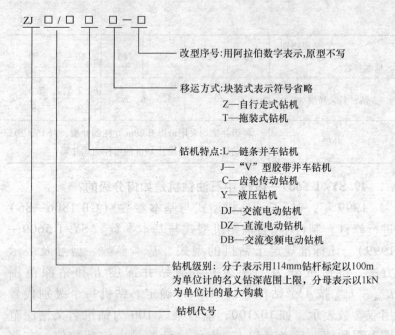

图 1 – 11 SY/T 5609—1999 中石油钻机型号表示方法

表 1 – 7 SY/T 5609—1999 中石油钻机的基本参数

基本参数	钻机级别	10/600	15/900	20/1350	30/1700	40/2250	50/3150	70/4500	90/6750	120/9000
名义钻深范围/m	127mm钻杆	500~800	700~1400	1100~1800	1500~2500	2000~3200	2800~4500	4000~6000	5000~8000	7000~10000
	114mm钻杆①	500~1000	800~1500	1200~2000	1600~3000	2500~4000	3500~5000	4500~7000	6000~9000	7500~12000
最大钩载/kN		600	900	1350	1700	2250	3150	4500	6750	9000
绞车额定功率	kW	110~200	257~330	330~400	400~500	735	1100	1470	2210	2940
	hp	150~270	350~450	450~550	550~750	1000	1500	2000	3000	4000
游动系统绳数	钻井绳数	6	8	8	8	8	10	10	12	12
	最多绳数	6	8	8	10	10	12	12	16	16

28

基本参数 / 钻机级别		10/600	15/900	20/1350	30/1700	40/2250	50/3150	70/4500	90/6750	120/9000
钻井钢丝绳直径②	mm	22	26	29	32	32	35	38	42	52
	in	7/8	1	1⅛	1¼	1¼	1⅜	1½	1⅝	②
钻井泵单台功率不小于	kW	260	370	590	735		960	1180		1470
	hp	350	500	800	1000		1300	1600		2000
转盘开口直径	mm	381，445		445，520，700			700，950，1260			
	in	15，17½		17½，20½，27½			27½，37½，49½			
钻台高度/m		3，4		4，5		5，6，7.5		7.5，9，10.5，12		
井架		各级钻井采用可提升 28m 立柱的井架，对 10/600，15/900，20/1350 三级钻井也可采用提升 19m 立柱的井架，对 120/900 一级钻机也可采用提升 37m 立柱的井架								

注：①114mm 钻杆组成的钻柱的名义平均质量为 30kg/m，127mm 钻杆组成的钻柱的名义平均质量为 36kg/m。以 114mm 钻杆标定的名义钻探范围上限作为钻机型号的表示依据。

②所选用钢丝绳应保证在游动系统最多绳数和最大钩载的情况下的安全系数不小于 2，在钻井绳数和最大钻柱载荷情况下的安全系数不小于 3。

③本表参数不适用于自行式钻机、拖挂式钻机。

50. SY/T 5609—1999 中石油钻机的型号是如何表示的?

SY/T 5609—1999 中石油钻机型号含义如图 1 – 11 所示。

51. 石油钻机常见参数的含义是什么?

(1) 名义钻井深度 L

在标准的钻井绳数下，使用 127mm（5″）钻杆柱可钻达的最大井深。

(2) 名义钻深范围 $L_{min} \sim L_{max}$

钻机在现定钻井绳数下，使用规定的钻柱时，钻机的经济钻井深度范围。即最小钻井深度 L_{min} 与最大钻井深度 L_{max}。名义钻深范围下限 L_{min} 与前一级的 L_{max} 有重叠，其上限即为该级钻机的名义钻井深度，即 $L_{\max} = L$。

（3）最大钩载 $Q_{h\max}$

钻机在规定的最大绳数下，起下套管、处理事故或进行其他特殊作业时，大钩上不允许超过的载荷。

$Q_{h\max}$ 决定了钻机下套管和处理事故的能力，是核算起升系统零件静强度及计算转盘、水龙头主轴承静载荷的依据。

（4）最大钻柱质量 $Q_{st\max}$

钻机在规定的最大钻井绳数下，正常钻进或进行起下钻作业时，大钩所允许承受的最大钻柱在空气中的质量。其值为

$$Q_{st\max} = q_{st}L \qquad (1-1)$$

式中 q_{st}——每米钻柱质量，kg/m；

L——名义钻井深度，m。

规定：计算时按 127mm（5″）钻杆长度，加上 80～100m 的 7″ 钻铤，平均取 $q_{st} = 36$kg/m。计算后化整，便得到系列钻机的 $Q_{st\max}$ 值。$Q_{st\max}$ 是计算钻机起升系统零件疲劳强度和转盘、水龙头主轴承载荷的依据。

$Q_{h\max}/Q_{st\max}$ 称为钩载储备系数，按国家规定 $Q_{h\max}/Q_{st\max} = 1.8～2.08$。钩载储备系数大，表明该钻机下套管、处理事故能力强；但系数值过大会导致起升系统零件过于笨重，材料浪费。

（5）提升系统绳数 Z、$Z_{\max}$

钻井绳数 Z 指钻井时用于正常起下钻主机钻进时的有效提升绳数。$Z_{\max}$ 指钻机配备的提升轮系所提供的最大有效绳数，用于下套管或解卡作业。

（6）绞车最大输入功率

即绞车的额定功率。绞车在起升工作中，使用一定的游动系统是大钩最低速度（Ⅰ挡）能够起升的额定钻柱质量所需的功率。

（7）钢丝绳直径

用游标卡尺测得的钢丝绳的最大外径。

（8）钻井泵功率

单位时间内动力机传到钻井泵主动轴上的最大能量，也称为

泵的最大输入功率或泵的额定功率。

（9）转盘开口直径

即第一次开钻时所用的最大钻头或海上钻机隔水管能顺利通过转盘的中心通孔尺寸。

（10）钻台高度

钻台上平面到地面的距离。

（11）井架高度

指从钻台上平面到天车梁底面的垂直高度。

52. 石油钻机的主参数是什么？

SY/T 5609—1999 中石油钻机的 9 个基本参数（表 1 - 7）中，选定了两个最主要的参数——名义钻井深度 L 和最大钩载 Q_{hmax} 作为钻机的主参数。主参数应具备：能直接反映钻机的主要性能；能用以规定钻机型号，并作为设计、选用钻机的依据；能影响和决定其他参数的性质。

俄罗斯、前苏联和罗马尼亚，钻井标准采用最大钩载 Q_{hmax} 作为主参数，美国钻机没有统一的国家标准，但各大公司生产的钻机基本上以名义钻深范围（$L_{min} \sim L_{max}$）作为主参数。

第二章　石油钻机的动力与传动系统

第一节　概　　述

1. 柴油机作钻机动力有何优点？

柴油机广泛用作钻井设备动力。其主要优点是：

（1）不受地区限制，具有自持能力。

无论寒带、热带、高原、山地、平原、沙漠、沼泽、海洋，自带燃料都可工作，这对勘探和开发新油田是非常重要的。

（2）产品系列化。

不同级别钻机，可采用所谓"积木式"，即增加相同类型机组数目的办法，以增加总装机功率，从而减少柴油机品种。

（3）在性能上，转速可平稳调节，能防止工作机过载，避免出设备事故。

装上全制式调速器，油门手柄处于不同位置时，即可得到不同的稳定工作转速。当外载增加超过 T_{max} 时，柴油机便越过外特性上稳定工作点而灭火，不致造成传动机构或工作机因过载而损坏。

（4）结构紧凑，体积小，质量轻，便于搬迁移运，适于野外流动作业。

作为钻机动力机，它也有不足之处。比如：扭矩曲线较平坦，适应性系数小(1.05～1.15)，过载能力有限；转速调节范围窄(1.3～1.8)；噪声大，影响工人健康；与电驱动比较，驱动传动效率低，燃料成本高等。

2. 动力设备的特性指标有哪些？

各类动力机有一些共同的技术经济指标，可用来评价它们的动力性和经济性。

（1）适应性系数 K

$$K = \frac{M_{max}}{M_e} \qquad (2-1)$$

式中　M_{max}——发动机稳定工作状态时的最大扭矩，kN·m；

　　　M_e——发动机额定（标定）功率时的扭矩，kN·m。

K 值的大小表明动力机适应外载变化（增加）的能力。K 值大，表明动力机抗过载能力强。

（2）速度范围 R

$$R = \frac{n_{max}}{n_{min}} \qquad (2-2)$$

式中　n_{max}——动力机最高稳定工作转速，r/min；

　　　n_{min}——动力机最低稳定工作转速，r/min。

R 值越大，表明速度调节范围越宽。通常所说的柔特性即指 K 值大、R 值大，随外载增加（或减少）而能自动增矩减速（或减矩增速）的范围宽。

（3）燃料（能源）的经济性

指的是提供同样的功率时所消耗的燃料费用。柴油机、燃气轮机，以耗油率来表征；电动机则以耗电量、功率因数来表征。

（4）发动机比质量

发动机比质量即每单位功率（kW）的质量，用 K_c 表示：

$$K_c = \frac{G}{N_e} \qquad (2-3)$$

式中　K_c——发动机比质量，kg/kW；

　　　G——发动机（包括必备的附件）的质量，kg；

　　　N_e——额定功率，kW。

（5）使用经济性

除已特殊指明的燃料经济性之外，使用经济性还应包括：对工作地区的适应性，启动性能，控制操作的灵敏程度，工作的可靠性、安全性、持久性及维护保养难易程度等。

3. 钻机动力传动性能好的标准是什么？

钻机的动力与传动关系到钻机的总体布置和钻机的主要性能。动力传动性好、结构先进、安全而简单的钻机，无疑会受到井队的欢迎。

所谓动力传动性能好，就是要满足钻井工艺的要求，配备有足够的功率，且能充分发挥功率的效能；要满足起下钻操作快和钻井进尺快的要求；要能提供合适的钻井泵的排量和高泵压，满足洗井以及喷射钻井的要求；复杂的钻井条件经常要求工作机组变速度、变转矩。所以足够大的功率、相当高的效率、能够变速度、变转矩是对动力和传动系统的基本要求。此外，钻机驱动传动系统还必须使用可抗、维修简单、操作灵敏、质量轻、移运方便，并具有良好的经济性。

钻机驱动设备类型的选择和传动系统的设计，必须满足钻井过程中各工作机对驱动特性及运动关系的要求。

4. 钻井绞车对动力与传动系统的要求是什么？

图 2-1 为大钩提升载荷 Q_h 与提升速度 V 的关系曲线。

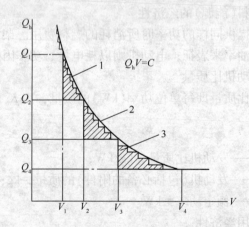

图 2-1　大钩提升载荷 Q_h 与提升速度 V 的关系曲线

1—理想功率曲线；2—有限挡功率曲线；3—无限挡功率曲线

钻井绞车的工作特点是载荷大，而且载荷变化也大。在同

34

一挡中载荷随立根变化而变化，每起一个立根载荷变化一次。因而要求驱动传动系统随大钩载荷的不断变化能够调节大钩的提升速度，重载时起升速度慢一些，轻载时起升速度快一些。若大钩提升速度能随载荷的变化而相应地改变，即沿图中曲线1工作，这是最理想的情况，功率利用最充分。$Q_hV = C$是理想功率曲线。

绞车载荷是随起钻过程中立根数目的逐一减少而呈阶梯状下降的。若提升速度V也能随根数的每一次减少而相应增加，即沿曲线2工作，则功率利用虽不是最理想的，也已很充分。但在机械变速有限挡情况下，这是不可能做到的。曲线3是分级变速时的曲线，可见功率利用不充分，阴影三角面积是未被利用的功率。

按绞车工作特点，对动力机组的要求是：

（1）能无级变速，以充分利用功率，速度调节范围$R = V_{max}/V_{min} = 5 \sim 10$；

（2）具有短期过载能力，以克服启动动载、振动冲击和轻度卡钻；

（3）绞车工作时操作频繁，断续工作，要求动力传动系统有良好的启动性能和灵敏可靠的控制离合装置。

综上，绞车驱动需要的是具有恒功率调节、能无级变速并具有良好启动性能的柔性驱动。

5. 钻井转盘对动力与传动系统的要求是什么？

转盘工作时是无载启动。在钻井过程中，随着钻井深度的变化和岩层的变化，转盘载荷也在不断地变化，这就需要及时地改变钻压和转速。因此，钻井工作要求转盘：

（1）转速调节范围$R = 5 \sim 10$；

（2）能倒转、能微调转速、满足处理事故的要求；

（3）有限制扭矩装置，防止过载扭断钻杆。

转盘配备的功率是一定的，具有恒功率调节、能无级变速的柔性驱动、能充分利用功率，但钻井工艺有时要求恒转矩调节。

6. 钻井泵对动力与传动系统的要求是什么？

钻井泵的泵压随钻井深度的增加而增加。在一定的缸套直径下，达到允许的最大泵压后，若继续加深钻井，必须采用降低速度(冲数)的方法调节排量，以保持泵压不超过极限，否则将超过泵的强度极限。

钻井泵一般都在额定冲次附近工作，负载的波动幅度也不大，因此对驱动系统的要求比绞车、转盘都简单。主要要求是：速度调节范围 $R = 1.3 \sim 1.5$，以充分利用功率；允许短期过载，以克服可能出现的憋泵。

7. 钻机单独驱动方案的特点是什么？

转盘、绞车、钻井泵三大工作机组，各由不同的动力机一对一或二对一地进行驱动，电驱动钻机大都采用如图 2 - 2 所示的单独驱动方案。

单独驱动，传动系统简单、效率高、安装方便；工作机之间无机械形式的联系，总体布置灵活性大，但装机功率利用率低，动力机组间动力不能互济。

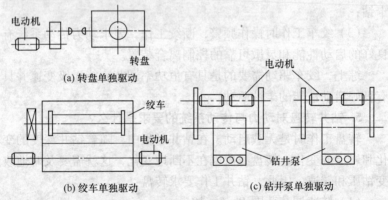

(a) 转盘单独驱动

(b) 绞车单独驱动

(c) 钻井泵单独驱动

图 2 - 2　单独驱动示意图

8. 钻机统一驱动方案的特点是什么？

这种方案是转盘、绞车、钻井泵三工作机由 2 ~ 4 台动力机并车统一驱动，如图 2 -3 所示。

（1）统一驱动的优点

① 装机功率利用率高。不管是起下钻或是钻进，整个动力机组都可以同时进行工作。

② 安全可靠性强。其中任一台动力机的动力可通过并车机构传递给每一台工作机组，如某动力机有故障时，动力可互济。

（2）统一驱动的缺点

① 传动系统复杂。这是由于各工作机组到动力机之间的联系都靠它来完成所致。

② 工作机组间的干扰大。这是由于各工作机组通过同一套传动系统与动力机组相连。

③ 传动效率低。传动系统复杂，传动路线长。

④ 安装找正困难。柴油机直接驱动和柴油机 + 变矩器驱动广泛采用统一驱动方案。

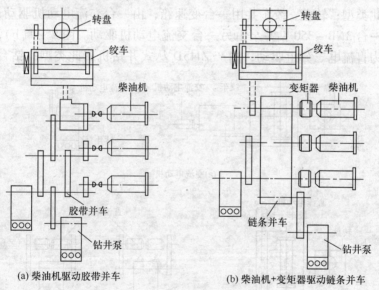

(a) 柴油机驱动胶带并车　　　　(b) 柴油机+变矩器驱动链条并车

图 2 - 3　统一驱动示意图

图 2 - 3(a)所示为三台柴油机由胶带并车统一驱动，国产胶带钻机如 ZJ32J - 2、ZJ45J 均属此类型。

图 2 - 3(b)所示为三台柴油机 + 变矩器由链条并车统一驱动，如国产 ZJ45L 链条钻机、罗 F320 - 3DH 属此类型。

此外，2 台柴油机并车统一驱动转盘、绞车和一台泵，外加单机一泵组，如国产 ZJ20 胶带钻机；4 台柴油机 + 变矩器驱动机组，由链条并车统一驱动三大工作机组，如国产 ZL60L 链条钻机等也都属于统一驱动类型。

9. 钻机分组驱动方案的特点是什么？

典型的分组驱动，将三工作机分成两组，两个工作机组由同一台动力机组驱动，而另一工作机组，由另一动力机组驱动，也称为二分组驱动。工作机组的组合有两种方案：绞车和转盘组合，这是第一种方案，也是最常用的一种，称为一分组。绞车和泵组合，这是第二种方案，称为二分组。典型的分组驱动方案如图 2 - 4 所示。图 2 - 4(a)为交流电二分组驱动，国产 ZJl5D 属此类型；转盘、绞车共用一台变速箱，由一台交流电动机驱动；一台 3NB - 350 钻井泵由另一台交流电动机驱动。图 2 - 4(b)，为直流电二分组驱动，国产 ZJ45D 丛式井钻机属此类型；钻台

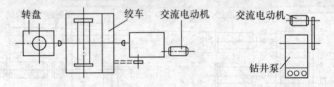

(a)交流电动机

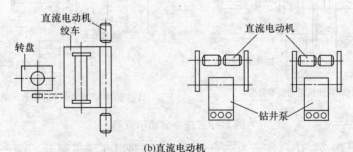

(b)直流电动机

图 2 - 4 分组驱动示意图

上，两台直流电动机驱动绞车，并可通过绞车去驱动转盘；钻台下4台直流电动机采用二对一分别驱动两台钻井泵。

此外，二分组驱动也可以是柴油机驱动，如 Wilson65B 钻机，或柴油机－直流电混合二分组驱动等，不再一一列举。

分组驱动的主要目的如下。

（1）兼有统一驱动利用率高和单独驱动传动简单、安装方便的优点。

（2）现代深井、超深井钻机采用 7~9m 的高钻台，分组驱动可实现转盘、辅助绞车（猫头轴）在高钻台上，而主绞车不在高钻台上的方案。

（3）满足丛式井钻机对工作机平面布置的要求：转盘、绞车在钻台上并可随钻台一起作纵横方向的移动，而钻井泵组不必移动。因此转盘、绞车同钻井泵组不能有任何机械传动方面的联系，必须进行两分组驱动。

第二节　机械驱动钻机

10. 机械驱动钻机的性能特点是什么？

（1）采用"柴油机＋液力变矩器（或偶合器正车箱）＋链条并车箱"、"柴油机＋减速器＋窄 V 带并车"、"柴油机＋变速箱＋万向轴"或"柴油机＋变速箱＋齿轮箱并车"等多种驱动方式。动力分配合理，功率利用率高。

（2）绞车有内变速和外变速两种形式。绞车换挡采用气动远距离操作，方便快捷。主刹车采用带式刹车或液压盘式刹车。辅助刹车采用电磁涡流刹车或气动推盘式刹车。

（3）可配有捞砂滚筒、机械摩擦猫头和转盘驱动装置。

（4）4000m 以上级别的钻机，主机采用"前高后低"的布置方式，动力和传动系统低位安装，通过锥齿轮箱和万向轴将动力传送到钻台上驱动转盘和猫头绞车。

（5）可配独立电机自动送钻系统。

（6）配独立的司钻控制房。气、电、液控制，钻井参数及仪表显示统一布局，通过 PLC 实现钻井全过程的逻辑控制、监控和保护，并可实现数据的储存、打印和远程传输。司钻在房内即可完成全部操作，改善了司钻的工作环境，减轻了劳动强度。

（7）可配顶部驱动装置。

（8）可配整体移动滑轨或步进装置，满足丛式钻井时井位间迁移的要求。

常见机械驱动钻机的参数如表 2 - 1 所示。

表 2 - 1　常见机械驱动钻机的参数

钻机型号		ZJ10B	ZJ15DJ	ZJ30B	ZJ30DJ	ZJ40L/40J/40DJ	ZJ50L	ZJ70L
名义钻深范围/m	127mm（5″）钻杆	500 ~ 800	700 ~ 1400	1500 ~ 2500	1500 ~ 2500	2000 ~ 3200	2800 ~ 4500	4000 ~ 6000
	114mm（4½″）钻杆	500 ~ 1000	800 ~ 1500	1600 ~ 3000	1600 ~ 3000	2500 ~ 4000	3500 ~ 5000	4500 ~ 7000
最大钩载/kN		585	900	1700	1350/1700	2250	3150	4500
钩速/（m/s）		0.134 ~ 1.3	0.26 ~ 1.08	0.192 ~ 1.458	0.23 ~ 1.21	1.54 ~ 1.75	0.20 ~ 1.33(4F) 0.19 ~ 1.77(6F)	0.22 ~ 1.88
游动系统绳数		8	8	10	10	10	12	12
钻井钢丝绳直径/mm		22	26	29	29	32	35	38
最大快绳拉力/kN		103	130	210	210	280	350	485
绞车	型号	JC - 10B	JC - 15DJ	JC - 30B	JC - 30DJ	JC - 40B	JC - 50B	JC - 70B
	额定功率/kW	210	250	440	380	735	1100	1470
	挡数	2F + 1R	3F + 1R	4F + 1R	4F + 1R	4F + 2R 6F + 2R	6F(4F) + 2R	6F(4F) + 2R

40

钻机型号	ZJ10B	ZJ15DJ	ZJ30B	ZJ30DJ	ZJ40L/40J/40DJ	ZJ50L	ZJ70L
主刹车	液压盘式刹车或带式刹车						
辅助刹车	电磁涡流刹车或气动推盘式刹车						
天车	TC-60	TC-90	TC-170	TC-170	TC-225	TC-315	TC-450
游车	YC-60	YC-135	YC-170/YC170		YC-225	YC-315	YC-450
游动系统滑轮外径/mm	600	660	1005		1120	1270	1524
大钩	YG-60	YG-135	DG-250/YG170	DG-250	DG315	DG450	
水龙头 型号	SL-80	XSL-135	XLS-170		SL-250	SL-450	SL-450
水龙头 中心管通径/mm	64				75		
转盘 开口直径/mm(in)	444.5(17½)		520.7(20½)		698.5(27½)	952.5(37½)	
转盘 挡数	2F+1R	3F+1R	4F+1R	4F+1R	4F+2R,3F+1R	6F(4F)+2R	
井架 型式	A型	K型	K型或A型		K型		
井架 高度/m	29	31	41	41	43	45	45
井架 最大载荷/kN	585	900	1700	1700	2250	3150	4500
底座 型式	块装或箱块式				箱块式或旋升式		
底座 钻台高度/m	3	3,4.5	3.6,4	3.8	6,7.5	7.5,9	7.5,9
底座 净空高度/m	2.21	2.21,3.2	2.91,2.4	2.88	4.8,6.3	6.3,7.4	6.3,7.4
泥浆泵 型号×台数	F-800×1	F-800×1	F-1000×1	F-1000×1	F-1300×2	F-1600×2	F-1600×2

11. 钻机动力在传动中并车方案有哪些?

现代机械驱动钻机都采用两台以上驱动机组(通常可以倒

换工作、备用或保养），因此存在并车问题。广泛采用的并车方式有：齿轮并车传动，如 ZJ20B7 型钻机；胶带并车传动，如ZJ32J－2、ZJ45J；柴油机与液力驱动－链条并车传动，如 F－320、ZJ45、ZJ60L。

12. 钻机动力在传动中倒车方案有哪些?

转盘在处理事故时需要倒车，绞车一般不需要倒车。倒车方案，花样繁多，但究其实质，不外乎以下几种。

（1）齿正车、链倒车（齿轮传动正车、链传动倒车）

大庆 130 钻机就是齿正车、链倒车，但 1 号机组本身不能倒车。有的钻机，齿正车传动副和链倒车传动副安置在同一传动箱的两根平行轴上。

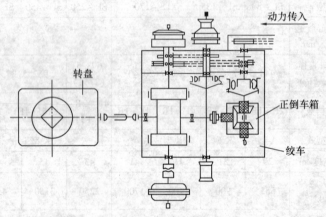

图 2－5　双锥齿轮正倒车

（2）双锥齿轮正倒车

这种方案适用于转盘单独倒车，需一个单独的正倒车箱，齿轮钻机常采用该方案。如图 2－5 所示的 ZJ130－3 钻机。

锥齿轮倒车通过短万向轴水平传至转盘，可使钻台面宽敞；缺点是增加了一副角传动。

（3）链正车、齿倒车

链条钻机必须采用齿传动倒车。如 ZJ45 钻机等，倒车齿轮

42

副即置于链条变速箱中，可不必另设倒车箱。

13. 钻机动力在传动中减速与变速方案有哪些？

钻机动力机转速高，而工作机转速低，从动力机到工作机一般要经过 3~5 次减速。另外，绞车和转盘要求调速范围为 5~10。为充分利用功率，一般将绞车分为几个机械挡位，由实践可知，多挡数比少挡数起钻时间短。但挡数越往后增加，起钻时间减少得并不显著。挡数越多，变速机构就越复杂，消耗在传动机械上的无用功会增加。因此，对需要起下钻次数多的深井可设 4~6 个机械挡，而对于起下钻次数不多的浅井可设 2~3 个机械挡。

动力机至钻井泵无需变速，除泵本身已有一次减速外，在传动系统中再设 1~2 次减速即可。

14. 钻机动力在传动中转向方案有哪些？

链条钻机发动机与绞车滚筒轴及泵轴采用轴线平行布置方案，无转向问题；而至转盘则有两种情况：

转盘水平轴平行发动机轴线者，链条传至转盘，无转向问题。

转盘水平轴垂直发动机轴线者，短万向轴传动至转盘，用角传动转向。

15. V 型胶带传动钻机有何特点？

V 型胶带钻机是指采用 V 型胶带作为钻机主传动副，采用 V 型胶带将多台柴油机并车，统一驱动各工作机组及辅助设备，且用 V 型胶带传动驱动钻井泵。

V 型胶带并车传动具有传动柔和、并车容易、制造简单、维护保养方便的优点。早期的 V 型胶带钻机如大庆 130 型钻机、ZJ45J 型钻机为我国石油工业的发展作出了巨大贡献，但使用中普遍存在传动效率低、燃油消耗高、结构笨重、运移性差、安全性能低等诸多缺点，现已基本淘汰。目前在用的国产 V 型胶带钻机有 ZJ32J 系列钻机和 ZJ50J 钻机。

ZJ32J 型钻机为兰州石油机械总厂于 1996~1997 年生产的 V 型胶带并车钻机，其传动系统如图 2-6 所示。该钻机采用 3 台

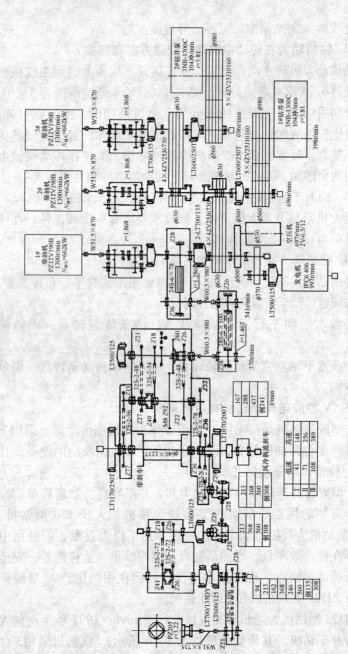

图 2-6 ZJ32J 胶带钻机传动系统图

44

PZ12V190B 柴油机通过 V 型胶带并车驱动 2 台 3NB－1300 钻井泵以及自动压风机，通过链条传动驱动绞车，通过角传动箱、转盘传动箱驱动转盘。

16. 齿轮传动钻机有何特点？

齿轮钻机采用齿轮为主传动副，配合万向轴驱动绞车和转盘，或采用圆锥齿轮－万向轴并车驱动绞车、转盘和钻井泵。齿轮传动允许线速度高、体积小、结构紧凑；万向轴结构简单、紧凑，维护保养方便，互换性好。但大功率螺旋齿圆锥齿轮制造困难，质量不易保证，成本高，现场不能修理、更换。因此 20 世纪 80 年代以后，中深井钻机不再采用齿轮而改用链条为主传动副，不过在 2000m 以下浅井和车装钻机中，齿轮传动钻机仍具有优越性。

ZJ20B7 型钻机是宝鸡石油机械厂于 1997～1998 年生产的、以齿轮为主传动副的机械钻机，其传动系统如图 2－7 所示。该钻机采用单独驱动方案，钻机由 1 台 PZ－12V190B 柴油机通过万向轴和变速箱，输出四正一倒挡，变速箱将动力传递给分动箱后，动力分成两路，一路通过万向轴和设在绞车上的直角箱，驱动绞车和与绞车一体的猫头轴总成，另一路通过通风离合器和万向轴，带动设在绞车上的过桥轴，再通过另一根万向轴驱动转盘。分动箱输入轴上设有电动应急装置，由 1 台 55kW 交流电动机驱动少齿差减速器，当柴油机或变速箱发生故障时，可启动电动机，经少齿差减速器减速，驱动分动箱，可活动或提升钻具，防止卡钻。独立机泵组由 1 台 PZ－12V190B 柴油机驱动 1 台 3NB－1000Q 钻井泵。

17. 链条传动钻机有何特点？

美国一直发展链条钻机。自 20 世纪 60 年代开始，前苏联、罗马尼亚也大力发展链条钻机。我国自 20 世纪 70 年代中期开始，重视研制石油工业用套筒滚子链，目前也能自行生产高性能石油钻机用套筒滚子链。

ZJ45L 是国产第一台链条钻机，如图 2－8 所示。1990 年兰

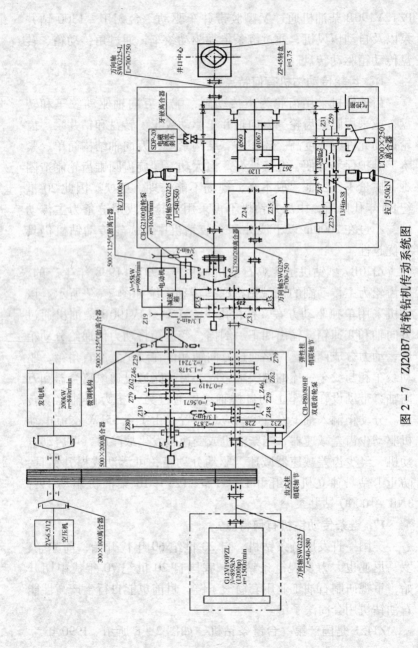

图 2 - 7 ZJ20B7 齿轮钻机传动系统图

46

州石油机械厂又研制了 ZJ60L 型钻机，此类钻机采用链条作为主传动副，2～4 台柴油机＋变矩器驱动机组，用多排小节距套筒滚子链条并车，统一驱动各工作机组，用 V 带传动驱动钻井泵。

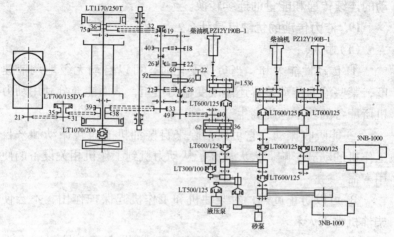

图 2－8　ZJ45L 钻机传动示意图

由于链条传动具有机械传动的硬特性，一般采用柴油机－液力驱动方式。

18. 液力传动基本原理是什么？

液力传动如图 2－9 所示，主动轴经离心泵将能量传给工作

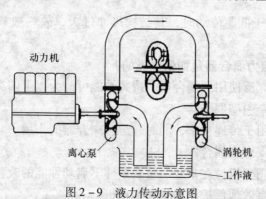

图 2－9　液力传动示意图

47

液，工作液又经涡轮将能量传给从动轴，即

$$机械能（主动轴）\xrightarrow{离心泵}液能\xrightarrow{涡轮}机械能（从动轴）$$

因此，液体通过它在离心泵和涡轮机中的循环流动，实现运动的连续传递和能量的连续转换。

19. 液力传动的优缺点是什么？

（1）优点

① 传动性能柔和。当负荷变化时，可以自动无级地调节速度，某些液力传动装置还能改变输出扭矩，从而能充分利用动力机所配备的功率，提高生产率。

② 能吸收振动。它可以消除来自柴油机的扭转振动和来自工作机的动载影响，大大提高了从动力机到工作机相关设备的使用寿命。

③ 可以防止过载，对柴油机和工作机起保护作用，不会使柴油机憋灭火。

④ 能在运转和负载条件下挂挡，操纵方便，易于实现自动化。

（2）缺点

① 传动功率损失较大，效率较低。

② 需要一些附加设备，如冷却散热系统、压力补偿系统等，成本较高。

③ 用于低速传动时，其结构尺寸过大，故一般只适用于高速传动。

20. 液力偶合器是如何分类的？

目前广泛使用的偶合器，按其性能可分为以下四类。

（1）牵引型偶合器

主要用于传递功率，同时起柔性离合器的作用。

（2）安全型偶合器

主要用于机械在常载、重载条件下启动性能的改善，减少机械冲击，有效地保护原动机和工作机。

（3）调速型偶合器

可根据负载情况调节偶合器的工况点，达到调节工作机转速的目的，以满足生产实际中对工作机进行无级调速的需要。

（4）普通型偶合器(也称标准型偶合器)

仅用于要求对系统隔离振动、改善启动冲击或使偶合器只作离合器使用的场合。

21. 液力偶合器由哪几部分组成？

液力偶合器由泵轮、涡轮、外壳、输入轴及输出轴等基本零件组成，如图2－10所示。输入轴与泵轮相连。液力偶合器的外特性图如图2－11所示。

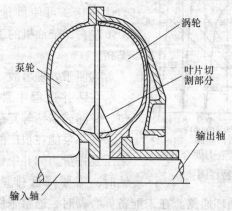

涡轮

泵轮

叶片切
割部分

输出轴

输入轴

图2－10　液力偶合器的结构示意图

22. 液力偶合器在石油钻机上的应用有哪些？

（1）液力偶合器用于钻井泵的传动

不少现代钻机的钻井泵采用单独驱动，构成独立的机泵组。比统一驱动具有更大的灵活性，安装也较容易。机泵组传动中采用液力偶合器的主要优点如下：

① 提高了功率利用率。

在钻井过程中，随着井深的不断增加，泵压逐渐增高，为了充分利用钻井泵的装机功率，排量应相应地降低。当传动系统中无偶合器时是做不到这一点的。如果有了偶合器，就可以自动改

49

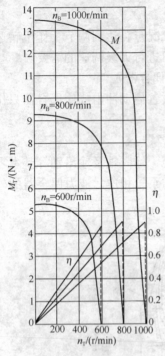

图 2－11　液力偶合器的
外特性图

变钻井泵的排量以适应泵压的变化，从而在一定程度上提高了功率利用率。

② 降低泵压脉动。

目前，往复式钻井泵的排量和压力是脉动的。这种脉动，使管汇系统发生振动，使泵的传动机构运动不均匀，对柴油机的工作和寿命也很不利。如果在传动中配备了偶合器，使柴油机与钻井泵之间变为柔性连接，可使排量不均度降低50%左右，柴油机的工作寿命明显提高。

③便于处理事故。

在钻井过程中常发生钻头泥包、井漏或卡钻等复杂情况，此时要求钻井泵能在很广的范围内改变泵压及排量。如井中钻头泥包或卡钻时，需要降低排量，并保持高压，以憋开循环通路。在未配备偶合器时，通常采用移注闸门或从泵中取出几个泵阀等办法，操作复杂且不可靠。

当机泵组的传动中配备了偶合器后，由于其柔性传动的特点，可使泵压憋到最高值。当憋开通路后，排量会适应解卡的程度而不断提高。同时，在操作上也大为简化。

④简化开双泵操作。

钻井中用泵通常是两台泵并联，当一台泵已开后，再开第二台泵时，如无偶合器，通常要用启动闸门，在第一台泵停车或卸压后再并联的办法，这些都使操作复杂化。配备偶合器后，就可在第一台泵工作过程中随时启动第二台泵，大大简化了开泵操作。

（2）液力偶合器用于绞车及转盘的传动

少数钻机在主传动上采用了偶合器，例如，罗马尼亚生产的4LD重型钻机的主传动上就应用了偶合器，而在国外的一些轻便钻机上也较多地应用偶合器作为整机的传动装置，其功用主要是缓和冲击，吸收振动及较充分地利用功率。

此外，一些深井钻机还利用液力偶合器作为辅助的传动装置。图2－12所示即为其中的一个方案。在此方案中两部柴油机通过液力变矩器及摩擦离合器输出功率，在并车后一方面驱动两台泥浆泵，另一方面驱动绞车和转盘。由于在钻井中有时需要转盘慢转或绞车轻提，同时又要开双泵给出大泵量。如果在传动中没有偶合器时，为了满足这种工艺要求，就要摘开并车链条，使一台柴油机输出小功率带动绞车或转盘，另一台柴油机带钻井泵。显然采用这种办法无法充分利用柴油机功率。而一台柴油机带两台泵，功率又不足。为了解决这个问题，在传动上增加了一套辅助的传动装置，其中包括一个带输液管的可调节式偶合器。在正常钻进时偶合器内不充液体，因此它对传动没有影响，当绞

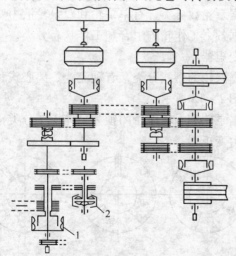

图2－12　液力偶合器用于绞车及转盘的辅助传动中

1—主偶合器；2—偶合器

车要求轻提或转盘要求慢转，同时要求大泵量时，柴油机仍可并车运转，但此时摘开绞车传动中的主离合器，向偶合器中充入一定的液体，这样从柴油机输到绞车的功率就不通过主离合器，而是通过液力偶合器来实现传递。供给绞车的功率大小可由偶合器的充液量多少来控制。采用了这种辅助传动装置后，既保证了泥浆泵从柴油机获得全功率，又能靠偶合器来准确地调节传给绞车或转盘必要的扭矩及转速，其性能柔和，操作简便。

23. 液力变矩器是如何分类的？

液力变矩器与液力偶合器的区别在于液力变矩器可以根据工况改变其输出转矩。根据液力变矩器的结构和性能特点，通常按照如下方式分类。

（1）根据工作轮在循环圆中的排列顺序分类，有 B－T－D 型（因涡轮正转，也称为正转型）和 B－D－T 型（因涡轮反转，也称为反转型）液力变矩器。

（2）根据涡轮数分类，有单级、双级、三级和多级液力变矩器。

（3）根据导轮数分类，有单导轮和双导轮液力变矩器。

（4）根据泵轮数分类，有单泵轮和双泵轮液力变矩器。

（5）根据各个工作轮的组合和工作状态分类，有单相、两相和多相液力变矩器。

（6）根据涡轮的型式分类，有轴流式、离心式和向心式液力变矩器，如图 2－13 所示。

（7）根据泵轮和涡轮能否闭锁为一体工作分类，有闭锁式和非闭锁式液力变矩器。

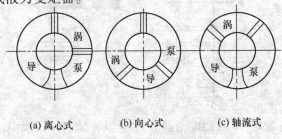

(a) 离心式　　　　(b) 向心式　　　　(c) 轴流式

图 2－13　液力变矩器类型

（8）根据液力变矩器的特性能否控制分类，有可调式和不可调式液力变矩器。

24. 液力变矩器由哪几部分组成？

变矩器结构如图 2 – 14 所示。导轮与外壳相连，是不转动的，叶片大都为空间扭曲形状。与偶合器相比，多了一个固定不动的导轮，性能便大不相同，其外特性曲线如图 2 – 15 所示。

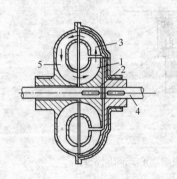

图 2 – 14　液力变矩器结构

1—泵轮；2—泵轮轴；3—涡轮；
4—涡轮轴；5—导轮

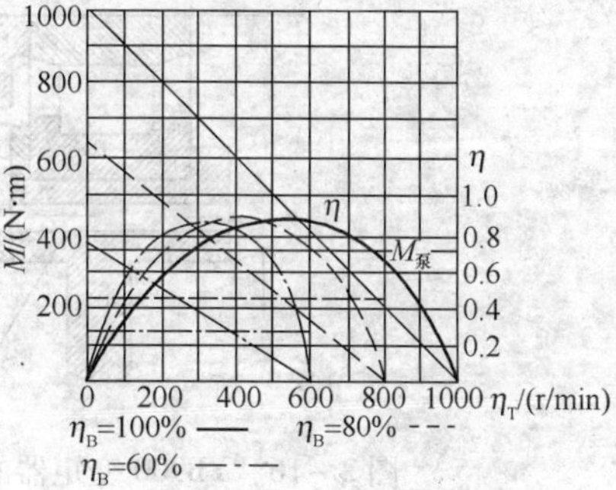

图 2 – 15　液力变矩器外特性曲线

25. 钻机用 YB900 液力变矩器有何特点？

我国石油矿场钻机用液力变矩器有罗马尼亚 CHC 型、国产 WB 型、YB700 – Ⅱ、YB720 和 YB900 等。

YB900 液力变矩器是北京石油勘探开发研究院机械所、大连内燃机车研究所和四川石油管理局共同研制的单级充油调节离心液力变矩器，与 PZl2V190B – 1 柴油机匹配，用以取代 CHC750 变矩器，MB820Bb 柴油机，作为 F320 钻机动力机组及国产深井、超深井机械驱动钻机如 ZJ32J – 5 和 ZJ60L 的动力机组。

（1）结构特点

泵轮为双扭曲叶片（铸钢），涡轮（锻钢）和导轮（铸铝）为柱状叶片。采用短圆柱轴承（32324，32326）承受径向力，4 支点推力球轴承（176328）承受轴向力。

变矩器工作腔采用间隙迷宫密封，允许少量油泄漏，流回箱底。泵轮和涡轮轴轴端采用如图 2-16 所示的离心式间隙密封，甩油盘 3 可将自油箱溅来的工作油甩入压盖 4 环形槽中，经过回油孔 5 又流回油箱。

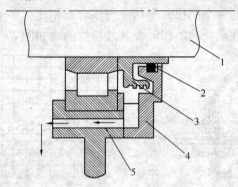

图 2-16　YB900 变矩器的轴端离心式间隙密封
1—轴；2—毡圈；3—甩油盘；4—压盖；5—回油孔

YB900 是我国首次研制的充油调节离心涡轮钻机用变矩器，设置有专用充油调节阀，在轻载空载时使变矩器处于部分充油状态，降低空载发热损失，提高柴油机 - 液力变矩器机组的经济性。

（2）技术特性

YB900 变矩器的主要技术参数列于表 2-2。

表 2-2　YB900 变矩器的主要技术指标

输入功率/kW(hp)	610(830)	补偿压力/MPa	0.13 ~ 0.25
输入转速/（r/min）	1200	冷却系统最大散热量/（kcal[①]/h）	170000
最高效率/%	88 ~ 90	输出制动扭矩/N·m	26000
启动变矩系数 K	6.4	工作油温/℃	70 ~ 100

注：①1kcal = 4.1868kJ。

54

26. 液力变矩器在石油钻机上的应用有哪些?

(1) 变矩器在绞车上的应用

当钻机动力机组装上液力变矩器后,显著改善了绞车的性能。主要表现在以下几个方面:

① 充分利用了钻机功率。

在起钻过程中,大钩上的负荷是不断变化的。机械传动钻机的绞车挡数有限(4~6 挡)。因此,功率的利用很不充分。

当使用液力变矩器后,大钩的提升速度就能随负荷的增减自动无级地降低或提高。使钻机的功率得到充分利用,从而加快了起下钻速度,这对于深井钻井显得更重要。

② 改善绞车的调节性能。

钻机动力机组配上液力变矩器后,绞车的调节性能大为改善。变矩器施加到柴油机轴上的负荷曲线,可由公式 $M_e = \alpha n_B^2$ 表示。由于泵轮轴上的扭矩与转速就等于柴油机轴上的扭矩与转速($M_e = M_B$, $n_e = n_B$),上式亦可写成,$M_e = \alpha n_e^2$。则:

$$\eta = \frac{M_T n_T}{M_e n_e} \qquad (2-4)$$

$$\alpha n_e^3 \eta = M_T n_T$$

$$n_T = \frac{\alpha n_e^3 \eta}{M_T} \qquad (2-5)$$

式(2-5)表明,当大钩负荷不变时,变矩器输出轴扭矩 M_T 不变,变矩器输出轴转速 n_T(或大钩提升速度)与柴油机转速 n_e 的三次方成正比,也就是说,司钻稍微调节一下柴油机的转速 n_e,就可以使大钩的提升速度在很大范围内变化。式(2-5)也可变换为:

$$M_T = \frac{\alpha n_e^3 \eta}{n_T} \qquad (2-6)$$

由式(2-6)可见,当变矩器输出轴转速 n_T 不变(相当于大钩提升速度不变),其输出轴扭矩 M_T(或大钩负荷能力)与柴油机转速 n_e 的三次方成正比。使用液力变矩器后,在起下钻过程中，摘挂挡次数和换挡次数大大减少，不仅加速了起下钻过程，也减轻了司钻的劳动强度。

③ 提高绞车工作的柔和性与可靠性。

液力变矩器的输入轴与输出轴之间，没有刚性的机械连接，而是靠液体作为传递能量的介质。因此，柴油机轴上的周期性扭矩振动不会传到工作机组上去，而各工作机组在工作过程中所产生的振动和冲击负荷也传不到柴油机上去。由于这种平稳而柔和的传动性能，显著地减少了钻机各个部件的磨损，延长了它们的使用寿命。

液力变矩器具有输出转速越低，扭矩越高的特性，这种特性对于处理钻井事故特别有利，例如当起钻遇到阻卡时，大钩上的负荷突然升高，这时液力变矩器能使绞车以极低的速度和比平时大几倍的提升能力，把被卡的钻具从井下提出。又如钻井过程中有一部柴油机损坏，也可以利用其余的柴油机以低速立即把钻具从井中提出，保证了钻井的安全生产。

（2）变矩器在转盘上的应用

与绞车的情况相同，变矩器可以使转盘的有级变速变为平稳的无级变速，使转盘功率得到充分利用。转盘采用液力变矩器后，由于它工作的柔和性可以减少扭断钻杆的危险，在钻头遇卡时，柴油机也不会灭火，即使转盘出现短时的停转，也能很快恢复正常运转。

（3）变矩器对钻井泵的作用

液力变矩器对钻井泵的作用与液力偶合器类似，可提高泵组功率利用率、降低泵压脉动，便于处理事故；提高了泵组工作的可靠性以及简化了开泵、并车操作等。

第三节　电驱动钻机

27. 石油电动钻机发展情况如何？

电驱动钻机按其发展历程可分为如下四个阶段。

（1）交流电驱动钻机

即交流发电机（或工业电网）－交流发动机驱动（AC－AC）。技术落后，已经淘汰。

（2）直流电驱动钻机

即直流发电机－直流电动机驱动（DC－DC）。技术落后，已经淘汰。

（3）可控硅整流直流电驱动钻机

即交流发电机－可控硅整流－直流电动机驱动（AC－SCR－DC）。

（4）交流变频调速驱动钻机

即交流发电机－变频调速器－交流电动机驱动（AC－VFD－AC）。

我国研制电驱动钻机始于20世纪70年代，DZ－200，DC－DC驱动，钻深5000m（宝鸡厂，1971年）；海洋5000m钻机，DC－DC驱动（兰石厂，1975年）。20世纪80年代以来，研制并投入矿场应用的电驱动钻机有：ZJ15D（AC－AC驱动，吉林重机厂）以及兰石厂生产的ZJ45D（丛）、ZJ60D、ZJ60DS（AC－SCR－DC）。90年代以来，特别是1998年以来由于我国钻机更新改造的需要，电驱钻机获得了迅速发展，国内主要的钻机制造厂商宝鸡石油机械有限责任公司、兰石国民油井石油工程有限公司、川油广汉宏华有限公司和上海三高石油设备有限公司，先后研制生产了3000~7000m系列直流电驱钻机和1000~7000m系列交流变频电驱钻机，钻机技术水平与国际水平相当，跟上了国外钻机技术发展的步伐。

28. 什么叫 AC－SCR－DC 可控硅直流电驱动钻机？

典型电驱动钻机动力与传动系统如图2－17所示。数台柴油机交流发电机组所发交流电并网输出到同一汇流母线上（或由工业电网供电），经可控硅装置整流后驱动直流电动机，带动绞车、转盘、钻井泵，此种电驱动型式称为 AC－SCR－DC（Alternate Current-Silicon Controlled Rectifier-Direct Current）或简称 SCR 电驱动。

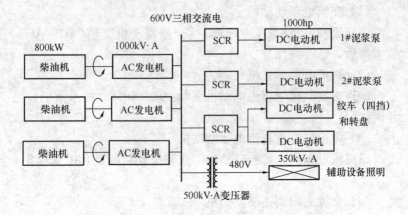

图 2 – 17　SCR 电驱动钻机动力传动系统示意图

29. 直流电驱动钻机性能特点是什么？

（1）采用先进的 AC – SCR – DC 电传动技术，实现绞车、转盘和泥浆泵的无级调速，具有良好的钻井性能。

（2）平行四边形整体起升式底座，有弹弓式（双升式）和旋升式两种形式，可实现台面设备和井架低位安装，依靠绞车动力整体起升到位。

（3）绞车主刹车采用液压盘式刹车，也可选用带式刹车。绞车辅助刹车配备风冷式或水冷式电磁涡流刹车，根据需要辅助刹车也可为气动推盘式刹车。

（4）转盘采用从绞车取力的联合驱动或由一台电机独立驱动两种形式。

（5）配独立的司钻控制房。气、电、液控制，钻井参数及仪表显示统一布局，通过 PLC 实现钻井全过程的逻辑控制、监控和保护，并可实现数据的储存、打印和远程传输。

（6）可配整体移动滑轨或步进装置，满足丛式钻井井位间迁移的要求。

（7）可配顶部驱动装置。

常见直流电驱动钻机的性能参数如表 2 – 3 所示。

表 2 – 3　常见直流电驱动钻机的性能参数

钻机型号		ZJ40/2250D	ZJ50/3150D	ZJ70/4500D
名义钻探 范围/m	127mm(5″)钻杆	2000 ~ 3200	2800 ~ 4500	4000 ~ 6000
	114mm(4½″)钻杆	2500 ~ 4000	3500 ~ 5000	5000 ~ 7000
最大钩载/kN(tf)		2250(225)	3150(315)	4500(450)
钩速/(m/s)		0 ~ 1.4	0 ~ 1.49	0 ~ 1.51
游动系统绳数		10	12	12
钻井钢丝绳直径/mm		32	35	38
最大快绳拉力/kN		280	350	487
绞车	型号	JC – 40D	JC – 50D	JC –70D
	额定功率/kW(hp)	735(1000)	1100(1500)	1470(2000)
	挡数	4	4	4
主刹车		液压盘式刹车		
辅助刹车		电磁涡流刹、气动水冷盘式刹车		
天车		TC – 225	TC – 315	TC – 450
游车		YC – 25	YC – 315	YC – 450
游动系统滑轮外径/mm(in)		1270	1270	1540
大钩		DG – 225	DG – 315	DG – 450
水龙头	型号	SL – 450	SL – 450	SL – 450
	中心管通径	75	75	75
转盘	开口直径/mm(in)	698.5(27½″)	952.5(37½″)	952.5(37½″)
	挡数	Ⅰ或Ⅱ, 无级调速	Ⅰ或Ⅱ, 无级调速	Ⅰ或Ⅱ, 无级调速
	驱动方式	独立电驱动	独立电驱动或 联合驱动	独立电驱动或 联合驱动
井架	型式	K 型	K 型	K 型
	高度/m	44	45	45
	最大载荷/kN(lb)	2250(500000)	3150(700000)	4500(1000000)
	二层台高度/m	24.5, 25.5, 26.5		

	钻机型号	ZJ40/2250D	ZJ50/3150D	ZJ70/4500D
底座	型式	弹弓式	旋升式或弹弓式	
	钻台高度/m	7.5	9	9(10.5)
	净空高度/m	6	7.6	7.6(9)
泥浆泵	型号×台数	F-1000×2	F-1600×2	F-1000×3
	驱动方式	直流电驱动		
泥浆高压管汇		$\phi103$（通径）×35MPa		
.电传动方式		AC-SCR-DC，一对一或一对二控制		
主发电机台数及容量		2×1910kV·A	3×1500kV·A	4×1500kV·A

30. AC-SCR-DC 电驱动钻机有何优点？

与机械驱动（MD）相比较，SCR 驱动具有如下优越性。

（1）直流电动机具有人为软特性。调速范围宽，R 一般为 2.5～5。超载能力强，超载系数 K 一般为 1.6～2.5。因具有无级调速的钻井特性，可提高钻井效率。

（2）极大地简化了机械传动系统，提高了传动效率，如从动力机轴到绞车输入轴的传动效率可达 86%，比 MD 驱动约高 11%。

（3）柴油机交流发电机组中的柴油机始终处于最佳运转工况（额定转速、载荷自动均衡分配），比 MD 可节省燃料 18%～20%；大修周期延长 80%，柴油机使用寿命延长。

（4）并联驱动，动力可互济，动力分配更灵活合理。

（5）SCR 驱动便于钻机的平面和立体布置，且维护费用仅为 MD 驱动的 30%；自动化程度较高，使用更安全可靠。

综上所述，SCR 驱动钻机，虽然初期投资略高于 MD 驱动钻机，但其综合经济性好，具有强大生命力。自 1970 年问世以来，获得迅猛发展，不仅完全取代了 DC-DC 驱动，应用于海洋钻机，而且也主宰了陆上深井、超深井钻机。

31. ZJ60D 钻机的 AC – SCR – DC 驱动系统有何特点?

(1) 动力分配与控制系统

ZJ60D 的动力分配与控制系统如图 2 – 18 所示。其动力控制设备是引进美国 GE 公司第 4 代产品 Micro Drill 3000 型。4 台柴油机交流发电机组并网,通过 7 台相同的可控硅整流装置驱动直流电动机带动绞车、转盘和钻井泵。

控制系统可保证 4 台柴油机发电机组转速稳定,频率一致,并网方便,负荷能自动均衡分配。可随时指示钻机实际消耗功率,司钻据此可合理启用发电机台数,提高使用经济性。

(2) SCR 驱动系统保护功能

ZJ6OD 钻机 AC – SCR – DC 驱动系统具有比较完善的保护功能,具体如下。

① 柴油机。

当转速超过额定值 18%,机油压力低于下限 $2.9 \times 10^5 Pa$,冷却水出口温度超过 99℃时,柴油机自动停车。

② 交流发电机组。

功率、电流和视在功率限制额定值为 650kW,1200A,1247kV·A;欠压保护 450V,过压保护 700V。逆功率保护的功率限定值为 10%,还具有柴油机速度信号丢失保护。

③ 可控硅整流装置。

绞车 B 号电动机的 SCR 传动可以切换给转盘 GE752R 电机,提高了转盘驱动的可靠性。绞车、转盘和钻井泵的驱动电机各具有一定的直流电流限制整定值。若负载电流超过整定值,系统使得 GE752R 电机自动降速至惰转状态,不致损坏设备或引起井下事故。

④ 工作机。

绞车双电机驱动时,电流限制整定值为 1450A(为额定电流的 1.4 倍),持续时间 120s;单机驱动时为 1750A(为额定电流的 1.7 倍),持续时间 90s,必要时,单电机驱动绞车仍可提升 6000m 钻柱重量。

钻井泵双电机驱动时，电流限制整定值为 700A，扭矩略低于各级缸套最高工作压力时的扭矩限，可保护钻井泵不过载。

转盘驱动电机，电流限制整定值为 750A。监控保护系统可保证转盘不致因突然卡钻而拧断钻杆，也不致因扭矩突然消失引起钻杆柱弹性反转而导致脱扣。

此外，在电路或机械设备不正常（如 SCR、直流电机冷却风扇、钻井泵喷淋泵驱动电机断开等）的情况下，GE752R 电机就不能启动。

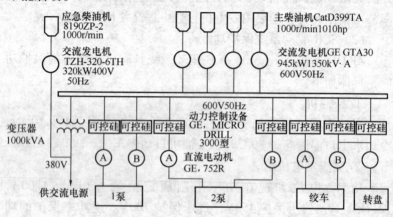

图 2-18　ZJ60D 动力分配与控制系统

32. ZJ45D 丛式钻机的 AC-SCR-DC 驱动系统有何特点？

ZJ45D 丛式井钻机动力分配与控制系统如图 2-19 所示。

ZJ45D 的动力与控制设备都是我国自行研制的，各主要机组的情况如下。

（1）柴油机发电机组

柴油机 PZ12V190B，配备有全电子型调速系统，动态性能好（频率恢复时间约 1s），稳态精度高（频率稳态调整率为 ±1）。

发电机为 TFW500M-4TH 型，1000kW。体积小，质量轻，绕组绝缘程度高。

试验表明：柴油机发电机组及其控制设备能在带不同 SCR

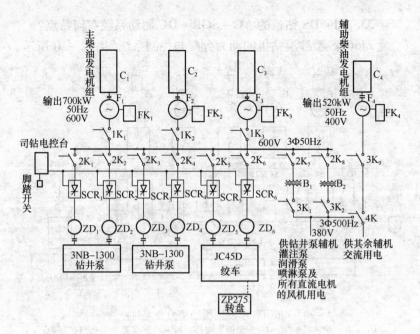

图 2-19 ZJ45D(丛)动力控制系统

负载的小电网上可靠运行，技术指标和各种保护参数相当于国外
20 世纪 80 年代初水平。

（2）可控硅传动装置

交流输入 50Hz，600V；输出电压 0~750 V 连续可调，输出
直流电流为 750 A（额定值），瞬时最大电流为 1200A，双电机驱
动时，两机负荷均衡在 5% 以内。绞车具有恒功率保护特性曲
线。采用宽脉冲触发方式（脉冲宽度 110°电角度），大大提高了
可控硅传动装置工作的可靠性。

（3）Z490/380 直流电动机

额定参数；容量 515kW（700hp），电压 750 V，电流 720 A，
转速 1100r/min。他励式，励磁电压 110V，励磁电流 50.5 A，绝
缘等级 H。

额定工作条件：环境温度 -20~45℃，海拔高度不超
过 1000m。

33. ZJ60DS 钻机的 AC – SCR – DC 驱动系统有何特点？

ZJ6ODS 型沙漠钻机的动力分配与控制系统如图 2 – 20 所示。

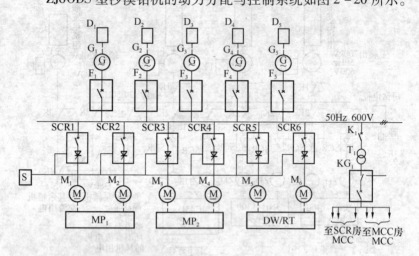

图 2 – 20　ZJ6ODS 沙漠钻机的动力分配与控制系统图

$D_1 \sim D_5$—柴油机；$G_1 \sim G_5$—交流发电机；$F_1 \sim F_5$—交流发电机组控制柜；
SCR1 ~ SCR6—可控硅传动柜；$M_1 \sim M_5$—直流电动机；K_1—600V 空气
断路器；T_1—三相变压器 600V/380V，1000kV·A，△/Y；KG_1—开关柜；
S—司钻控制柜；MP_1、MP_2—泥浆泵；DW—绞车；RT—转盘

ZJ60DS 沙漠钻机 1996 年通过工业试验鉴定，其动力分配
与控制系统和 ZJ60D 略有不同。

（1）柴油机交流发电机组

采用 5 台柴油机发电机，柴油机 Cat D399，1000r/min，
1010hp，交流发电机为国产 TFW560 – 6T，50Hz，600V；单台发
电机组输出有功功率为 600kW。

（若用国产机组为：Z12V190BYM – 1 柴油机，TFW500M –
6TH 发电机，60Hz，600kW）

（2）SCR 传动控制柜

6 台 SCR 传动控制柜分别控制 6 台直流电动机，电动机为
Z490/390，1100r/min，750V，4 台电动机以二对一方式分别驱
动两台钻井泵，另两台电动机驱动绞车，并通过链条驱动转盘。

64

单台电动机连续功率（驱动泥浆泵）606kW，间隙功率（驱动绞车）735kW。

（3）电控系统

采用模拟控制加微机检测，具有故障显示、报警、自动诊断和保护功能。

34. AC－SCR－DC 电驱动钻机所配交流发电机有何要求？

（1）柴油机与发电机的功率匹配

据资料介绍，SCR 电驱动中，柴油机与发电机功率匹配原则与一般使用环境下不相同，发电机铭牌上的额定动率 kW 值（$\cos\varphi = 0.7$）应比柴油机铭牌上的持续功率大。最经济的匹配计算式为：

$$N_e = \left(1 - \frac{\cos\varphi - \cos\lambda}{\cos\varphi}\right)\frac{P_f}{\eta_f\eta_T} \qquad (2-7)$$

$$N_e = \left(1 - \frac{\cos\varphi - \cos\lambda}{\cos\varphi}\right)\frac{S_f\cos\varphi}{\eta_f\eta_T} \qquad (2-8)$$

式中　　N_e ——柴油机额定持续功率，kW；

$\cos\varphi$ ——广发电机额定功率因数；

$\cos\lambda$ ——SCR 装置的平均功率因数；

P_f ——发电机额定有功功率，kW；

S_f ——发电机额定视在功率，kV·A；

η_f ——发电机效率，一般取 0.95；

η_T ——机组传递效率，一般取 0.98～0.99。

SCR 电驱动发电机通常按 $\cos\varphi = 0.7$ 设计（滞后），SCR 装置的功率因数取决于接线方式。当采用三相桥式全控制整流电路时，其平均功率因数 $\cos\lambda = 0.55$，则 $\cos\varphi$ 比 $\cos\lambda$ 高 21.4%。如不计 η_f 和 η_T，则发电机铭牌上额定功率值也应比柴油机铭牌上持续功率大 21.4%。

ZJ60D 钻机柴油机发电机功率匹配与此原则相吻合。柴油机 D399TA，转速 1000r/min，功率 742.6kW（1010hp）；发电机 GTA30，功率 945kW。发电机功率比柴油机大 21.4%。

（2）发电机额定参数

单机功率1000~1500kW，额定输出电压600V（以便和SCR变流器和电动机相匹配）；频率60Hz或50Hz（如国产TFW500M-4TH，50Hz）；额定转速1000~1500r/min。

（3）ZJ60D钻机采用的GTA30发电机

其工作原理如图2-21所示。转子装有谐波抑制器，能有效地抑制高次谐波。定子装有电压调节器，以保证输出电压的稳定性。该发电机体积小，质量轻，使用寿命长，平均两次大修间隔可达到243900h（同类产品为231300h）。

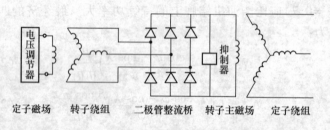

定子磁场　　转子绕组　　二极管整流桥　转子主磁场　　定子绕组

图2-21　GTA30型发电机工作原理图

35. SAC-SCR-DC电驱动钻机所配的直流电动机有何要求？

（1）额定参数

额定功率一般为：持续600~735kW，断续735~900kW。前者用于转盘、钻井泵；后者用于绞车。额定电压750V，额定转速1000~1500r/min。

（2）优先选用他励电机

串励电动机具有软特性，可得到较大启动转矩和处理故障能力。但反接制动和反转需要用大电流接触器转换磁场极性；传动链条、胶带脱开时易发生超速；驱动绞车仍需要配备机械挡，和钻井泵不能较好匹配。

他励电机具有恒转矩调节特性，比串励机更适用于钻井泵，配备一定的机械变速挡也能很好地用于绞车和转盘。容易实现反转，控制调节简单。所以现代海洋或陆用 SCR 电驱动钻机都优先选用他励电动机。

他励电动机可进行弱磁调速，但范围不宜过大，一般以 1.2:1 为宜，驱动绞车时要配备 3~4 个机械挡。

（3）直流电动机 GE752R

GE 公司生产的钻机用直流电动机 GE752R 的额定参数为连续工作的额定功率 736kW（1000hp），间隙工作的额定功率 920kW（1250hp）；额定电压 750V；额定转速 1075r/min。

美国 GE 公司的 GE752U、AR、AU 电动机是早期产品。20 世纪 80 年代初开发的 GE752AF8，其各项参数均可覆盖上述各型电动机。GE752AF8 是串励电机，若需其他励磁方式，稍加改进即可。

引进 GE 公司技术生产的 Z490/380 和 Z490/390 直流电动机，相当于 GE752R。铁道部永济电机厂引进 GE 公司的 GE752AF8 技术，研制了 800kW 钻机用直流电动机 YZ08（串励）和 YZ08F（他励）以及 SCR 顶驱电动机 YZ10，用于国产 SCR 电驱动钻机 ZJ20D（YZ08F）、ZJ50D、ZJ60D、ZJ70D 及顶驱钻井系统 DQ-60P（YZlO）。

36. AC-SCR-DC 电驱动钻机的电控系统有哪几种类型？

电控系统有 3 种方式。

（1）模拟控制系统或称第三代控制系统

调节器和 SCR 触发器均为模拟量控制，能满足钻机控制要求，但故障指示少，缺乏自动诊断功能，如 80 年代的 ZJ60D、2J45D（丛）的电控系统。

（2）模拟控制 + PLC 系统或称三代半控制系统

采用模拟电路加上微机监测，具有故障显示、报警、自诊断和保护功能，如 ZJ60DS 的电控制系统。

"三代半"控制模式，通常是指发电机的调节、操作、保护及直流传动的调节部分，采用模拟量控制，而直流传动的工艺操作、保护检测等部分采用数字控制。

（3）全数字控制系统又称第四代控制系统

是当前最先进的全数字微机控制系统，即交流发电机及直流传动部分的调节、工艺操作、检测、保护等环节都采用数字控制制，具有完善的自诊断及故障显示、报警保护功能，新研制的SCR电驱动钻机都采用全数字微机控制系统。

37. 为什么要加速发展 AC – VFD – AC 变频电驱动钻机？

随着电力电子技术的发展，交流变频调速已发展成为一门成熟的交流变频技术，已使交流电动机的调速控制性能达到了直流电动机调速控制性能的水平。此外，和直流电动机相比，交流电动机具有没有整流子、炭刷等活动部件，防爆要求低，无须维护，安全可靠，单机容量大，体积小，质量轻，价格便宜等明显优点。因此，交流变频调速技术的发展，先进、成熟的交流变频器系列产品的问世和应用，使 AC 变频驱动钻机和顶驱钻井系统，比 SCR 直流电驱动型式具有明显优势，必将成为电驱动钻机的发展方向。

38. 交流变频电驱动基本工作原理是什么？

交流电动机转速关系式为 $n = 60f(1 - S)/P$，改变 P、S 或 f 都可以改变转速，但最好调速方法是改变输入的电源频率 f。为此，需要一个输出频率 f 及电压均可调，并具有良好控制性能的变频电源。

随着电力电子技术的发展，采用可自关断的全控器件，应用脉宽调制（PWM）技术及电动机矢量控制技术，研制成先进的交流变频器，形成了成熟的交流变频电驱动系统。

交流变频电驱动系统由交流电源、交流变频器和交流电动机组成。

对于石油钻机，交流电源主要是柴油交流发电机发出的交流电（380～600V）。

交流变频器的主回路由一个整流器和一个逆变器组成，两者通过直流电路相连接。整流器将输入的固定频率的交流电变为直流电，逆变器再将直流电变为频率和幅值可调的交流电供给交流

68

电动机，从而可准确地调节控制电动机的转速和扭矩。

39. 交流变频电驱动钻机的性能特点是什么？

（1）采用先进全数字化交流变频技术，通过 PLC，触摸屏，气、电、液及钻井仪表参数的一体化设计，实现钻机智能化司钻控制。

（2）钻机采用宽频大功率电机驱动，实现了绞车、转盘和泥浆泵全程无级调速。

（3）单滚筒轴齿轮传动绞车，Ⅰ挡或Ⅱ挡无级调速，液压盘式刹车和电机能耗制动相结合的刹车，结构简单，性能可靠。

（4）利用主电机或独立电机实现自动送钻，能够对起下钻和钻井工况进行实时监控；具有气、液失压，电控系统及电机故障，转盘扭矩限制和泵压限制等保护功能。

（5）可配独立的司钻控制房，气、电、液控制，钻井参数及仪表显示统一布局，通过 PLC 实现钻井全过程的逻辑控制、监控和保护，并可实现数据的储存、打印和远程传输。

（6）可配置顶部驱动装置。

（7）可配整体移动滑轨或步进装置，可满足丛式钻井时井位间迁移的要求。

（8）采用智能软启动装置、ET200 或 ASI 模块，实现对 MCC 系统的保护和监控。

（9）智能化游车位置控制，具有防止"上碰下砸"的功能。

常见交流变频电驱动钻机的性能参数如表 2 - 4 所示。

表 2 - 4　常见交流变频电驱动钻机的性能参数

钻机型号		ZJ30/1700DB	ZJ40/2250DB	ZJ50/3150DB	ZJ70/4500DB
名义钻探范围/m	127mm(5″)钻杆	1500～2500	2000～3200	2800～4500	4000～6000
	114mm(4½″)钻杆	1600～3000	2500～4000	3500～5000	4500～7000
最大钩载/kN		1700	2250	3150	4500

钻机型号		ZJ30/1700DB	ZJ40/2250DB	ZJ50/3150DB	ZJ70/4500DB
游动系统绳数		10	10	12	12
钻井钢丝绳直径/mm		29	32	35	38
最大快绳拉力/kN		210	280	350	487
绞车	型号	JC－30DB	JC－40DB	JC－50DB	JC－70DB
	额定功率/kW（hp）	600（815）	800（1090）	1100（1500）	1470（2000）
	挡数	Ⅰ或Ⅱ，无级调速	Ⅰ或Ⅳ，无级调速	Ⅰ或Ⅱ，无级调速	
刹车型式		液压盘式刹车＋能耗制动	液压盘式刹车＋能耗制动（气动推盘式刹车）		
天车		TC－170	TC－225	TC－315	TC－450
游车		YC－170	YC－225	YC－315	YC－450
游动系统滑轮外径/mm		1005	1120	1270	1524
大钩		DG－170	DG－225 或 DG－250	DG－315	DG－450
水龙头	型号	SL－170	SL－225	SL－450	SL－450
	中心管通径	64	75	75	75
转盘	开口直径/mm（in）	520（20½″）	698.5（27½″）	952.5（37½″）	952.5（37½″）
	挡数	Ⅰ或Ⅱ，无级调速	Ⅰ或Ⅱ，无级调速	Ⅰ或Ⅱ，无级调速	Ⅰ或Ⅱ，无级调速
	驱动方式	独立或联合驱动	独立或联合驱动	独立电驱动	独立电驱动
井架	型式	K 型或 A 型	K 型	K 型	K 型
	高度/m	33 或 41	44	45	45
	最大载荷/kN	1700	2250	3150	4500

70

钻机型号		ZJ30/1700DB	ZJ40/2250DB	ZJ50/3150DB	ZJ70/4500DB
底座	型式	箱块式或 伸缩式	双升式	旋升式或双升式	
	钻台高度/m	5/6	7.5	9	10.5
	净空高度/m	3.8/4.8	6	7.6	9
泥浆泵	型号×台数	F-1300×1	F-1300×2	F-1600×2	F-1600×3
	驱动方式	电驱动或柴油机驱动			电驱动
电控方式		AC-DC-AC			

40. ZJ32DB 电气传动与控制系统有何特点?

ZJ32DB 变频驱动钻机由辽河油田与有关单位合作研制而成。钻井深度3200m,其绞车、转盘与钻井泵的交流变频驱动与控制系统由北京东昱公司承担,其电气传动与控制系统如图 2-22 所示。

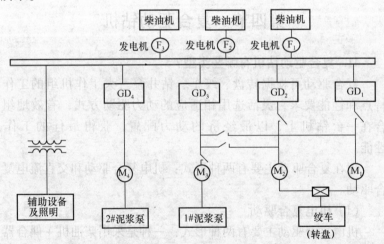

图 2-22 钻机 ZJ32DB 电气传动与控制系统

3 台柴油机交流发电机组发出交流电(600V)并网,汇聚到汇流母线,向 4 台交流变频器 $GD_1 \sim GD_4$ 供电。正常情况下,

GD$_1$、GD$_2$一对一驱动交流电动机 M$_1$和 M$_2$,去带动绞车和转盘;GD$_3$、GD$_4$一对一驱动电动机 M$_3$和 M$_4$,分别带动两台钻井泵。必要时,可选择 GD$_3$驱动任何一台绞车/转盘电动机或全部两台绞车/转盘电动机,可确保变频器 GD$_1$、GD$_2$,或电动机 M$_1$、M$_2$中任何一台在有故障情况下仍能继续钻井作业。

绞车/转盘电机的基速为 660r/min,恒功率最高运行转速为1060r/min。机械变速采用 4 个挡,恒功率速度调节范围可达6.6,绞车/转盘驱动电机采用矢量控制技术,能在低转速下输出额定力矩,恒力矩无级调速范围宽,可满足转盘调速要求。选用CEGELEC 公司的变频器,能过载 1.5 倍,持续运行 1min,便于处理事故。

综上所述,交流变频电驱动钻机,包括顶驱钻井系统,是现代电力电子技术最新成就与钻井机械的结合,代表着 21 世纪电驱动石油钻机的发展方向。

第四节 复合驱动钻机

41. 复合驱动钻机有哪些类型?

复合驱动可根据转盘、绞车、钻井泵三大工作机组的工作特点和性能要求,灵活选用相适应的动力驱动方式,有效地组合在一台钻机上,以最经济的动力配置,获得最佳的工作性能。

现在复合驱动主要有两种形式:机电复合驱动和交直流电复合驱动。

(1)机电复合驱动

机电复合驱动主要有两种形式:一种是采用柴油机+偶合器驱动钻井泵和绞车,同时带动 1 台交流发电机,交流发电机发出的交流电通过变频器控制交流变频电动机驱动转盘;另一种是采用柴油机驱动交流发电机,发电机发出的交流电通过变频器控制交流变频电动机驱动绞车和转盘,钻井泵为独力机泵组采用机械驱动。

（2）交直流电复合驱动

交直流电复合驱动是采用柴油机驱动交流发电机，发电机发出的交流电一路通过变频器，控制交流变频电动机驱动绞车和转盘，另一路通过可控硅整流器，将交流电变换为可控的直流电控制直流电动机，由直流电动机驱动钻井泵。

42. 复合驱动钻机的性能特点是什么？

（1）高性价比，克服了电驱动造价高和机械传动路线长的缺点。

（2）解决了机械驱动高钻台转盘爬坡驱动的问题。

（3）结构简单，布置灵活，节能高效。

（4）采用"柴油机 + 液力变矩器（或偶合器正车箱）+ 链条并车箱"驱动绞车和泥浆泵；交流变频电机或直流电机驱动转盘，可实现无级调速，突破扭矩限制，提高钻井性能。

（5）主机模块采用"前高后低"布置，动力和传动系统低位安装。

（6）主刹车采用液压盘式刹车，辅助刹车用电磁涡流刹车或气动水冷盘式刹车。绞车内变速，气动远距离操作换挡，方便快捷。

（7）箱块式或"前台旋升后台块装"结构底座，模块化设计，布局合理，钻台面平整，操作空间大，动力互济性好，功率利用率高。

（8）并车箱可带节能发电机和自动压风机。

（9）可配独立电机自动送钻系统、顶部驱动钻井装置。

（10）配整体移动滑轨可满足丛式钻井时井位间迁移的要求。

（11）配独立的司钻控制房，气、电、液控制，钻井参数及仪表显示统一布局，通过 PLC 可实现钻井全过程逻辑控制、监控和保护，具有数据储存、打印和远程传输功能。

常见复合驱动钻机的性能参数如表 2 - 5 所示。

表 2 - 5　常见复合驱动钻机的性能参数

钻机型号		ZJ30/1700DB	ZJ40/2250DB	ZJ50/3150DB	ZJ70/4500DB
名义钻探范围/m	127mm(5″)钻杆	1500～2500	2000～3200	2800～4500	4000～6000
	114mm(4½″)钻杆	1600～3000	2500～4000	3500～5000	4500～7000
最大钩载/kN		1700	2250	3150	4500
游动系统绳数		10	10	12	12
钻井钢丝绳直径/mm		29	32	35	38
最大快绳拉力/kN		210	280	350	487
绞车	型号	JC-30DB	JC-40DB	JC-50DB	JC-70DB
	额定功率/kW（hp）	600(815)	800(1090)	1100(1500)	1470(2000)
	挡数	I 或 II，无级调速	I 或 IV，无级调速	I 或 II，无级调速	
刹车型式		液压盘式刹车＋能耗制动	液压盘式刹车＋能耗制动（气动推盘式刹车）		
天车		TC-170	TC-225	TC-315	TC-450
游车		YC-170	YC-225	YC-315	YC-450
游动系统滑轮外径/mm		1005	1120	1270	1524
大钩		DG-170	DG-225 或 DG-250	DG-315	DG-450
水龙头	型号	SL-170	SL-225	SL-450	SL-450
	中心管通径	64	75	75	75
转盘	开口直径/mm（in）	520(20½″)	698.5(27½″)	952.5(37½″)	952.5(37½″)
	挡数	I 或 II，无级调速	I 或 II，无级调速	I 或 II，无级调速	I 或 II，无级调速
	驱动方式	独立或联合驱动	独立或联合驱动	独立电驱动	独立电驱动

钻机型号		ZJ30/1700DB	ZJ40/2250DB	ZJ50/3150DB	ZJ70/4500DB
井架	型式	K 型或 A 型	K 型	K 型	K 型
	高度/m	33 或 41	44	45	45
	最大载荷/kN	1700	2250	3150	4500
底座	型式	箱块式或伸缩式	双升式	旋升式或双升式	
	钻台高度/m	5/6	7.5	9	10.5
	净空高度/m	3.8/4.8	6	7.6	9
泥浆泵	型号×台数	F－1300×1	F－1300×2	F－1600×2	F－1600×3
	驱动方式	电驱动或柴油机驱动			电驱动
电控方式		AC－DC－AC			

第三章　石油钻机的旋转系统

第一节　钻井转盘

1. 石油钻机的旋转系统由哪几部分组成？

钻机的地面旋转系统包括转盘、水龙头及顶驱钻井装置。转盘是旋转系统工作机，是钻机的关键部件。水龙头在钻井过程中悬持并允许钻杆柱旋转，让钻井液进入钻杆柱内腔完成循环洗井作业，是起升、循环和旋转三个部件交汇的"关节"部件，习惯上把它归入钻机的旋转系统之列。

另外，通常人们把配备了顶驱钻井系统的钻机称为顶驱钻机，考虑到顶驱钻井系统的主要功用是钻井水龙头和钻井马达功用的组合，故将其列为钻机的旋转系统设备。

2. 钻井转盘的作用是什么？

钻井转盘是一个减速增扭装置，能把发动机传来的水平旋转运动变为垂直旋转运动，具体如下。

（1）在旋转钻井法中用来传递扭矩和必要的转速，带动钻具旋转钻进。

（2）起下钻过程中，悬持钻具及辅助上卸钻具丝扣。

（3）在井下动力钻井法中，用来承受井下动力钻具的反向扭矩（将钻台锁死）。

（4）在固井工艺过程中协助下套管。

（5）协助处理井下事故。如倒扣、套洗等。

3. 钻井工艺对钻井转盘的技术要求是什么？

转盘工作条件恶劣，工作环境不洁，钻井液喷溅，油水污蚀；井中钻杆柱的振跳直接传到转盘上，冲击振动相当严重。为保证转盘能实现上述职能，正常运转，要求如下。

（1）转盘的主轴承应有足够的强度和寿命，以保证承受成百吨重的套管柱或钻杆柱质量。并在钻柱下滑时造成的最大轴向载荷即圆锥齿轮传动造成的轴向、径向载荷作用下有足够的寿命。

（2）转台和圆锥齿轮能传递足够大的扭矩（可达 50 ~ 100kN），能倒转，能可靠的制动。

（3）转盘通孔应能满足所用最大级钻头通过。

（4）转盘面的设计要满足钻工操作方便的要求。

（5）应有灵敏可靠的转台锁紧装置。

（6）具有良好的润滑、密封及散热条件。

（7）结构紧凑、体积小、质量轻、易于搬迁。

4. 钻井转盘型号的含义是什么？

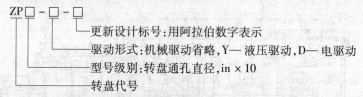

5. 钻井转盘的技术参数有哪些？

钻井转盘的技术特性参数如表 3 - 1 所示。

表 3 - 1　钻井转盘的技术参数

钻 机 代 号	ZJ20K	ZJ45J	ZJ50/3150L ZJ40/2250CJD	ZJ70/4500DZ ZJ50/3150DB - 1
转盘代号	ZP175	ZP205	ZP275	ZP375
通孔直径/mm	444. 5	520. 7	698. 5	952. 5
最大静负荷/kN	2250	441. 3	4500	5850
最高转速/(r/min)	300	350	250	300
齿轮传动比	3. 58	3. 22	3. 667	3. 56
主轴承(长×宽×高)/ (mm×mm×mm)	53 ×710 × 109	800 ×1060 × 155	800 ×1060 ×155 800 ×950 ×120	1050 ×1270 ×220

钻机代号	ZJ20K	ZJ45J	ZJ50/3150L ZJ40/2250CJD	ZJ70/4500DZ ZJ50/3150DB－1
辅助轴承 （长×宽×高）/ （mm×mm×mm）	500×600× 60	800×950× 120	600×710×67	800×950×120
质量/kg	3888	6182	6163	8026

6. 钻井转盘由哪几部分组成？

转盘实质上是一个结构特殊的角型传动减速器，主要由水平轴（快速轴）总成、转台总成、主辅轴承（负荷轴承、防跳轴承）和壳体等几部分组成。如图3－1所示。

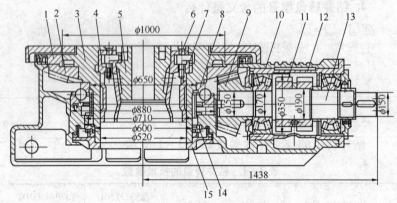

图3－1 ZP－520转盘

1—转台迷宫图；2—大圆锥齿轮；3—转台；4—大方瓦；5—方补心；6—制动销；7—制动块；8—负荷轴承；9—小圆锥齿轮；10—调心轴承；11—制动棘轮；12—套筒；13—快速轴；14—辅助轴承；15—螺母支座

（1）水平轴总成

水平轴头部装有小圆锥齿轮，万向轴传动时尾部装连接法兰，链传动时链轮轴通过轴承和套筒座装在壳体中，套筒的作用是使水平轴能进行整体式装配。水平轴下方的壳体，构成一独立油池，使水平轴轴承得到良好的润滑。

（2）转台总成

转台体如同一根又短又粗的空心立轴，外装斜齿或螺旋齿大圆锥齿轮，借助主轴承座装在壳体上。下部辅助轴承防止转台倾斜和向上振跳。转台中心通孔都比较大，以便通过钻井开钻用最大号钻头。通孔内装着方补心和跟方钻杆相配合的小方瓦，两者通过锁销锁在转台体上。转台上部静配合装有一个迷宫盘，构成一整体结构，防止钻井液、污水漏入转盘油池内。

（3）主、辅轴承

主轴承起承载和承转作用。静止时，承受最重管柱重量；旋转工作时，承受主要由方钻杆下滑造成的轴向载荷及圆锥齿轮传动所形成的径向载荷。辅助轴承起径向扶正和轴向防跳的作用。

（4）壳体

壳体是结构比较复杂而坚固的铸钢件或铸－焊组件，内腔形成两个油池；外形上要便于安装固定和运输，便于工人进行井口操作。

7. 钻井转盘的工作原理是什么？

钻井转盘工作时，动力经水平轴上的法兰或链轮传入，通过圆锥齿轮转动转台，借助转台通孔中的方补心和小方瓦带动方钻杆、钻杆柱和钻头转动，同时，小方瓦允许钻杆轴向自由滑动，实现钻杆柱的边旋转边送进。起下钻或下套管时，钻杆柱或套管柱可用卡瓦或吊卡座落在转台上。

8. 钻井转盘的结构特点是什么？

现代钻井转盘的结构特点，主要表现在转台主、辅轴承布置方案，水平轴两轴承结构型式的异同及转台制动方式三个方面。

（1）轴承布置方案

现代钻井转盘普遍采用转台主辅轴承同在大齿轮下方这种布置方案，如 ZP－520、ZP－700 及罗马尼亚的 MR175、MR205 和 MR205S 等。这种方案的特点是：

① 转台、迷宫盘成一体，使外界钻井液、污液不易漏入内部。

② 辅助轴承离大齿轮远，在齿轮径向力作用下，因辅助轴承有间隙而使转台发生倾斜的程度减小，不致使主轴承产生过度偏磨。

③ 辅助轴承座在下部大螺母支座上。轴承磨损后间隙易调整，可确保主轴承不过度偏磨和圆锥齿轮副的正常啮合条件。不足的是，由于轴承长期承受振动冲击载荷的作用，大螺母可能松动滑扣，或因钻井液和污水长期侵蚀使螺母黏扣，检修不便。

（2）水平轴两轴承结构型式

水平轴两轴承结构型式有两种方案。

① 一种是水平轴上用同样型号的一对调心轴承，分别从水平轴两端装配，这种结构不便于更换靠近小齿轮处的轴承油封，如 ZP - 520 转盘。

② 水平轴上两轴承采用不同型式或不同尺寸，且都由轴的一端进行装配，如国产 ZP - 275 转盘，这种方案获得普遍应用。

（3）转盘制动方式

转盘制动方式也有两种。

① 水平轴上装有棘轮，如 ZP - 520，这种方案制动时，对圆锥齿轮有损害。

② 用销子或棘爪直接去制动转台，制动时齿轮副不参加传力，如 ZP - 700 及罗马尼亚的 MR - 205S 转盘。

9. 如何合理选择钻井转盘的特性参数？

（1）通孔直径

转盘通孔直径是转盘主要几何参数，它应比第一次开钻时用的最大号钻头直径至少大 10mm。

（2）最大静负荷

转盘上能承受的最大重量，应与钻机的最大钩载相匹配。该载荷经转台作用到主轴承上，因此决定着主轴承的规格。

（3）最大工作扭矩

转盘在最低工作转速时应达到的最大工作扭矩，它决定着转盘的输入功率及传动零件的尺寸。有关标准规定，以 150r/min

转速在最大扭矩下运转 2h，齿轮齿面不得有损伤现象。

（4）最高转速

转盘在轻载荷下允许使用的最高转速，一般规定为 300r/min。

（5）中心矩

转台中心至水平轴链轮第一排轮齿中心的距离。

10. 钻井转盘的安装步骤是什么？

（1）清除转盘梁上的油污，检查转盘下端盖是否紧固。

（2）将转盘放置在转盘梁上，用四周 8 个顶丝调整与井口找正，并夹紧转盘固定牢靠。

（3）连接万向轴，固定牢靠。

11. 钻井转盘调试的要求是什么？

合上转盘离合器转盘转动，摘掉转盘离合器同时合上转盘惯性刹车转盘停止转动。转盘换挡，正、反转通过控制绞车换挡装置实现。

12. 钻井转盘的检查内容是什么？

（1）检查锁紧装置上的操纵杆位置，在转盘开动前应在不锁紧位置。

（2）检查固定转台和补心的方瓦所用的制动块和销子，应转动灵活。

（3）检查底座油池中的油位和机油状况，油面应在油标尺上、下限的刻线间偏上。

（4）检查快速轴上弹簧密封圈是否可靠地密封。

（5）恢复转盘转动，检查伞齿轮啮合情况，音响是否正常，应无咬卡和撞击现象。

（6）检查转盘油池和轴承温度是否正常。

（7）检查靠背轮是否有轴向位移，如有则用螺栓紧固端压板。

（8）转盘启动应由慢到快，在工作中一定要保持平稳，不能有过热，单边发热及不正常的声响。

（9）转盘油池的标尺在每次检查油量后，应扣紧，以免污水、泥浆进入油池。

（10）严禁使用转盘绷钻具螺纹。

13. 钻井转盘的日常维护内容是什么？

（1）油量、油温、油质是否正常。

（2）输入轴上的弹簧密封圈，转台下迷宫密封是否有泄漏现象。

（3）转盘运转的声音及振动是否有异常。

（4）转台锁紧装置是否灵活可靠并处于钻井作业所需的位置。

（5）方瓦与转台，补心锁紧销子和制动块的转动是否灵活可靠。

（6）对转盘的润滑部位进行一次润滑脂的保养。

（7）清洁外表。

14. 钻井转盘的一级保养内容是什么？

（1）紧固传动轴轴头盖板螺钉。

（2）检查机油油质、油量，油少补充，变质更换。

（3）检查转盘下盖板锁紧螺母是否松动，如松，紧固。

15. 钻井转盘的二级保养内容是什么？

（1）校正转盘位置并固定。

（2）清除渗油、漏油现象。

16. 钻井转盘的常见故障及排除方法是什么？

常见故障及排除方法如表3-2所示。

表3-2 转盘常见故障及排除方法

故 障 现 象	故 障 原 因	排 除 方 法
转盘壳体发热（超过70℃）	（1）油池内缺油 （2）油池漏油，油面下降 （3）油池内进钻井液，润滑油不干净	（1）加油 （2）采用消除措施或更换转盘 （3）清洗油池换新油

82

故 障 现 象	故 障 原 因	排 除 方 法
转台一边发热	(1)安装不平 (2)偏磨 (3)井架与转盘中心不正	(1)重新安装 (2)找出偏磨原因 (3)找正中心
转台径向摆动和轴向跳动	主轴承磨损严重导致间隙增大	重新调整间隙，修理、更换主轴承
旋转时有剧烈的敲击声	(1)齿顶齿根无间隙 (2)齿轮啮合间隙过大 (3)大小齿轮严重磨损	(1)调整水平轴 (2)调整壳体与转盘壳体间垫片厚度 (3)更换转盘大小齿轮
转盘发热伴有响声	轴承损坏	更换轴承

第二节 钻井水龙头

17. 钻井水龙头有何特点？

钻井水龙头是钻机旋转系统的主要设备，它只能用于石油钻井。国外称为"旋转体"及连接两个部件的一种装置，其中的一个能自由转动。水龙头上部的提环与大钩连接；水龙头壳体上的鹅颈管与高压水龙带连接；水龙头下部中心管与方钻杆用反扣连接。中心管是由方钻杆带动的，它本身不能自动旋转。正常钻进时可与游动系统一起在井架空间内上下往复运动。在钻井液循环时压力可高达几百大气压，并以每小时几立方米的流量通过水龙头上的鹅颈管、冲管、中心管、方钻杆、钻具、钻头达到井底。

18. 钻井水龙头的功用与使用要求是什么？

（1）功用

旋持钻具，承受井下钻具全部重量；保证上部钻具自由转动，使方钻杆上部接头不倒扣；向转动着的钻杆柱内输送高压钻井液，且保证不刺、不漏，是提升、旋转、循环三大工作机组相交汇的"关节"部件，在钻机组成中处于重要的地位。

（2）对水龙头的要求

水龙头的主要部件（主轴承）必须具有足够的强度和寿命；

高压钻井液密封系统（或称冲管总成）必须工作可靠，抗高压，耐磨，耐腐蚀，寿命长，更换快速、方便；低压机油密封系统密封良好，能自动补偿工作过程中密封元件的磨损；各承载零件，如提环、壳体、中心管等，应有足够的强度和刚性，外形应圆滑无棱角，注油、放油方便。

大量钻井实践表明：水龙头的寿命和工作质量主要取决于主轴承的结构类型、轴承布置方案和钻井液密封系统的结构形式。无论是剖析现有水龙头还是创制新型水龙头，都应紧紧把握住这两方面。

19. 钻井水龙头型号的含义是什么？

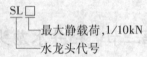

20. 钻井水龙头的技术参数有哪些？

钻井水龙头的技术参数如表 3 - 3 所示。

表 3 - 3　钻井水龙头的技术参数

序号	基本参数	型　　号					
		SL90	SL135	SL225	SL315	SL450	SL505
1	最大静载荷/kN	900	1350	2250	3150	4500	5050
2	主轴承额定负荷大于或等于/kN	600	900	1600	2100	3000	3900
3	鹅颈管中心线与垂线夹角/(°)	15					
4	接头下端螺纹	4½FH 左旋或 4½REG 左旋		6⅝REG 左旋			
5	中心管通孔直径 D/mm	64		75			
6	泥浆管通孔直径 D/mm	57	64	75			
7	提环弯曲半径 F_{2min}/mm	102		115			
8	提环弯曲处断面半径 F_{2max}/mm	51	57	64	70	83	83
9	最大工作压力/MPa	25		35			

21. 钻井水龙头由哪几部分组成?

目前水龙头的类型较多,但主要都是由固定、旋转、密封三大部分组成。

现以国产 SL – 450 水龙头为例,剖析现代水龙头的结构组成。根据水龙头在钻井过程中所起的作用,其结构一般都可分为三部分,如图 3 – 2 所示。

(1) 承载系统

中心管及其接头、壳体、耳轴、提环和主轴承(负荷轴承)等。重达百吨以上的井中钻具通过方钻杆加到中心管上;中心管通过主轴承坐在壳体上,经耳轴、提环将载荷传给大钩。

(2) 钻井液系统

包括鹅颈管、钻井液冲管总成(包括上、下钻井液密封盒组件等)。高压钻井液经过鹅颈管进入钻井液管(冲管),流进旋转着的中心管达到钻杆柱内,上、下钻井液密封盒用以防止高压钻井液泄漏。

(3) 辅助系统

包括扶正、防跳辅助轴承,机油密封盒及上盖等。上、下辅助轴承对中心管起扶正作用,保证其工作稳定,限制其摆动,以改善钻井液和机油密封的工作条件,延长其寿命。SL – 450 上辅助轴承是止推轴承,还起到防跳轴承的作用,可承受钻井过程中有钻杆柱传来的冲击和振动,防止中心管可能发生的轴向窜跳。

22. 钻井水龙头的结构特点是什么?

水龙头内轴承布置方案和冲管总成的结构形式最能反映水龙头的结构特点。

(1) 辅助轴承分置于主轴承两边

现代重型水龙头大都采用辅助轴承分置于主轴承两边的方案,如罗 CH – 125、CH – 200、CH – 400,国产 SL – 450 等。这种方案的特点是:辅助轴承间距大,扶正效果好。中心管摆动小,工作稳定,有利于钻井液密封及机油密封。防跳轴承布置在上辅助轴承的下方,或上辅助轴承只采用一个圆锥滚子轴承,起

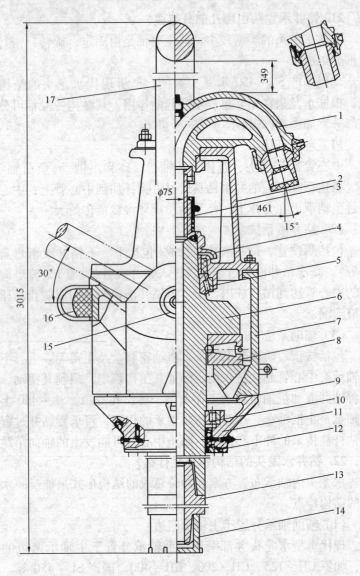

图 3-2 SL-450 型水龙头

1—鹅颈管；2—上盖；3—浮动冲管总成；4—泥浆伞；5—上辅助轴承；6—中心管；7—壳体；8—主轴承；9—密封垫圈；10—下辅助轴承；11—下盖；12—压盖；13—方钻杆接头；14—护丝；15—提环销；16—缓冲器；17—提环

扶正和防跳作用，既可增大扶正间距，又使结构紧凑。使用实践证明，这是一种较好的方案。

（2）浮动式快卸冲管总成

冲管总成是水龙头中最关键的组件，其工作条件十分恶劣。因为钻井液压力高，磨砺性强，稍有泄漏即会加速密封和冲管的磨损；冲管与中心管之间是转与不转的动密封。要求对通过高压、磨砺性强的钻井液进行动密封，又要求寿命长，极不容易。现代钻井水龙头采用浮动式快卸冲管，较好地解决了水龙头中高压钻井液的密封问题。

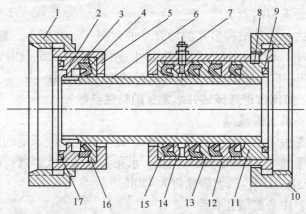

图 3-3　SL-450 型水龙头浮动冲管总成
1—上密封盒压盖；2—弹簧圈；3—上密封盖；4—钻井液密封圈；5—上密封盒；6—钻井液冲管；7—油环；8—螺钉；9—O形密封圈；10—下密封盒压盖；11—下 O 形密封压盖；12—下密封盒；13—隔环；14—隔环；15—下衬环；16—上衬环；17—O 形密封圈

浮动式快卸冲管的结构如图 3-3 所示，特点是：

①冲管浮立在鹅颈管过渡接头和中心管之间，工作时不转动，但允许略有轴向窜动，冲管磨损均匀。

②Y 型密封圈与钢制隔环交叠布置。这种密封圈可借助钻井液压力自行封紧。它的唇部在钻井液液压力作用下可始终贴住

管外壁，工作过程中，即使在密封圈不断磨损情况下，仍能靠钻井液液压力涨开唇部而很好密封。

③ 密封圈数目少，仅有 3 ~ 4 个。可通过密封盒上黄油嘴注入黄油，润滑条件好，减少了摩擦能量损失和磨损。

④ 冲管和中心管同心性好。密封盒有定位止口，圆柱配合面定心，可提高加工及配合精度，保证冲管和中心管有很好的同心性，不易发生偏磨，延长了冲管和密封圈的寿命。

⑤ 能快速拆装，更换方便。只需将上、下密封盒压帽旋出，就可取出冲管总成，快速更换密封圈或冲管，这对安全、快速打井有非常重要的意义。

总之，这种结构型式的冲管总成耐高压、磨损小、寿命长、拆卸方便、更换快速。现代钻井水龙头 CH – 125、CH – 200、CH – 400、SL – 450 等广泛采用这种冲管结构型式。

23. 如何合理选择钻井水龙头的特性参数？

（1）最大静载荷

水龙头的主要受力件是主轴承、提环等，所能承受的最大载荷应等于或大于钻机的最大钩载。水龙头常以最大静载荷标定型号，如 SL – 450，最大静载荷为 450tf。

（2）中心管通孔直径

目前国产水龙头中心管、冲管通孔直径均为 75mm。

（3）最高转速

水龙头许用最高转速，应与转盘的最高转速相一致，一般为 300r/min。

（4）最大工作压力

水龙头最大工作压力应与钻井泵、高压管汇、水龙带相匹配，一般为 35MPa。

（5）其他

如中心管接头下端螺纹规格、轴承型号和尺寸等。

24. 两用水龙头由哪几部分组成？

两用水龙头既具有普通水龙头功能，又可在接单根时旋转上扣，是将水龙头和接单根旋转短节结合成一体的一种新型钻井设备。

上海东风机器厂制造的 SL450/20Q 两用水龙头，由普通水龙头、叶片式风动马达和减速伸缩机构三部分组成，如图 3 – 4 所示。

普通水龙头基本参数符合标准系列规定。

风动马达驱动装置技术参数如下：风动马达型号为 TJ20A，功率为 14.7kW（20hp），额定转速 40r/s，进口压力 0.6 ~ 0.8MPa，伸缩机构减速比为 24；接单根时最大力矩为 1960N·m（200kgf·m）。

接单根时，风动马达工作，伸缩机构便启动齿轮下移与中心管上大齿轮啮合，驱动中心管快速旋转，快速上扣。使用表明：这种类型的两用水龙头结构紧凑、操作方便、工作可靠。

25. 钻井水龙头更换盘根装置的步骤是什么？

（1）拆卸

① 锤击上、下盘根盒压盖，左螺纹松开后，推动上、下盘根盒压盖与泥浆管齐平，即可从一侧推出盘根装置。

② 将下盘根盒与钻井液管分开，去掉油杯，再去掉下盘根盒压盖，反转螺钉两三转，从下盘根盒中取出下 O 形密封压套、隔环，下衬环和钻井液盘根。

③ 从钻井液管顶部拿去弹簧圈，去掉钻井液管和上盘根盒压盖，再从上盘根盒中取出上密封压套，钻井液盘根和上衬环。

④ 检查上密封压套和钻井液管的花键是否磨损，检查钻井液管偏磨和冲坏，如有损坏，则必须更换。

（2）安装

将经检查的合格零件和更新的零件重新安装，方法如下：

① 用润滑脂装满钻井液盘根的唇部和上衬环、上密封压套的槽，依次将上衬环、钻井液盘根、上密封压套装入上盘根盒中，并装入上盘根盒压盖。把它们一起从钻井液管带花键端小心地装到钻井液管上，再把弹簧圈卡入钻井液管的沟槽中。

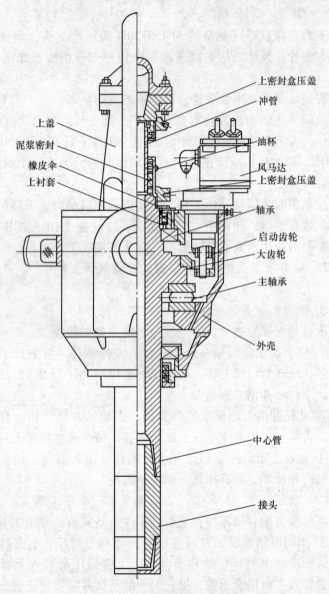

上盖
泥浆密封
橡皮伞
上衬套

上密封盒压盖
冲管
油杯
风马达
上密封盒压盖
轴承
启动齿轮
大齿轮
主轴承

外壳

中心管

接头

图 3 - 4　SL450/20Q 两用水龙头

90

② 先在钻井液盘根的唇部、下衬环、隔环和下 O 形密封压套的 V 形槽内涂满润滑脂，依次将下衬环、隔环、钻井液盘根、下 O 形密封压套装入下盘根盒中。必须注意：隔环的油孔应对准下盘根盒的油杯孔。拧入螺钉，拧紧后再反转 1/4 转。下盘根盒总成和下盘根盒压盖从钻井液管另一端装入。

③ 在上、下密封压套上装入 O 形密封圈，在下盘根盒上装上油杯，然后将盘根装置装入水龙头，上紧上、下盘根盒压盖。

26. 两用水龙头使用前的检查内容是什么?

（1）拧下油尺，检查壳体内油质，油量是否足够（L－CKCl50 闭式工业齿轮油）。

（2）检查各油脂润滑点。

（3）检查中心管，由一人施力于 1m 长的链钳手柄上时，能均匀地转动。

（4）检查上、下密封填料盒压盖是否上紧。

（5）检查是否漏油。

（6）检查气路连接是否正确，畅通。

（7）空气过滤器必须垂直安装。

（8）检查气控台，操作必须灵活，反正转符合要求。

（9）检查单向式摩擦盘离合器离合是否正常。

27. 两用水龙头操作步骤是什么?

（1）将气源截止阀打开。

（2）根据旋扣需要操作正反转手柄，向前推反转，向后拉正转。

（3）水龙头电动机禁止空载运转。

（4）新水龙头或换负荷轴承大修水龙头，由浅井使用至深井，运转过程中，观察运转是否平稳，有无异响，温度是否合适。

28. 两用水龙头的每班保养内容是什么?

（1）检查水龙头体内的油质、油量，及时补充。

（2）检查水龙头提环销、冲管总成、上部和下部等部位的润滑油的油质、油量，每班润滑一次。

（3）保持外表清洁。

29. 两用水龙头的一级保养内容是什么？

（1）清除提环销轴处的污物。

（2）检查机油质量，对新的或新修过的水龙头在使用满200h后应更换润滑油。

（3）检查冲管密封及上下机油密封压帽情况，及时处理渗漏情况。

（4）两用水龙头检查旋扣器马达及气控元件、管线。

（5）两用水龙头定期检查离合器的工作情况。

（6）检查油雾器的油面高度。

30. 两用水龙头的二级保养内容是什么？

（1）检查冲管密封装置、密封填料、O形密封圈等，如有磨损进行更换。

（2）检查上密封压套和冲管的花键是否刺坏，如有损坏应进行更换。

（3）检查中心管上、下弹簧骨架密封圈密封情况，如果漏油进行更换。

（4）检查全部滚柱和底圈有无破碎、腐蚀和裂纹。当主轴承上发现有任何缺陷都必须更换。

31. 两用水龙头的润滑要求是什么？

（1）水龙头体内的油位每班都要检查一次。检查油面是否在要求的位置上（油位不得低于游标尺尺杆最低刻度），润滑油每2个月更换一次，对新的或新修理过的水龙头，在使用满200h后应更换。换油应将脏油排净，用冲洗油洗掉全部沉淀物，再注入干净的90#硫磷型工业齿轮油（SAE 90）。

（2）提环销、冲管总成、上部和下部油封用（SYl412 –75）2#锂基润滑脂润滑，每班润滑一次。当润滑钻井液密封圈时应在没有泵压的情况下进行，以便使润滑脂能挤入冲管总成的各个部位，更好地润滑冲管和各个钻井液密封圈。

（3）油雾器夏季加注10#机械油，冬季及北方寒冷地区用5#

轻质定子油。

32. 两用水龙头的常见故障及排除方法是什么?

两用水龙头的常见故障及排除方法如表3－4所示。

表3－4　常见故障及排除方法

故 障 现 象	故 障 原 因	排 除 方 法
水龙头壳体发热 (超过70℃)	(1)油过多 (2)油脏,钻机液太多 (3)负荷过大,防跳轴承间隙过大或过小 (4)轴承损坏	(1)把多的油放出,加到最高刻度线为止 (2)清洗油池,更换新油 (3)调整负荷、防跳轴承间隙 (4)更换轴承
中心管转动不灵活 或不转动	(1)主轴承,防跳轴承损坏 (2)上、下机油油封过紧	(1)更换损坏轴承 (2)更换油封
中心管处漏钻井液	(1)冲管磨损 (2)冲管密封未上紧	(1)更换冲管 (2)更换油封
中心管保护接头处漏钻井液	(1)保护接头未上紧 (2)螺纹磨损严重	(1)上紧接头 (2)更换中心管和接头
油池内有钻井液	(1)上机油油封损坏 (2)钻井液伞损坏 (3)衬套磨损严重	(1)更换上机油油封 (2)更换钻井液伞 (3)更换衬套
机油油封漏油	(1)密封损坏 (2)衬套磨损严重	(1)更换油封 (2)更换衬套
壳体漏油	(1)壳体有裂纹 (2)提环销连接内端焊缝处有裂纹	(1)更换水龙头 (2)更换水龙头
中心管径间跳动大	(1)上、下扶正轴承磨损严重 (2)方钻杆弯曲	(1)更换上、下扶正轴承 (2)更换方钻杆
提环转动不灵活	(1)提环销油道堵塞或缺油 (2)槽口内钻井液污物太多使槽堵塞	(1)疏通油道,注入新油 (2)清除污物或泥沙

第三节 顶部驱动钻井系统

33. 什么是顶部驱动钻井系统？

顶部驱动钻井系统（Top Drive Drilling System）或简称顶驱系统（Top Drive System——TDS），是一套安装于井架内部空间、由游车悬持的顶部驱动钻井装置。常规水龙头与钻井马达相结合，并配备一种结构新颖的钻杆上卸扣装置（或称管柱处理装置——Pipchander），从井架空间上部直接旋转钻柱，并沿井架内专用导轨向下送进，可完成旋转钻进、倒划眼、循环钻井液、接钻杆（单根、立根）、下套管和上卸管柱丝扣等各种钻井操作。

34. 顶驱钻井系统发展情况如何？

顶驱钻井系统是20世纪80年代以来钻井设备发展的四大新技术（顶驱、盘式刹车、液压钻井泵和AC变频驱动）之一。

第一台顶驱钻井系统于1982年问世，由美国Varco公司研制。自此，法国、挪威、加拿大、中国相继成功地研制了顶驱钻井系统。驱动型式有液马达驱动和电动机驱动两种。在20世纪80年代，电驱动广泛采用的是AC－SCR－DC驱动，即第三代电驱动型式。

20世纪80年代中期，挪威Ro－galand研究开发中心将交流变频电驱动引入顶驱钻井系统，将AC－SCR－DC驱动型式的可控硅整流控制系统SCR和DC电动机，改成GTO变频调速系统和AC电动机，研制成功AC变频顶驱系统。新型的AC变频顶驱系统，是第四代电驱动型式，在钻井性能、钻井扭矩与速度的精确调节、钻井经济性与安全性等方面都优于AC－SCR－DC顶驱钻井系统，开创了顶驱钻井系统发展的新阶段。此后，挪威MH公司、美国Varco公司、加拿大Tesco公司和CANRIG公司等都相继研制了AC变频顶驱系统，并开发了产品。20世纪90年代，AC－VFD－AC变频顶驱系统占据了主导地位。

20多年来，具有独特优点的顶驱钻井系统，在全世界油气勘探开发领域中发展迅速，不仅遍及海洋钻机，而且在陆地深井、超深井、丛式井及各种定向钻井中也获得了广泛应用。

35. 交流变频顶驱装置技术特点是什么？

（1）采用一台或两台交流变频电机作为动力，经齿轮减速箱减速后驱动中心管带动钻杆旋转钻井。

（2）两台主电机作为动力时采用一对一控制，可选择单电机工作或双电机工作。

（3）配有液压盘式刹车装置，可在定向造斜钻井作业中辅助钻柱定向。

（4）采用单导轨形式，导轨采用双销连接并由锁销锁住的机构，拆装简便。

（5）采用集中供电系统，只需给顶驱电控房输入600V 50Hz/60Hz的交流电，即可满足顶驱的所有用电要求。

（6）控制回路采用两套可编程控制器（PLC）的冷冗余方式，PLC通过现场总线技术组成Profibus-DP网络，具有安全互锁、监控、报警、自诊断等多项功能，保证系统工作安全可靠。

（7）设有二层台防爆控制盒，使井架工可在二层台控制旋转头旋转和吊环倾斜，方便井架工作业。二层台防爆控制盒可由司钻在司钻操作台上关闭。

（8）电缆和液压管线均采用快速连接，现场装拆方便。

（9）采用模块化设计和包装，运移和现场安装方便快捷。

36. 交流变频顶驱装置技术优点是什么？

（1）采用交流变频电机作为动力，无直流电机炭刷的火花，防护安全。

（2）用立根钻进，减少2/3的接单根时间。

（3）利用电机动力紧、松扣，上、卸扣，方便钻井作业。

（4）配有管子处理装置，提高了上卸扣作业和钻具排放作业的机械化程度，大大降低了钻工的劳动强度及危险程度。

（5）顶驱主轴配有遥控内防喷阀，可在出现井涌井喷时迅速关闭内防喷器，井控安全。

（6）下套管时借助吊环倾斜机构的扶正作用，可避免上扣时的乱扣、错扣现象，提高作业时效。

（7）下套管时可旋转套管并循环泥浆，减少缩径井段的摩擦阻力，便于套管通过。

（8）可连续取芯钻进一个立根，减少取芯作业的起钻次数。

（9）上扣扭矩及钻井扭矩可控。

37. 顶驱下套管装置的优点是什么？

（1）利用顶驱下套管装置进行下套管作业，可以充分发挥顶驱钻井的所有优点，在下套管作业过程中可同时实现套管柱的旋转、提放以及循环泥浆等工作，减少复杂情况的发生，极大地提高下套管作业的效率和质量，具有安全、高效等特点。

（2）通过顶驱精确控制套管连接螺纹的上扣扭矩，提高下套管的作业质量，而且上扣扭矩可以通过顶驱监控系统实时记录并存储到电脑，具有良好的追溯性。

（3）液压驱动该装置的打开和关闭，提高了下套管作业的自动化和智能化水平，减少了作业人员的劳动强度。

（4）与国外产品相比，北石顶驱下套管装置利用吊环提升整个套管柱，大大提高了作业的安全性。

（5）与传统工艺相比，无需液压套管钳等传统设备，司钻可全程监控套管作业，减少了作业人员和综合成本。

38. 顶驱钻井系统一般由哪几部分组成？

顶驱钻井系统，主要由钻井马达－水龙头总成、钻杆上卸扣装置和导轨－导向滑车总成等组成。前两者是顶驱钻井系统主体，后者是辅助支持机构，但也不可缺少。如图3－5所示。

液马达顶驱、AC－SCR－DC顶驱和AC－VDF－AC变频顶驱系统的区别仅在于驱动马达是液马达，或是直流电机，或是交流电机，故这三种顶驱系统的结构组成没有根本性区别。

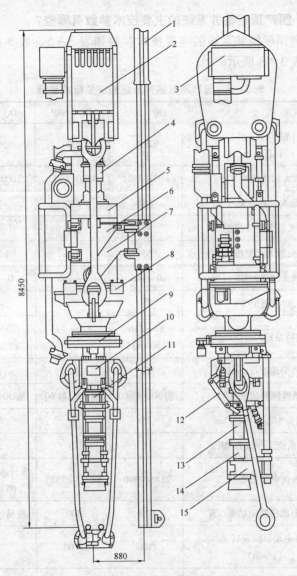

图 3-5　DQ-60D 顶驱系统

1—单导轨；2—游车；3—电机风冷装置；4—水龙头冲管总成；5—刹车装置；6—空心轴式直流电动机；7—游车架；8—行星减速器；9—连接装置；10—回转头总成；11—自动内防喷阀 IBOP；12—倾斜机构；13—手动内防喷阀 IBOP；14—保护接头；15—背钳

39. 国产顶驱钻井系统的主要技术参数有哪些?

国产顶驱钻井系统的主要技术参数如表 3-5、表 3-6、表 3-7、表 3-8 所示。

表 3-5　国产顶驱钻井系统的主要技术参数

顶 驱 型 号	DQ-60D	DQ-60P	DQ-20H
名义钻井深度(ϕ127mm 钻杆)/m	6000	6000	2000
最大钩载/kN(tf)	4500(450)	4500(450)	1600(160)
最大钻柱质量/t	220	220	70
动力水龙头最大连续扭矩/kN·m	45	48	—
动力水龙头最大间隙扭矩/kN·m	55	68	23
动力水龙头转速范围/(r/min)	0~146	0~163	0~180
最大卸扣扭矩/kN·m	75	75	48
背钳夹持钻杆尺寸/mm(in)	89~216 ($3\frac{1}{3}$~$8\frac{1}{2}$)	168	73~127 ($2\frac{7}{8}$~5)
回转头速度/(r/min)	12	12	12
倾斜臂倾斜角度/(°)	前30，后60	前30，后60	前30，后60
水龙头中心管内径/mm	75	75	64
液压系统工作压力/MPa	16	16	30
直流电动机型号	ZL490/390	Y10(GE752)	液马达 A6VM/65-250
直流电动机额定功率/kW	670	800	液马达，365
直流电动机额定转速/(r/min)	1100	1100	—
SCR 传动柜输入电压/V	600，AC	600，AC	—
SCR 传动柜输出电压/V	0~750，DC	0~750，DC	—
主体部分质量	18	13	5.5

表 3-6 国产变频顶驱钻井系统(交流变频系列 I 顶驱装置)的
主要技术参数

顶驱型号	DQ40/2025 DB	DQ50/3150DB	DQ70/4500DB	DQ70/4500DB	DQ90/6570DB
名义钻探范围 (114mm 钻杆)/ m	2500 ~ 4000	3500 ~ 5000	4500 ~ 7000	4500 ~ 7000	6000 ~ 9000
额定载荷/kN (tf)	2250(250)	3150(350)	4500(500)	4500(500)	6750(750)
最大连续钻井 扭矩/ N·m(lbf·ft)	31400(23160)	46700(34444)	52600(38796)	58000(42779)	80000(59005)
最大卸扣扭矩 N·m(lbf·ft)	53000(39090)	70000(51630)	78900(58194)	87000(64168)	140000(103259)
刹车扭矩 N·m(lbf·ft)	35000(25815)	53000(39090)	53000(39090)	80000(59005)	100000(73756)
主轴转速 范围/(r/min)	0 ~ 191	0 ~ 227	0 ~ 227	0 ~ 227	0 ~ 241
保护接头与钻 杆连接扣型	NC50 *	NC50 *	NC50 *	NC50 *	NC50 *
背钳夹持钻杆 范围/mm(in)	ϕ79.4 ~ ϕ203.2 (2⅞ ~ 6⅝)	ϕ79.4 ~ ϕ203.2 (2⅞ ~ 6⅝)	ϕ79.4 ~ ϕ203.2 (2⅞ ~ 6⅝)	ϕ79.4 ~ ϕ203.2 (2⅞ ~ 6⅝)	ϕ73 ~ ϕ203.2 (2⅞ ~ 6⅝)
背钳最大 通径/mm	ϕ216	ϕ216	ϕ216	ϕ216	ϕ260
泥浆通道/mm, 压力/MPa	ϕ76, 35	ϕ76, 35	ϕ76, 35	ϕ76, 35	ϕ102, 52.5
主电机额定 功率/kW	1 × 315	2 × 280	2 × 315	2 × 350	2 × 450
主体工作高度 (挂大钩时)/ m	4.85	5.5	5.52	5.52	6.45
主体工作高度 (挂游车时)/ m	5.36	5.965	5.985	5.985	6.91

注:* 标记的扣型可按用户要求变更。

99

表3-7 国产变频顶驱钻井系统(交流变频系列Ⅱ顶驱装置)的
主要技术参数

顶驱型号	DQ120BSC	DQ90BSD	DQ90BSC	DQ70BSD	DQ70BSC	DQ70BSE	DQ50BC	DQ40BCQ
名义钻探范围(114mm钻杆)/m	12000	9000			7000		5000	4000
额定载荷/kN	9000	6750			4500		3150	2250
供电电源	600VAC(50Hz(可选60Hz)							
主电机额定功率(连续)	440kW×2	440kW×2	368kW×2	368kW×2	295kW×2	368kW	295kW	
	600hp×2	600hp×2	500hp×2	500hp×2	400hp×2	500hp	400hp	
转速范围/(r/min)	0~200				0~220		0~180	0~200
工作扭矩(连续)/kN·m	85	85	70	60	50		40	30
最大卸扣扭矩/kN·m	135	135	110	90	75		60	45
背钳夹持范围/mm	87~250	87~220	87~220	87~220	87~220		87~220	87~200
液压系统工作压力/MPa	16							
中心管通孔直径/mm	102	89	89	75	75	75	75	75
中心管通孔额定压力/MPa	52				35	35	35	35
本体工作高度/m	6.9	6.7	6.5	6.4	6.1	6.1	5.9	5.3
本体宽度/mm	2096	2095	1778	1778	1663	1594	1537	1196
导轨中心距井口中心距离/mm	1090	1090	960	930	930	930	垂直700水平467	垂直525水平346

100

表 3 – 8　液压驱动顶部驱动钻井装置技术参数

型　　号	DQ40Y	DQ30Y
名义钻井深度(114mm 钻杆)/m	4000	3000
额定载荷(API 8A/8C PSL 1)/kN	2250	1700/2000
供电电源	380VAC/50Hz (可选 60Hz)	380VAC/50Hz (可选 60Hz)
额定功率(连续)	400kW	300kW
	0～180r/min	0～150r/min
工作扭矩(连续)/kN·m	45	40
背钳夹持范围/MPa	35	35
液压系统工作压力/MPa	16	16
中心管通孔直径/mm	75	64
中心管通孔额定压力/MPa	35	35
本体工作高度/m	5.6	5.4
本体宽度/mm	1330	990
导轨中心距井口中心距离/mm	垂直：622	500
	水平：467	—

40. 顶驱下套管装置的技术参数有哪些?

顶驱下套管装置的技术参数如表 3 – 9 所示。

表 3 – 9　顶驱下套管装置的技术参数

型号	适用套管	额定扭矩	抗拉载荷	工作压力	水眼直径	密封耐压	连接螺纹	产品高度
单位	in	kN·m	kN	MPa	mm	MPa	API	mm
XTG127	$4\frac{1}{2}$～$5\frac{1}{2}$	50	3150	16	38	35/70	$4\frac{1}{2}$IF	2540
XTG178	7	50	3150	16	57	35/70	$6\frac{5}{8}$REG	2540
XTG244	$9\frac{5}{8}$	50	4500	16	76	35/70	$6\frac{5}{8}$REG	2540
XTG340	$13\frac{3}{8}$	50	4500	16	76	35/70	$6\frac{5}{8}$REG	2540
XTG508	20	50	4500	16	76	35/70	$6\frac{5}{8}$REG	2540

注：根据客户需求，连接螺纹可特殊定制。

41. 国产顶驱钻井系统的型号含义是什么？

DQ □□□
更新设计标号:用阿拉伯数字表示
驱动类型:DZ— 直流电驱动;DB— 交流变频电驱动
以100m计的名义钻井深度,m
顶驱代号

42. DQ－60P顶驱系统常见故障有哪些，如何处理？

DQ－60P顶驱系统常见故障及排除措施如表3－10所示。

表3－10 DQ－60P顶驱系统可能发生的故障及排除措施

序号	故障现象	故障的可能原因	故障排除措施
1	主轴(电机)不转	(1)刹车是否开启 (2)电路不通 (3)电枢回路开焊 (4)风压不够 (5)电机输出端连接不牢	(1)开启刹车 (2)检查电路并接通 (3)焊合电枢线路 (4)检查风机 (5)检查连接处
2	主电动机振动太大	(1)机组轴线未对正 (2)传动机构冲击 (3)电机内部原因	(1)调整主电机与减速箱的连接 (2)减少冲击 (3)检修电机
3	正常钻进时，主轴突然不转	(1)扭矩过大，超载跳闸 (2)可控硅烧坏 (3)控制线路断开或脱焊	(1)调大限流值，合闸 (2)更换可控硅 (3)检查线路
4	回转头漏油倾斜油缸推力小或不动作，钳子、IBOP工作不正常	旋转密封磨损	更换密封
5	倾臂动作缓慢或不动作	(1)管路漏油 (2)油缸耳环拉断 (3)电磁阀卡死 (4)油缸内泄或外漏大	(1)更换胶管或密封 (2)修理油缸 (3)检修电磁阀 (4)检修油缸，更换密封
6	回转头运转不均匀或不动作	(1)悬挂体与内套之间有异物 (2)电磁阀不动作 (3)液马达坏	(1)排除异物 (2)检修电磁阀 (3)更换马达

序号	故障现象	故障的可能原因	故障排除措施
7	内防喷器关闭不严或开启不足	(1)套筒阻力过大 (2)油缸安装位置不合适 (3)球阀密封损坏	(1)检查内防喷器外壳同时调大IBOP路的阀压力 (2)调整油缸安装位置 (3)更换IBOP接头
8	内防喷器套筒动作，但无关闭或开启球阀	(1)套筒扳手折断 (2)内六角扳手断	(1)更换扳手 (2)更换内六角扳手
9	刹车不工作	(1)油缸是否动作 (2)摩擦片磨损失效 (3)摩擦片脱落	(1)检查液压系统和电控PLC系统 (2)更换摩擦片 (3)重新安装摩擦片
10	刹车内部有异声	(1)胶管与旋转件接触 (2)制动板螺钉松动	(1)固定好胶管线 (2)旋紧松动螺钉
11	刹车制动不灵敏	(1)摩擦片磨损过大 (2)刹车油缸压力偏低	(1)更换摩擦片 (2)调节刹车油路减压阀，提高工作压力
12	导轨小车边轮或侧轮噪声大	(1)滚轮轴承缺少润滑油 (2)导轨接触面缺少润滑油	(1)通过油嘴加注黄油 (2)润滑导轨接触面
13	小车滚轮不转	(1)轴承损坏 (2)滚轮内部有异物	(1)更换新轴承 (2)检查情况并排除
14	小车滚轮端盖脱落	(1)单导轨小车与本体连接憋劲 (2)滚轮与端盖不同心	(1)调整安装 (2)调整同心度
15	平衡系统不工作	(1)管路连接错误 (2)液压源未开启 (3)减压阀调压低 (4)油缸坏	(1)检查管路连接 (2)开启液压源 (3)调升减压阀压力 (4)更换油缸

序号	故障现象	故障的可能原因	故障排除措施
16	给信号后背钳不动作	(1)液压源未开启 (2)PLC电信号未传到电磁阀或电磁阀卡死	(1)开启液压源 (2)检查控制电路,检查电磁阀
17	背钳卡夹不紧	(1)牙板齿磨损严重 (2)牙板齿槽被异物填满 (3)连杆与水平夹角过大 (4)连杆销孔磨损变大 (5)夹块、顶块、轴颈磨损变细 (6)钻杆接头磨损变细 (7)一个夹座上两个边杆孔距误差过大 (8)卡夹系统零件产生变形过大 (9)液压系统压力不足 (10)背钳油缸密封泄漏 (11)卡夹系统几何中心与顶驱传动轴中心偏差过大	(1)更换新牙板(或卡瓦总成) (2)用钢丝刷清理沟槽 (3)调整卡瓦(或牙板)尺寸 (4)更换连杆 (5)更换新件 (6)更换钻杆 (7)更换连杆使孔距误差在0.1mm内 (8)更换新件 (9)压力适当提高,不可过高 (10)更换密封圈 (11)更换不合格零件,重新装配
18	背钳板牙齿外露	(1)卡瓦尺寸误差过大 (2)牙板过厚 (3)油缸回程未到极限位置 (4)液压锁失灵 (5)油缸活塞密封失效	(1)更换卡瓦 (2)更换牙板 (3)启动油路,使油缸回程到位 (4)检修液压元件 (5)更换密封圈

序号	故障现象	故障的可能原因	故障排除措施
19	吊环不能停在任意位置	(1)液控单向阀或平衡阀不能关闭 (2)管路和油缸有泄漏	(1)更换液控单向阀或平衡阀 (2)检查和更换管路及油缸密封
20	吊环动作有停滞或抖动现象	双单向节流阀调节不好或安装反向	调节双单向节流阀或重新安装该阀
21	减速箱有异声	(1)是否有脏物 (2)齿轮有损坏	(1)检查齿轮箱 (2)检查齿轮
22	PLC操作台电源指示灯不亮	(1)电源角匙开关是否打开 (2)电源是否正常 (3)指示灯坏	(1)将钥匙拧在开位置 (2)检查电源线路 (3)更换指示灯
23	PLC不工作	(1)PLC供电电源是否正常 (2)PLC工作状态开关是否在"RUN"上	(1)检查供电电源 (2)将PLC开关拨在"RUN"状态上
24	电磁阀不工作	(1)PLC是否工作 (2)24V电源是否正常 (3)电磁阀接线回路是否断开 (4)阀芯卡死	(1)同23 (2)检查24V电源状态 (3)检查电磁阀线路 (4)按动电磁阀按钮使之动作,若推不动则更换新阀
25	扭矩、转速表无显示	(1)传感器是否安装、连接好 (2)电源是否正常工作 (3)PLC是否工作 (4)表坏	(1)检查传感器是否完好,连接正确 (2)检查电源 (3)同23 (4)换表
26	回转头转速过快或过慢	(1)调速阀手柄松动 (2)回转阻力过大	(1)调节调速阀,使回转头旋转速度为6~8r/min (2)调节回转头安装使回转体与非回转体间隙适中

序号	故障现象	故障的可能原因	故障排除措施
27	液压源压力上不去	(1)溢流阀未关闭 (2)泵调压阀松动 (3)平衡系统溢流阀调压过低	(1)调节溢流阀,使压力调到规定值 (2)调节泵调压阀,使压力调到规定值 (3)调节平衡系溢流阀,使压力调到规定值
28	液压泵启动声音异常	(1)油液污染 (2)主电路有问题 (3)泵与油箱闸阀未开 (4)滤油器堵塞	(1)更换液压油、滤芯、低压循环 (2)检查电路 (3)打开闸阀 (4)检查滤油器更换滤芯
29	液压油温过高	(1)散热器未开启 (2)风机损坏 (3)溢流阀中有异物,不能正常开启	(1)打开冷却水或冷却风机 (2)检修风机或更换 (3)清洗溢流阀或修复

第四章　石油钻机的循环系统

第一节　概　述

1. 往复泵在石油矿场上的应用有哪些？

钻井泵是石油钻机循环系统的主要设备，其基本形式为往复泵，是石油钻机工作中的核心设备之一。人们通常将它称为钻机的"心脏"，它的主要作用是为钻井液的循环提供必要的能量。

往复泵属容积式泵，它的特点是塞状（有活塞或柱塞）、往复（工作时活塞往复）、挤压（工作腔容积改变）。

往复泵在石油矿场上应用非常广泛，常用于高压下输送高黏度、大密度和高含砂量、高腐蚀性的液体，流量相对较小。按用途的不同，石油矿场用往复泵往往被冠以相应的名称，例如在钻井过程中，为了携带出井底的岩屑和供给井底动力钻具的动力，用于向井底输送和循环钻井液的往复泵，称为钻井泵或泥浆泵；为了加固井壁，向井内环空注入高压水泥浆的往复泵，称为固井泵；为了造成油层的人工裂缝，提高原油产量和采收率，用于向井内注入含有大量固体颗粒的液体或酸碱液体的往复泵，称为压裂泵；为了保持地层压力而向井内油层注入高压水驱油的往复泵，称为注水泵；在采油过程中，用于在井内抽汲原油的往复泵，称为抽油泵。

2. 往复泵在钻井过程中的作用是什么？

（1）循环钻井液，携带岩屑

钻井泵可以向井内循环钻井液以冲洗井底和钻头，并把岩屑携带到地面上。

（2）喷射钻井，提高钻速

钻井泵可以给喷射式钻头提供高速钻井液，以帮助钻头破碎岩石，提高钻井速度。

（3）驱动井底动力钻具

钻井泵可以提供动力钻井液，以驱动井底动力钻具（涡轮钻具或螺杆钻具）。

3. 往复泵是如何分类的？

按照结构特点，石油矿场用往复泵大致可以从以下几个方面分类。

（1）按缸数分类

有单缸泵、双缸泵、三缸泵、四缸泵等。

（2）按直接与工作液体接触的工作机构分类

① 活塞泵。由带密封件的活塞与固定的金属缸套形成密封副。

② 柱塞泵。由金属柱塞与固定的密封组件形成密封副。

（3）按作用方式分类

① 单作用式泵。活塞或柱塞在液缸中往复一次，该液缸作一次吸入和一次排出。

② 双作用式泵。液缸被活塞或柱塞分为两个工作室，无活塞杆的为前工作室或称前缸，有活塞杆的为后工作室或称后缸，每个工作室都有吸入阀和排出阀；活塞往复一次，液缸吸入和排出各两次。

（4）按液缸的布置方案及其相互位置分类

有卧式泵、立式泵、"V"型或星型泵等。

（5）按传动或驱动方式分类

① 机械传动泵，如曲柄－连杆传动、凸轮传动、摇杆传动、钢丝绳传动往复泵及隔膜泵等。

② 蒸汽驱动往复泵。

③ 液压驱动往复泵等。近几年来，液压驱动往复泵在油田越来越受到重视。

4. 往复泵常见的结构类型有哪些？

图4-1是几种典型的往复泵类型示意图。

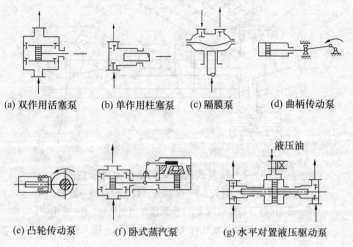

(a) 双作用活塞泵　　(b) 单作用柱塞泵　　(c) 隔膜泵　　(d) 曲柄传动泵

(e) 凸轮传动泵　　(f) 卧式蒸汽泵　　(g) 水平对置液压驱动泵

图4-1　往复泵类型示意图

石油矿场钻井泵，广泛应用三缸单作用和双缸双作用卧式活塞泵；压裂、固井及注水泵常用三缸、五缸单作用卧式柱塞泵及其他类型的往复泵。

5. 往复泵的结构原理是什么？

图4-2为卧式单缸单作用往复式活塞泵的示意图。主要由液缸、活塞、吸入阀、排出阀、阀室、曲柄或曲轴、连杆、十字头、活塞杆，以及齿轮、皮带轮和传动轴等零部件组成。当动力机通过皮带、齿轮等传动件带动曲轴或曲柄以角速度 ω 按图示方向，从左边水平位置开始旋转时，活塞向右边即泵的动力端移动，液缸内形成一定的真空度，吸入池中的液体在液面压力 p_a 的作用下，推开吸入阀，进入液缸，直到活塞移到右死点为止，为液缸的吸入过程。曲柄继续转动，活塞开始向左即液力端移动，缸套内罐体受挤压，压力升高，吸入阀关闭，排出阀被推开，液体经排出阀和排出管进入排出池，直到活塞移到左死点时为止，为液缸的排出过程。曲柄连续旋转，每一周内活塞往复运

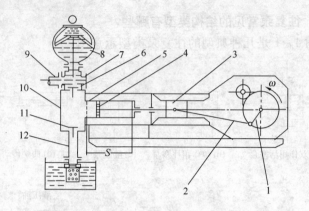

图 4 - 2　往复式活塞泵的工作原理示意图

1—曲柄；2—连杆；3—十字头；4—活塞；5—缸套；

6—排出阀；7—排出四通；8—预压排出空气包；9—排出管；

10—阀箱（液缸）；11—吸入阀；12—吸入管

动一次，单作用泵的液缸完成一次吸入和排出过程。

在吸入或排出过程中，活塞移动的距离以 S 表示，称作活塞的冲程长度；曲柄半径用 r 表示，它们之间的关系为 $S = 2r$。

6. 往复泵的基本性能参数有哪些？

（1）泵的流量

单位时间内泵通过排出或吸入管道所输送的液体量。流量通常以单位时间内的体积表示，称为体积流量，代表符号为 Q，单位为 L/s 或 m³/s。有时也以单位时间内的质量表示，称为质量流量，代表符号为 Q_c，单位为 kg/s。即 $Q_m = Q\rho$，这里 ρ 为输送液体的密度，单位为 kg/m³。

往复泵的曲轴旋转一周（0 ~ 2π），泵所排出或吸入的液体体积，称为泵的排量，它只与泵的液缸数目及几何尺寸有关而与时间无关。"流量"与"排量"实际是两个不同的概念。

（2）泵的压力

通常是指泵排出口处单位面积上所受到的液体作用力，即压强，代表符号为 p，单位为 MPa。

110

（3）泵的功率和效率

泵是把动力机的机械能转化为液体能的机器。单位时间内动力机传到往复泵主动轴上的能量，称为泵的输入功率或主轴功率，以 N_a 表示；而单位时间内液体经泵作用后所增加的能量，称为有效功率或输出功率，以 N 表示；功率单位为 kW。泵的总效率 η 是指有效功率与输入功率的比值，即 $\eta = N/N_a$。

（4）泵速

指单位时间内活塞或柱塞的往复次数，简称冲次，以 n 表示，单位为 min^{-1}。

第二节 往复泵的工作分析

7. 往复泵的流量曲线是什么?

往复泵工作时，在曲柄旋转 2π 范围内，各液缸或工作室及泵的瞬时流量是按一定规律变化的。如果以曲柄转角 φ 为横坐标，流量为纵坐标，就可以作出泵的瞬时流量和平均流量随曲柄转角变化的曲线，如图 4-3 所示，这类曲线称为泵的流量曲线。通常，只需绘制吸入或排出过程的流量曲线。在考虑 λ 影响的条件下，二者的形状略有区别。

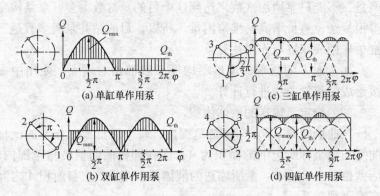

图 4-3 往复泵的流量曲线

8. 往复泵的流量曲线有什么作用？

流量曲线除了比较形象地反映出整台泵与各液缸或工作室瞬时流量间的关系及其随曲柄转角的变化特点外，在往复泵的理论分析和计算中还具有下列用途。

（1）判断流量的均匀程度

任何类型的往复泵，在曲轴转动一周的过程中，理论瞬时流量都是变化的，其最大值 Q_{pmax}、最小值 Q_{pmin} 及理论平均流量 Q_{th} 都可以由曲线找到。理论瞬时流量的最大差值与平均流量的比值，称作往复泵的流量不均度，以 Q_Q 表示，则：

$$Q_Q = (Q_{pmax} - Q_{pmin})/Q_{th} \qquad (4-1)$$

Q_Q 的值越大，排量越不均匀，可通过增加缸数来降低不均度。

在不考虑曲柄－连杆比 λ 影响的条件下，单缸、双缸、三缸及四缸单作用泵的流量曲线如图4－3所示，其流量不均度 Q_Q 分别为3.4、1.57、0.141、0.314。如不考虑活塞杆断面面积的影响，则单缸双作用泵与双缸单作用泵流量不均度相同，双缸双作用泵与四缸单作用泵的流量不均度也相同。当往复泵缸数增多时流量趋于均匀，而单数缸效果更为显著。从使用观点看，流量不均度越小越好。因为流量越均匀，管线中液流越接近稳定流状态，压力变化也越小，这有助于减小管线振动，使泵工作平稳。但是，不能只靠增加缸数来达到这个目的。缸数太多，泵结构变得很复杂，造价增高，维修困难。所以，目前钻井泵大多数是三缸单作用或双缸双作用往复泵。

如考虑 λ 的影响，流量不均度一般都相对增大。使用中多按绘成的流量曲线进行计算。

（2）确定泵输送的液体体积

在曲柄转角 $\varphi = \varphi' - \varphi''$ 的范围内，每个液缸或工作室的流量曲线与横坐标所包围的面积为 A，而在同样的曲柄转角范围内，活塞位移由 $S' \rightarrow S''$，泵所输送的液体体积为 V，它与面积 A 之间存在下列关系：

$$V/A = 1/\omega \text{ 或 } V = A/\omega$$

这个关系表明，在同样的转角范围内，泵或某个液缸所输送的液体体积与流量曲线所包围的面积成正比。流量曲线的波动情况反映了泵或液缸输送液体的变化程度。这个关系在空气包的体积计算中十分有用。

（3）检验曲柄布置是否合理

对于多缸往复泵，尤其是多缸双作用泵，通过绘制流量曲线，可发现各液缸瞬时流量是否叠加合理，从而检验曲柄布置方案的合理性。

9. 往复泵的特性曲线是什么？

往复泵的特性曲线主要表示泵的流量、输入功率及效率等与压力间的关系，如图4－4所示，可以通过试验求出。

往复泵在单位时间内排出的液体体积取决于活塞或柱塞的截面面积 F、冲程长度 S、冲次 n 以及泵缸数 i，而与压力无关。因此，若以横坐标表示泵的排出压力，纵坐标表示流量，在保持泵的冲次不变的条件下，泵的理论 $Q-p$ 曲线应是垂直于纵坐标的直线。实际上，随着泵压的升高，泵的密封处（如活塞－缸套、柱塞－密封、活塞杆－密封之间）的漏失量将增加，即流量系数 α 要相应变小。所以，实际流量随着泵压的增高而略有减小，反映在 $Q-p$ 曲线上略有倾斜。流量不同，$Q-p$ 曲线的位置也不同。对钻井泵，其压力是随着井深增加而加大的。因此，井的深度较大时，即使缸套与冲次不变，流量也将稍有减小。此外，机械传动往复泵的输入功率 N_a、总效率 η 及容积效率 η_v 等也随着泵压的升高而变化。当泵的冲次可调节时，在保持额定压力不变的情况下，应该测定泵的流量、功率和效率随冲次变化的曲线。必要时，应测定流量系数 α 随吸入压力 p_s 变化的曲线。

应该指出，往复泵的 $Q-p$ 曲线是与传动方式紧密相关的，

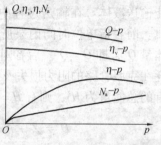

图4－4　往复泵的性能曲线

上述的 $Q - p$ 曲线，只适合纯机械传动往复泵。因为动力机转速和机械传动的传动比一定时，泵的冲次 n 不变；在一定的冲次下，只要活塞截面积和冲程长度一定，流量也不会变。这时，泵压与外载基本上呈正比的变化关系。机械传动的往复泵，在外载变化的条件下，不能保持恒功率的工作状态。

当往复泵在某些软传动（如液力传动等）条件下工作时，随着泵压的变化，泵的冲次和流量能自动调节，使往复泵在一定的范围内接近恒功率工作状态。此时，泵的 $Q - p$ 曲线近似按双曲线规律变化。

10. 往复泵的联合工况点有何作用？

任何泵装置工作时，都必须和管路组成一定的输送系统，才能输送液体。在输送过程中，液体遵守质量守恒和能量守恒规律。前者指单位时间内泵所输送的液体量 Q 等于流过管线的液体量 Q'，即 $Q = Q'$。后者则指泵所提供给液体的能量 H，全部消耗在克服管路的阻力损失及提高静压头上。设管路系统消耗及具有的总能量为 H'，则有 $H = H'$。

$$H = Z + \frac{p_B - p_A}{\rho g} + \frac{c_B^2 - c_A^2}{2g} + \Sigma h \qquad (4-2)$$

式中　p_A、p_B——吸入罐、排出罐液面上的压力，Pa；

　　　c_A、c_B——吸入罐、排出罐液面上的液体流速，m/s；

　　　　Z——吸入罐、排出罐液面的总高度差，m；

　　　Σh——吸入管和排出管段内的总水力损失，m；

　　　　H——泵的有效扬程，m。

由式（4-2）可知，对于一定的管路系统，其中右端前 3 项为定值，称作固定压头，以 H_{st} 表示。前已述及，从吸入和排出的全过程来看，管路中液体的惯性水头并不造成能量损失，因此 Σh 只是吸入及排出管中的阻力损失，其表达为：

$$\Sigma h = \Sigma h_s + \Sigma h_d = \alpha' Q^2 \qquad (4-3)$$

式中　Σh_s——吸入管阻力损失；

　　　Σh_d——排出管阻力损失。

对于固定的管路系统，α' 为常数。对钻井泵来说，由于井深是不断变化的，所以排出管路的长度上 L_d 也是变化的，故 α' 随井深不同而不同，即 $H' = H_{st} + \alpha'Q^2$。

通常钻井泵的吸入池和排出池是共用的，因此，静压头 $H_{st} = 0$。以 Δp 表示管路系统所消耗的压力，并称作压力降，则：

$$\Delta p = \rho g H' = \rho g \alpha' Q^2 = \alpha_i Q^2 \qquad (4-4)$$

式中 $\quad a_i = \rho g \alpha'$。

以流量 Q 为横坐标，压力降 Δp 为纵坐标，可以作出不同井深 L_{di} 工况下的管路特性曲线，在图 4-5 中 $\Delta p - Q$ 曲线呈抛物线形状。α_i 是很难准确计算的，现场工作时，对于一定的井深 L_{di} 只要测量出某流量 Q 下的压力降 Δp，就可以求得该井深时的压力降系数 α_i，即 $\alpha_i = \Delta p / Q^2$。根据 α_i 就可以求得该井深下不同流量时的压力降，从而很方便地作出某井深下的管路特性曲线。

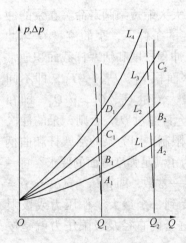

图 4-5　泵与管路联合
　　工作的特性曲线

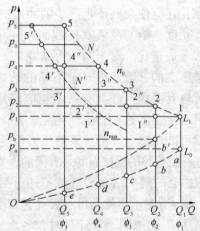

图 4-6　钻井泵的临界
　　特性曲线

将泵的理论或实际 $Q-p$ 特性曲线按同样的比例绘在管路特

性曲线图上，即得到泵与管路联合特性曲线。由图可以看出，当泵的流量为 Q_1 时，两种曲线分别交于 A_1、B_1、C_1、D_1……各点。显然，只有在这些交点处，才能满足质量守恒和能量守恒条件，泵才能正常工作。一般称这些交点为泵的工况点。泵流量为 Q_2 时，工况点为 A_2、B_2、C_2……

由图 4-5 还可以看出，在排出管长度即井深一定的情况下，泵的流量不同，管路消耗的压力不同。降低泵的流量可以使压力减小，即压降减小。同样，在流量一定的情况下，井深增加，泵压升高。这说明，泵实际给出的工作压力总是与负载（此处指管路阻力）直接相关的，负载增大，泵压就升高，反之，泵压就下降。

11. 如何做出钻井泵的临界特性曲线？

在往复泵的设计和使用过程中，一般受到泵的冲次及压力的限制。泵的冲次 n 不能超过额定值。对钻井泵来说，冲次过高，不仅会加速活塞和缸套的磨损，使吸入条件恶化，降低使用效率，还会使泵阀产生严重的冲击，大大缩短泵阀寿命。在泵的冲程长度、活塞及活塞杆截面积一定的条件下，泵的流量 Q 与冲次 n 成正比。对于同一台钻井泵，冲程长度和活塞杆截面积通常是不变的，因此，对于不同的活塞面积 F_1、F_2、$\cdots F_n$，即不同的缸套面积，都具有一个相应的最大流量 Q_1、Q_2、$\cdots Q_n$，即在某 i 级缸套下工作时，泵的流量不允许超过 Q_i，否则，泵的冲次就可能超过允许值。泵的压力也受限制。因为泵的活塞杆和曲柄连杆机构等的机械强度是有限的，为了满足强度方面的要求，每一级缸套的最大活塞力应该不超过某一常数，即 $p_1 F_1 = p_2 F_2 = \cdots = p_n F_n =$ 常数。也就是每一级缸套都受到一个最大工作压力或极限泵压 P_i 的限制。设计泵时，各级缸套的直径及极限压力就是按照这个条件确定的。

钻井泵的临界特性曲线正是根据冲次和压力的限制条件作出的。如图 4-6 中，在以 Q 为横坐标，p 为纵坐标的直角坐标上，分别作出了每一级缸套（共 5 级）下的泵特性曲线，并在其上标定各级缸套极限工作压力点 1、2、…、5，则折线（1—1'—2—2'—3—3'—4—4'—5）为该泵的临界工作特性曲线。通常还根据井身结构及钻具组成在临界工作特性曲线上绘制各种井深时的管路特性曲线。

12. 钻井泵的临界特性曲线有何作用？

从临界工作特性曲线，可以看出：

（1）在机械传动的条件下，随着井深的增加，往复泵每级缸套的泵压近似地按垂直线变化。当钻至某井深使泵压达该级缸套的极限值时，必须更换较小直径的缸套，从较低的压力开始继续工作。如泵在第一级缸套下以流量 Q_1 工作时，井深由 L_0 增至 L_1，压力由 p_a 增至 p_1；更换第二级缸套后，流量为 Q_2，在井深为 L_1 时，泵压为 p_b，随着井深的增加，泵压不断升高，一直到工作压力升到 p_2 时才需要更换缸套。

（2）不论泵速是否可调节，任何一级缸套下的流量 Q（或冲次 n）和压力 p 都限制在一定的范围内。比如用第一级缸套时，泵压和流量只能在矩形面积 $Q_1 1 p_1 0$ 范围内；用第二级缸套时，则限制在 $Q_2 2 p_2 0$ 范围内。

（3）在泵的最大冲次保持不变的条件下，各级缸套下泵的最大流量 Q_1、Q_2、……与活塞有效面积成正比，泵输出的最大水力功率（有效功率）为 $N = Q_1 p_1 = Q_2 p_2 = \cdots =$ 常数。

显然，点 1，2，…，5 的连线是一条等功率曲线。可以看出，往复泵工作时，所有的工况点都应控制在等功率曲线的下方，即泵实际输出的水力功率总是小于有效功率。为了提高工作效率应根据井深和钻井工艺的要求合理地选用钻井泵，并按照井深变化的情况，合理地选用和适时地更换缸套直径。还可以采用除纯机械传动以外的传动型式，使泵的工况点尽可能接近等功率曲线。

当然，钻井泵的临界特性曲线仅反映其本身的工作能力，而在使用中还要考虑到其他因素的影响。当泵所配备的动力机功率偏小时，即动力机所提供的最大功率小于泵的设计功率时，如图中的等功率曲线N'所示，则泵的流量和压力应在N'曲线的下方选用。此时，泵的工况主要受动力机功率的限制，同时也受到最大冲次和各级缸套最大压力的限制。又如，当排出管的耐压强度较低，最大允许压力p_0小于泵某级缸套下的极限值时，则泵的实际工作压力和流量应该在p_0以下的范围内选用。

13. 往复泵的性能调节措施有哪些？

往复泵与一定的管路系统组成统一的装置后，其工况点一般也是确定的。有时为了某些需要，希望人为地调节泵的流量，以改变工况。

（1）流量调节

由于泵的流量与泵的缸数i、活塞面积F、冲次n及冲程S成正比关系，改变其中任何一个参数，都可改变泵的流量。钻井泵中常用的调节流量方法有以下几种。

① 更换不同直径的缸套。

设计钻井泵时，通常把缸套分为数级，各级缸套的流量大体上按等比级数分布，即前一级（i）直径较大的缸套的流量与相邻下一级（$i+1$）直径较小缸套的流量的比值近似为常数。根据需要，选用不同直径的缸套就可以得到不同的流量。

② 调节泵的冲次。

动力机与钻井泵之间通常不加变速机构，在机械传动的条件下，适当改变动力机的转速即可以调节泵的冲次。如用柴油机驱动泵，可在额定转速n_r与最小转速n_{min}之间调节柴油机转速，使泵在额定冲次与最小冲次之间变化，达到调节流量的目的，应该注意，在调节转速的过程中，必须使泵压不超过该级缸套的极限压力。

③ 减少泵的工作室。

在深井段钻进时，往往井径较小，为了尽量减少循环损失，一般希望泵的流量较小。在其他调节方法不能满足要求时，现场有时采用减少泵工作室的方法：如打开阀箱，取出几个排出阀或吸入阀，使有的工作室不参加工作，从而减小流量。该法的缺点是加剧了流量和压力的脉动。实践表明，在这种非正常工作情况下，取下排出阀比取下吸入阀引起的波动小，对双缸双作用泵来讲，取下靠近动力端的排出阀引起的压力波动较小。

④ 旁路调节。

在泵的排出管线上并联一根旁通管路，打开并调节旁路阀门，就可以调节泵的流量。旁路调节还是钻井泵中常用的紧急降压手段。

（2）往复泵的并联运行

为了满足一定的流量需要，石油矿场中常将往复泵并联工作。往复泵并联工作时，以统一的排出管向外输送液体，从泵的等功率曲线可以看出，并联工作有如下特点：

① 当各泵的吸入管大致相同，排出管路交汇点至泵的排出口距离很小时，对于高压力下工作的往复泵，可以近似地认为各泵都在相同的压力 p 下工作，即 $p_1 = p_2 = \cdots = p$。

② 排出管路中的总流量为同时工作的各泵的流量之和，即 $Q_1 + Q_2 + \cdots = Q$，当各台泵完全相同时，m 台泵的总流量为 $Q = mQ_i$。

③ 泵组输出的总水力功率为同时工作各泵输出的水力功率之和，即 $N = N_1 + N_2 + \cdots$，当各泵相同时，$N = pQ = mN_i = mpQ_i$。

④ 在管路特性一定的条件下，对于机械传动的往复泵，并联后的总流量仍然等于每台泵单独工作时的流量之和，而并联后的泵压大于每台泵在该管路上单独工作时的泵压。

泵并联工作是为了加大流量。应注意的是，并联工作的总压力 p 必须小于各泵在用缸套的极限压力，各泵冲次应不超过额定值。

第三节　往复泵的结构

14. 双缸双作用活塞泵的结构特点是什么？

双缸双作用活塞泵的结构方案如图 4 - 7（a）所示。主轴上有两个互相成 90°的曲柄，分别带动两个活塞在液缸中作往复运动。液缸两端分别装有吸入阀和排出阀。当活塞向液力端运动时，左边的排出阀打开，吸入阀关闭，活塞前端工作室（前缸）内液体排出；而右边的排出阀关闭，吸入阀打开，活塞后端工作室（后缸）吸入液体。当活塞向动力端运动时，情况正好与上述相反。如图 4-7（b）所示，两个液缸的前后缸的瞬时流量近似按正弦规律变化，前缸流量曲线为 a_2、b_2，后缸流量曲线为 a_1、b_1。将其纵坐标叠加，就可以得到整台泵的流量曲线。

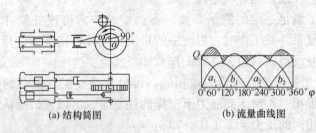

(a) 结构简图　　　　　　(b) 流量曲线图

图 4-7　双缸双作用活塞泵

国内双缸双作用活塞式钻井泵的型式很少，早期的有 NB-470 泵，后来又设计了 NB-350、NB-550 和 NB_8-600 泵。其中，NB 表示双缸双作用钻井泵，下标为设计序号，数字代表额定输入功率（hp）。作为钻井泵，双缸双作用泵显得功率不足，流量和工作压力偏小，已经被淘汰。

15. 三缸双作用活塞泵的结构特点是什么？

三缸双作用活塞式钻井泵各曲柄间的夹角为 120°，其简化结构和流量曲线如图 4-8 所示。三缸双作用泵的优点是流量比

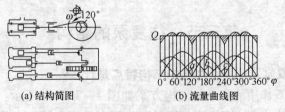

(a) 结构简图　　　　　　(b) 流量曲线图

图 4-8　三缸双作用活塞式钻井泵

双缸双作用泵均匀，但易损件多、结构复杂、加工和拆装困难、曲轴受力恶化，在石油矿场应用较少。

16. 三缸单作用活塞泵的型号含义是什么？

我国用于石油、天然气勘探开发的三缸单作用活塞泵已经标准化，统一代号为：

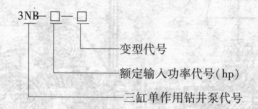

如 3NB－1300，表示输入功率为 960kW 的三缸单作用活塞泵。有的活塞泵，为了反映其设计制造单位、适用区域和性能方面的特点，在统一代号的前后还标以适当的符号，如 SL3NB－1300A，其中 SL 是汉语拼音"胜利"的字头，A 表示改型设计。3NB 系列有：3NB－350，3NB－500，3NB－600，3NB－800，3NB－1000，3NB－1300，3NB－1600，3NB－2200。

17. 三缸单作用活塞泵的结构特点是什么？

三缸单作用活塞泵在 20 世纪 60 年代中期研制成功，并作为双缸双作用钻井泵的替代产品迅速推广使用。三缸单作用活塞泵的示意图和流量曲线如图 4－9 所示。

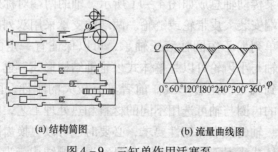

(a) 结构简图　　　　　　(b) 流量曲线图

图 4－9　三缸单作用活塞泵

18. 三缸单作用活塞泵的组成有哪些？

三缸单作用活塞泵仍然由动力端和液力端两大部分组成，如图4－10所示。

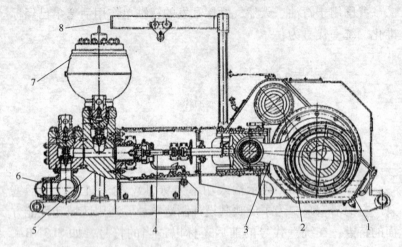

图4－10　3NB－1000型三缸单作用钻井泵主剖面图

1—机座；2—主动轴总成；3—被动轴总成；4—缸套活塞总成；
5—泵体；6—吸入管汇系；7—排出空气包；8—起重架

（1）动力端

三缸单作用活塞泵动力端的主要部分由主动轴（传动轴）、被动轴（主轴或曲轴）、十字头等组成。

① 传动轴总成。

三缸泵传动轴总成如图4－11所示。轴的两端对称外伸，可以在任一端安装大皮带轮或链轮。两端的支承采用双列向心球面球轴承或单列向心短圆柱滚子轴承，可以保证有一定的轴向浮动。传动轴与小齿轮可以是整体式齿轮轴结构形式，也可以采用齿圈热套到轴上的组合形式。前者具有较大的刚性，国外泵多见；后者的齿圈与轴可选用不同的材料和热处理工艺，容易保证齿面硬度、轴的强度和韧性要求，必要时还可以更换齿圈。齿圈有的是整体式小退刀槽结构，有的是宽退刀槽结构。为了滚齿加

122

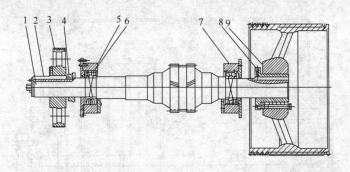

图 4 - 11　大隆 3NB - 800 三缸单作用泵传动轴总成

1—齿轮轴；2—键；3—驱动灌注泵的三角皮带轮；4—驱动喷淋
泵的三角皮带轮；5—轴承（3003736）；6—左轴承座；7—右轴
承座；8—轴套；9—大皮带轮

工方便，保证齿形精度，消除退刀槽使泵宽度加大的影响，可将
齿圈加工成两只半人字形齿圈，再套装到轴上，形成人字齿轮，
但这对装配精度要求提高。

　　国产泵的传动轴多采用 35CrMo 锻钢件，加工过程大体为：
退火处理消除内应力—进行粗加工作—超声波检查—调质处理硬
度要求达 HB210 ~ 280—精加工—磁粉探伤检查。小齿轮多采用
42CrMo 或 40CrNiMo 等高强度合金钢锻件，退火处理和粗加工后
作超声波探伤检查，再经过调质处理，硬度要求为 HB340 ~ 385。
钻井泵齿轮大多采用高度变位的渐开线人字短齿，目的是保证具
有较高的弯曲强度和接触强度。

　　② 曲轴总成。

　　曲轴是钻井泵中最重要的零件之一，结构和受力都十分复
杂。其上安装有大人字齿轮和三根连杆大头。大齿轮圈用绞制孔
螺栓与曲轴上的轮毂紧固为一体。三个连杆轴承的内圈热套在曲
轴上，连杆大头热套在轴承的外圈上。

　　国产三缸单作用泵的曲轴大体上有两种结构型式。一种是碳
钢或合金钢铸造的整体式空心曲轴结构，其总成如图 4 - 12 所
示。另一种是锻造直轴加偏心轮结构，其特点是改铸件为锻件，

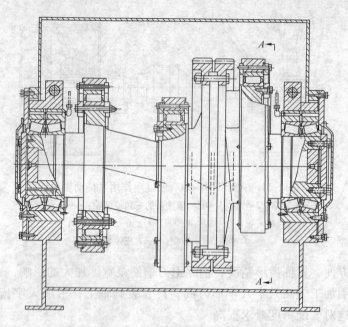

图 4 - 12 3NB - 1000 三缸单作用泵整体式曲轴总成

化整体件为组装件，便于保证毛坯的质量，加工和修理也比较方便，在 SL3NB - 1300、SL3NB - 1600 型钻井泵和其他往复泵中已广泛采用。国外三缸泵中有的采用锻焊结构曲轴，即将曲柄和齿轮轮毂都焊接在直轴上，再加工为整体式曲轴。曲轴上的大人字齿轮多采用 35CrMo 铸钢件或 42CrMoA 锻造件，调质处理后的硬度大约为 HB285 ~ 325。

③ 十字头总成。

十字头是传递活塞力的重要部件，同时，又对活塞在缸套内作往复平直运动起导向作用，使介杆、活塞等不受曲柄切向力的影响，减少介杆和活塞的磨损。曲轴通过连杆和十字头销带动十字头体，十字头体又通过介杆带动活塞。连杆由 20Mn2 或 35CrMo 钢铸造而成。十字头由 QT60 - 2 球墨铸铁或 35CrMo 钢铸造而成。连杆小头与十字头销之间装有圆柱滚子或滚针轴承。十字头体上有的装有铸铁滑履，有的不装，在导板上往复滑动。

124

导板通常是铸铁件，固定在机壳上，通过调节导板下部垫片使十字头体与导板之间保持0.25~0.4mm的间隙。当泵反转时，如果间隙过大，则十字头落到导板上将会产生过大的冲击。

（2）液力端

单作用泵的每个缸套只有一个吸入阀和排出阀，故其液力端结构比双作用泵液力端结构简单得多。目前的三缸单作用泵泵头主要有L型、I型和T型三种型式。

①L型泵头。

也称直角型泵头或大泵，其结构如图4-13（a）所示。属于此类的国产泵有兰石3NB-1000、3NB-1300泵，大隆3NB-800、3NB-1300泵等；国外泵有美国National Supply公司的P型系列泵，Oil Well公司的PT型系列泵，Drece公司的T型系列泵以及前苏联、德国等生产的一些三缸单作用泵。L型泵头可将吸入泵头和排出泵头分块制造，其优点是吸入阀可以单独拆卸，检修和维护方便，钻进液漏失较少；但结构不紧凑，泵内余隙流道长，泵头质量大，自吸能力较差。

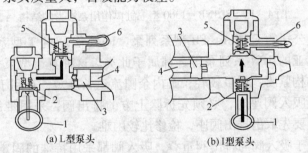

(a) L型泵头 (b) I型泵头

图4-13　泵头示意图

1—吸入管汇；2—吸入阀；3—活塞；4—活塞杆；5—排出阀；6—排出管汇

②I型泵头。

也称直通型泵头或小泵头，图4-13（b）所示为I型泵头的示意图，结构如图4-14所示。国产大隆3NB-1000、胜利SL3NB-1300A、SL3NB-1600A泵，美国Continental Emsco

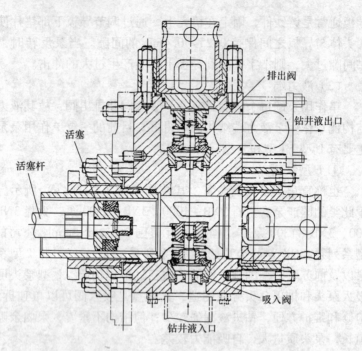

图 4 - 14　SL3NB - 1300 型三缸单作用泵液力端结构

（CE）公司的 F、FA、FB 型系列泵，Ideco 公司的 T 型系列泵，罗马尼亚的 3PN 系列泵等，都属于此类。这种直通型泵头的液力端结构紧凑，质量较轻，缸内余隙流道长度短，有利于自吸；但更换吸入阀座时，必须先拆除上方的排出阀，采用带筋阀座时，还要先取出排出阀座，检修比较困难。

　　由于吸入阀与排出阀重叠，吸入阀都采用特殊的固定机构。安装吸入阀时，先将阀体及弹簧就位，再将导向装置竖直方向伸入泵头，使阀的上导向杆插入其中心孔内，而弹簧则套在中心杆外围；将导向装置旋转 90°，使其两端的曲面与泵头垂直内孔曲面相配合；按下阀的导向装置，使弹簧受压缩，将楔形固定板插入导向装置上部槽内，放松弹簧后，固定板的上部就顶在泵头水平孔内的顶部；安装好密封圈和泵头端盖，则楔形固定板和导向装置全部被固定，吸入阀盘定位。

126

③ T 型泵头。

美国休斯顿－高伟斯顿的 GH－Mattco 公司设计制造的三缸活塞泵液力端，类似于 BJ 公司生产的佩斯梅克（EJ－Pacemaker）型三缸柱塞泵液力端，为 T 型布置泵头，如图 4－15 和图 4－16所示，主要特点是吸入阀水平布置，排出阀垂直布置，综合了 L 型和 I 型泵头的优点，既可分块制造，便于吸入阀的拆装和检修，又取消了吸入室，使泵头结构紧凑，内部余隙容积减小，质量减轻。国内用的较少。

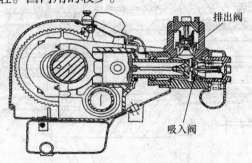

图 4－15　佩斯梅克Ⅱ型三缸柱塞泵

此外，T 型泵头吸入阀的固定和导向系统比 I 型泵头简单，橡胶密封圈品种比 I 型泵头明显减少。T 型泵头不足之处是更换吸入阀时需卸下吸入液缸及弯管，钻井液漏失相对多一些。

19. 三缸单作用活塞泵的优点是什么？

与双缸双作用泵相比，三缸单作用泵无论在结构或性能方面都有较大的区别，因而具有一些明显的优点及不足。主要优点是：

（1）缸径小、冲程短、冲次较高，在功率相近的条件下，体积小、质量轻。

在额定功率相同的情况下，三缸单作用泵的长度比双缸双作用泵短20%以上，质量轻25%左右。

（2）缸套在液缸外部用夹持器（卡箍等）固定，活塞杆与

127

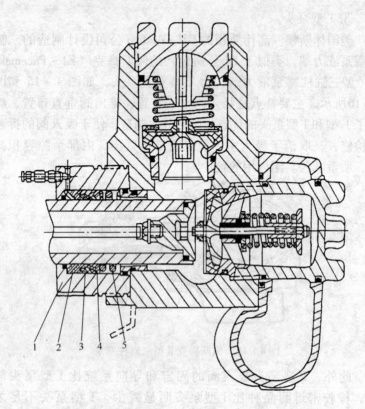

图 4 - 16　佩斯梅克 Ⅱ 型三缸柱塞泵液力端结构
1—密封盒；2—后环；3—密封圈；4—前环；5—弹簧

介杆也用夹持器固定，因而拆装方便；活塞杆无需密封，工作寿命长。

（3）活塞单面工作，可以从后部喷进冷却液体对缸套和活塞进行冲洗和润滑，有利于提高缸套与活塞的寿命。

（4）泵的流量均匀，压力波动小。

计算表明，一台未安装空气包的双缸双作用泵，其瞬时流量在平均值上下的波动分别为 26.72% 和 21.56%，总计达到 48.28%；而三缸单作用泵瞬时流量在平均值上下的波动分别为 6.64% 和 18.42%，总计为 25.06%。泵的压力随流量的平方而变化，三缸泵的流量变化小，压力波动比双缸双作用泵会更小。

（5）易损件少、费用低。

在同样的条件下工作，三缸单作用泵比双缸双作用泵易损件费用低 7% 左右。

（6）机械效率高。

根据实验数据表明，三缸泵的机械效率为 90%，比双缸泵高 5% 左右。效率的提高除了是因为加工精度、配合精度以外，主要原因是：三个曲柄互差 120°、运转平稳、十字头的摩擦小，同时没有活塞杆盘根处的摩擦阻力。根据实测三缸泵的容积效率，使用清水时为 97%，使用钻井液为 95%。

由于三缸单作用泵的上述优点，在广泛的使用中显示出良好的经济效益，所以在我国和一些其他国家的钻井设备中，已经取代了双缸双作用泵。美国的三缸单作用泵型式最多，以 Nbtional Supply 公司的 P 型泵、Continental Emsco 公司的 F、FA、FB 型泵等为代表。国产三缸单作用钻井泵的基本参数如表 4-1 所示。流量、压力和缸套直径三者间的关系如表4-2所示。

表 4-1　国产三缸单作用钻井泵的基本参数

泵型号	额定功率/ kW	冲程长度/ mm	额定泵速/ 冲/min	最大排出压力/ MPa	最大流量/ (L/s)不小于
3NB-800	590	229(216,254)	150	32.6	34.5
3NB-1000	740	254(235,305)	140	33.1	40.4
3NB-1300	960	305(254)	120	35.6	46.6
3NB-1600	1180	305	120	37.7	51.9
3NB-2000	1470	355	100	42.1	55.8

注：①本表按容积效率 100% 和机械效率 90% 计算。

②最大排出压力超过 35MPa 时，只允许按 35MPa 使用。

③括号内的冲程长度允许采用。

表4-2　三缸单作用钻井泵流量、压力和缸套直径三者间的关系

泵型	参数	缸套内径/mm									
		110	120	30	140	150	160	170	180	190	200
3NB-800	流量/（L/s）	16.3	19.4	22.8	26.4	30.3	34.5	—	—	—	—
	压力/MPa	32.6	27.4	23.3	20.1	17.5	15.4	—	—	—	—
3NB-1000	流量/（L/s）	—	20.1	23.6	27.4	31.4	35.7	40.4	—	—	—
	压力/（MPa）	—	33.1	28.2	24.3	21.1	18.7	16.5	—	—	—
3NB-1300	流量/（L/s）	—	—	24.3	28.2	32.3	36.8	41.5	46.6	—	—
	压力/MPa	—	—	35.6	30.6	26.7	23.5	20.8	18.5	—	—
3NB—1600	流量/（L/s）	—	—	—	28.2	32.3	36.8	41.5	46.6	51.9	—
	压力/MPa	—	—	—	37.7	32.9	28.9	25.6	22.8	20.5	—
3NB-2000	流量/（L/s）	—	—	—	—	31.5	35.7	40.3	45.2	50.3	55.8
	压力/MPa	—	—	—	—	42.1	37.1	32.8	29.3	26.3	23.7

注：①本表按容积效率100%和机械效率90%计算。

20. 三缸单作用泵的主要缺点是什么?

（1）由于泵的冲次提高导致其自吸能力降低，通常情况下应该配备灌注系统，即由另一台灌注泵向三缸单作用泵的吸入口供给一定压力的液体，这样便增加了附属设备。

（2）由于单作用泵活塞的后端外露，且外露圆周比双作用泵活塞杆密封圆周大得多，在自吸的条件下，当处于吸入过程时，液缸内压力降低，假如缸套和活塞配合之处松弛，外部空气有可能进入液缸，从而导致泵工作不平稳，降低容积效率。

21. F-1600 钻井泵型号的含义是什么?

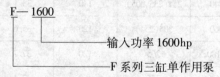

22. F 系列钻井泵的优点是什么?

（1）动力端

① 无退刀槽人字齿轮传动。

② 合金钢曲轴。

③ 可更换的十字头导板。

④ 机架采用钢板焊接件，强度高，刚性好，质量轻。

⑤ 中间拉杆盘根采用双层密封结构，密封效果好。

⑥ 动力端采用强制润滑和飞溅润滑相结合的润滑方式。

（2）液力端

① 各密封部位均采用刚性压紧，高压密封性好。

② 直立式液缸具有吸入性能好的优点。

③ L 型液缸具有耐压能力高，阀总成更换方便的优点。

④ 排出口处分别装有排出空气包、剪销式安全阀和排出滤网。

23. F 系列钻井泵的结构特点是什么？

（1）液缸

液缸材料为合金钢锻件，每台泵的三个液缸可以互换。若用户要求，可对液缸表面做化学镀镍处理，以增强其抗腐蚀性能。

（2）阀总成

F 系列泵的吸入阀和排出阀可以互换。F－500 泵使用的是 API 5#阀，F－800 和 F－1000 钻井泵使用的是 API 6#阀，F－1300、F－1600、F－1600L 和 F－1600HL 钻井泵使用的是 API 7#阀，F－2200 和 F－2200HL 钻井泵使用的是 API 8#阀。

需要说明的是：F－1600HL、F－2200HL 泵在工作压力大于35MPa（5000psi）时应更换为特制的高压阀总成。

（3）缸套

可以使用双金属缸套，缸套内衬用耐磨铸铁制造，缸套耐磨、耐腐蚀。

F－1600 和 F－2200HL 钻井泵可选用陶瓷缸套，使用寿命更长。

（4）活塞与活塞杆

由圆柱面配合和橡胶密封圈密封，用带有防松的锁紧螺母压紧，既能防止活塞松动，又能起密封作用。

F-800与F-1000钻井泵液力端的液缸、缸套、活塞、阀体、阀座、阀弹簧、密封件、阀盖、缸盖等零部件均可互换。F-1300与F-1600钻井泵液力端可以互换，F-1300L与F-1600L钻井泵液力端也可以互换。

（5）喷淋系统

由喷淋泵、冷却水箱、喷管等组成，其作用是对缸套、活塞进行必要的冷却和冲洗，以提高缸套活塞的使用寿命。

喷淋泵为离心式泵，可以在输入轴的轴伸上装皮带轮驱动，也可以用电动机单独驱动，用水作为冷却润滑液。

喷管安装在中间拉杆与活塞杆连接的卡箍上，可随活塞往复运动，喷嘴离活塞端面十分近，使润滑冷却液始终冲洗活塞与缸套的接触面。也可以采用固定式喷淋管，具有喷淋管耐用的特点。

（6）润滑系统

动力端采用强制润滑和飞溅润滑相结合的方式，设置在油箱中的齿轮油泵，通过润滑管线，将压力油分别输送到十字头、中间拉杆及各轴承中去，从而达到强制润滑的目的，齿轮油泵的工作情况，可以通过机架后部的压力表进行观察。

（7）灌注系统

为了避免在泵进口压力低时出现气塞现象，每台钻井泵均可配灌注系统。灌注系统由灌注泵及其底座、蝶阀和相应的管汇组成。灌注泵由独立的电动机驱动，安装在泵的吸入管汇上。灌注泵也可以由钻井泵输入轴皮带传动，以减少钻机总发电量的供应。

24. F系列钻井泵的技术参数有哪些？

F系列钻井泵的技术参数如表4-3和表4-4所示。

表4-3　F系列钻井泵的技术参数

型　　号	F-500	F-800	F-1000	F-1300/1300L
型式	三缸单作用 活塞式	三缸单作用 活塞式	三缸单作用 活塞式	三缸单作用 活塞式
最大缸套 直径×冲程/ (mm×mm)	170×191	170×229	170×254	180×305
额定冲数/ (r/min)	165	150	140	120
额定功率/ kW (hp)	373 (500)	597 (800)	746 (1000)	969 (1300)
齿轮类型	人字齿轮	人字齿轮	人字齿轮	人字齿轮
齿轮速比	4.286:1	4.185:1	4.207:1	4.206:1
润滑	强制加飞溅	强制加飞溅	强制加飞溅	强制加飞溅
吸入管口	8″法兰 (约203mm)	10″法兰 (约254mm)	12″法兰 (约305mm)	12″法兰 (约305mm)
排出管口	4″法兰, 5000psi	5″法兰, 5000psi	5″法兰, 5000psi	5″法兰, 5000psi
小齿轮轴直径/ mm	139.7	177.8	196.85	215.9
键/(mm×mm)	31.75×31.75	44.45×44.45	50.8×50.8	50.8×50.8
阀腔	阀上阀, API #5	阀上阀, API #6	阀上阀, API #6	阀上阀, API #7 L型布置, API #7
大约质量/kg	9770	14500	18790	26680

133

表4-4 F系列钻井泵的技术参数

型 号	F-1600/1600L	F-1600HL	F-2200	F-2200HL
型式	三缸单作用活塞式	三缸单作用活塞式	三缸单作用活塞式	三缸单作用活塞式
最大缸套直径×冲程/(mm×mm)	180×305	190×305	230×365	230×365
额定冲数/(r/min)	120	120	105	105
额定功率/kW(hp)	1195（1600）	1193（1600）	1640（2200）	1640（2200）
齿轮类型	人字齿轮	人字齿轮	人字齿轮	人字齿轮
齿轮速比	4.206:1	4.206:1	3.512:1	3.512:1
润滑	强制加飞溅	强制加飞溅	强制加飞溅	强制加飞溅
吸入管口	12″法兰（约305mm）	12″法兰（约305mm）	12″法兰（约305mm）	12″法兰（约305mm）
排出管口	5″法兰，5000psi	5″法兰，5000psi	5″法兰，5000psi	5″法兰，5000psi
小齿轮轴直径/mm	215.9	215.9	254	254
键/(mm×mm)	31.75×31.75	44.45×44.45	50.8×50.8	50.8×50.8
阀腔	阀上阀，API #7/L型布置，API #7	L型布置，API #7	阀上阀，API #8	L型布置，API #8
大约质量/kg	27020/26030	29400	38460	43080

25. F系列钻井泵更换缸套的性能参数有哪些？

F系列钻井泵更换缸套时的性能参数如表4-5、表4-6、表4-7和表4-8所示。

134

表4-5　F-1300/F-1300L 和 F-1600/F-1600L 性能参数

| | 额定功率 | | | | 缸套直径/mm | | | | | |
| | F-1300 | | F-1600/1600L | | 180 | 170 | 160 | 150 | 140 | 130 |
冲数/分	kW	hp	kW	hP	额定压力/MPa(psi)					
F-1300/F-1300L					18.7(2720)	21.0(3050)	23.7(3440)	27.0(3915)	31.0(4495)	34.5(5000)
F-1600/F-1600L					23.1(3345)	25.9(3750)	29.2(4235)	33.2(4820)	34.5(5000)	34.5(5000)
					排量/(L/s)(GPM)					
130	1050	1408	1293	1733	50.42(799)	44.97(713)	39.83(631)	35.01(555)	30.50(483)	26.30(417)
*120	969	1300	1193	1600	46.54(737)	41.51(658)	36.77(583)	32.32(512)	28.15(446)	24.27(385)
110	889	1192	1094	1467	42.66(676)	38.05(603)	33.71(534)	29.62(469)	25.81(409)	22.25(352)
100	808	1083	994	1333	38.78(614)	34.59(548)	30.64(485)	26.93(427)	23.46(372)	20.23(320)
99	727	975	895	1200	34.90(553)	31.13(493)	27.58(437)	24.24(384)	21.11(334)	18.21(288)
1	—	—	—	—	0.3878(6.147)	0.3459(5.483)	0.3064(4.857)	0.2693(4.269)	0.2346(3.719)	0.2023(3.206)

注：①按容积效率100%和机械效率90%计算。
　　②*推荐的冲数和连续运转时的输入功率。

135

表4-6　F-1600HL 性能参数

冲数/分	额定功率		缸套直径/mm							
	kW	hp	190	180	170	160	150	140	130	120
			额定压力/MPa（psi）							
			20.7（3005）	23.1（3345）	25.9（3750）	29.2（4235）	33.2（4820）	38.1（5530）	44.2（6415）	51.9（7500）
			排量/（L/s）（GPM）							
130	1293	1733	56.17（890）	50.42（799）	44.97（713）	39.83（631）	35.01（555）	30.50（483）	26.30（417）	22.41（355）
*120	*1193	1600	51.85（822）	46.54（737）	41.51（658）	36.77（583）	32.32（512）	28.15（446）	24.27（385）	20.68（328）
110	1094	1467	47.53（753）	42.66（676）	38.05（603）	33.71（534）	29.62（469）	25.81（409）	22.25（352）	18.96（300）
100	994	1333	43.21（685）	38.78（614）	34.59（548）	30.64（485）	26.93（427）	23.46（372）	20.23（320）	17.24（273）
90	895	1200	38.89（614）	34.90（553）	31.13（493）	27.58（437）	24.24（384）	21.11（334）	18.21（288）	15.51（246）
80	795	1067	34.56（548）	31.02（492）	27.67（438）	24.51（388）	21.54（341）	18.77（297）	16.18（256）	13.79（218）
1	—	—	0.4321（6.849）	0.3878（6.147）	0.3459（5.483）	0.3064（4.857）	0.2693（4.269）	0.2346（3.719）	0.2023（3.206）	0.1724（2.732）

① 按容积效率100%和机械效率90%计算。

② * 推荐的冲数和连续运转时的输入功率。

136

表4-7 F-2200 性能参数

缸套直径/mm

冲数/分	额定功率 kW	额定功率 hp	230	220	210	200	190	180	170	160	150	140
			额定压力/MPa(psi)									
			19.0 (2760)	20.8 (3015)	22.8 (3310)	25.1 (3645)	27.9 (4040)	31.0 (4505)	34.5 (5000)	34.5 (5000)	34.5 (5000)	34.5 (5000)
			排量/(L/s) (GPM)									
*105	*1640	2200	77.65 (1231)	71.05 (1126)	64.73 (1026)	58.72 (931)	52.99 (840)	47.56 (754)	42.42 (672)	37.58 (596)	33.03 (524)	28.77 (456)
90	1406	1886	66.56 (1055)	60.90 (965)	55.49 (880)	50.33 (798)	45.42 (720)	40.77 (646)	36.36 (576)	32.21 (511)	28.31 (449)	24.66 (391)
80	1250	1676	59.16 (938)	54.13 (858)	49.32 (782)	44.74 (709)	40.37 (640)	36.24 (574)	32.32 (512)	28.63 (454)	25.16 (399)	21.92 (347)
70	1094	1467	51.76 (820)	47.36 (751)	43.16 (684)	39.14 (620)	35.33 (560)	31.17 (503)	28.28 (448)	25.05 (397)	22.02 (349)	19.18 (304)
60	937	1257	44.37 (703)	40.60 (644)	36.99 (586)	33.55 (532)	30.28 (480)	27.18 (431)	24.24 (384)	21.47 (340)	18.87 (299)	16.44 (261)
50	781	1048	36.97 (586)	33.83 (536)	30.83 (489)	27.96 (443)	25.23 (400)	22.65 (359)	20.20 (320)	17.8 (9 284)	15.73 (249)	13.70 (217)
1	-	-	0.7395 (11.72)	0.6766 (10.72)	0.6165 (9.772)	0.5592 (8.863)	0.5047 (8.000)	0.4530 (7.180)	0.4040 (6.404)	0.3579 (5.673)	0.3146 (4.986)	0.2740 (4.343)

① 按容积效率100%和机械效率90%计算。
② * 推荐的冲数和连续运转时的输入功率。

表4-8 F-2200HL 性能参数

冲数/分	额定功率 kW	额定功率 hp	缸套直径/mm 130	140	150	160	170	180	190	200	210	220	230
额定压力/MPa(psi)			52.0 (7500)	51.3 (7445)	44.7 (6485)	39.3 (5700)	34.8 (5000)	31.0 (4505)	27.9 (4040)	25.1 (3645)	22.8 (3310)	20.8 (3015)	19.0 (2760)
排量/(L/s)(GPM)													
*105	*1640	2200	24.81 (393)	28.77 (456)	33.03 (524)	37.58 (596)	42.42 (672)	47.56 (754)	52.99 (840)	58.72 (931)	64.73 (1026)	71.05 (1126)	77.65 (1231)
90	1406	1886	21.26 (337)	24.66 (391)	28.31 (449)	32.21 (511)	36.36 (576)	40.77 (646)	45.42 (720)	50.33 (798)	55.49 (880)	60.90 (965)	66.56 (1055)
80	1250	1676	18.90 (300)	21.92 (347)	25.16 (399)	28.63 (454)	32.32 (512)	36.24 (574)	40.37 (640)	44.74 (709)	49.32 (782)	54.13 (858)	59.16 (938)
70	1094	1467	16.54 (262)	19.18 (304)	22.02 (349)	25.05 (397)	28.28 (448)	31.17 (503)	35.33 (560)	39.14 (620)	43.16 (684)	47.36 (751)	51.76 (820)
60	937	1257	14.18 (225)	16.44 (261)	18.87 (299)	21.47 (340)	24.24 (384)	27.18 (431)	30.28 (480)	33.55 (532)	36.99 (586)	40.60 (644)	44.37 (703)
50	781	1048	11.81 (187)	13.70 (217)	15.73 (249)	17.89 (284)	20.20 (320)	22.65 (359)	25.23 (400)	27.96 (443)	30.83 (489)	33.83 (536)	36.97 (586)
1	—	—	0.2363 (3.745)	0.2740 (4.343)	0.3146 (4.986)	0.3579 (5.673)	0.4040 (6.404)	0.4530 (7.180)	0.5047 (8.000)	0.5592 (8.863)	0.6165 (9.772)	0.6766 (10.72)	0.7395 (11.72)

① 按容积效率100%和机械效率90%计算。

② * 推荐的冲数和连续运转时的输入功率。

138

26. 液压驱动往复泵结构有何特点？

液压驱动往复泵在石油矿场上的应用越来越受到重视，已经有单缸双作用、双缸单作用、三缸单作用和对置式四缸单作用等多种泵型问世。目前多在试验阶段，并努力解决换向时压力波动较大等问题。德州探矿机械厂生产的 TYB 型调压泵有其独特之处。根据容积能量守恒和压力再分配原理，利用低压注水井与注水管网来水间的富裕压力差以及活塞两端的承压面积差，通过调压泵将压力差放大对高压欠注井实行增注。同时，低压液流（乏动力液）对高渗透的低压井实行注水，而无需外加动力装置。

该泵原理如图 4－17 所示。液路系统由两缸四腔双作用泵体、两套带先导阀的二位四通插装阀及先导控制油源所组成；换向由位置传感器 L、R 切换先导阀来完成；P 是泵管路与油田注水管网的连接点，WH 是泵管路与高压欠注井的连接点，WL 是泵管路与低压注井的连接点。对两套插装阀而言，当先导阀右位

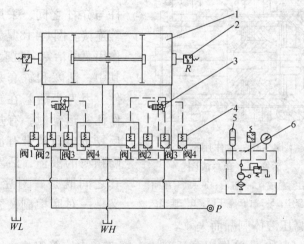

图 4－17　液压驱动油田调压注水泵液压系统原理图
1—泵体；2—接近传感器；3—先导阀；
4—插装阀组；5—储能器；6—液压工作站

时，阀 2，4 受背压控制而关闭，阀 1，3 在管网水压的作用下开启，压力水经左、右阀 3 进入两缸的右腔，推动活塞左行，两缸左腔中的水液经左、右阀 1 分别到低压出口 WL 和高压出口 WH。活塞行至左端，传感器 L 发出电信号，启动先导阀换向阀 1，3 受背压控制而关闭，阀 2，4 失掉背压并在管网水压作用下开启，压力水经左、右阀 2 进入两缸的左腔，推动活塞右行，两缸右腔中的水液经左、右阀 4 分别进入高压出口 WH 和低压出口 WL。活塞行至右端，传感器 R 发出电信号，先导阀再换向，进行下一个循环。

27. 往复泵的易损件及配件有哪些?

往复泵的主要易损件是活塞、缸套、柱塞、密封及泵阀，主要配件是空气包和安全阀，其质量的优劣，直接影响着泵的工作性能和寿命，必须高度重视。

28. 活塞－缸套总成的结构有何特点?

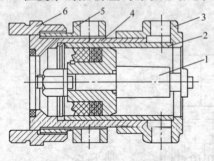

往复泵的缸套座与泵头、缸套与缸套座之间多采用螺纹连接，活塞与中间杆及中间杆与介杆之间，采用卡箍等连接。图 4－18 是三缸单作用泵的活塞－缸套总成。其中，活塞和缸套是易损件。因为当活塞在缸套内作往复运动时，有规律地反复挤出通常带有固体磨砺颗粒的液体，活塞与缸套之间既是一对密封副，又是一对摩擦副，容易磨

图 4－18　单作用泵的
活塞－缸套总成图

1—活塞总成；2—缸套；3—缸套压帽；
4—缸套座；5—缸套座压帽；6—连接法兰

损或被高压液体刺漏而失效。

图 4－19 是单作用泵活塞，由阀芯和皮碗等组成。一般采用自动封严结构，即在液体压力的作用下能自动张开，紧贴缸套内壁。单作用泵活塞的前部为工作室，吸入低压液体，排出高压

140

液体；后部与大气连通，一般由喷淋装置喷出的液体冲洗和冷却。双作用泵活塞将缸套分为两个工作室，两边交替吸入低压液体和排出高压液体，故活塞皮碗在钢芯两边呈对称布置。

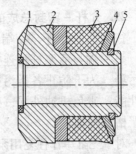

图 4 - 19　单作用泵活塞
1—密封圈；2—活塞阀芯；
3—活塞皮碗；4—压板；
5—卡簧

高压硫化活塞皮碗对提高其寿命有利。具体方法是选用耐磨的耐油橡胶作主体材料，其上嵌接高聚物树脂，以挂胶帆布（原为 mc 尼龙）为骨架，整体成型，模压定型，加工处理后与橡胶高压硫化成一体。目前，高压硫化活塞在 18～20MPa 下工作，寿命可达 179～324 h；在 28～32MPa 下工作，寿命达 112h。

缸套结构比较简单，目前常用的有单一金属和双金属两种。由高碳钢或合金钢制造的单金属缸套，一般经过整体淬火后回火，或内表面淬火，保证一定的强度和内表面硬度；由低碳钢或低碳合金钢制造的单金属缸套，一般进行表面硬化处理，如渗碳、渗氮、氰化或硼化处理等，将内表面硬度提高到 HRC60 以上，也有对缸套内部进行镀铬、镍磷化学镀或激光处理的。单金属缸套工作寿命短，贵金属消耗量大。

双金属缸套有镶装式和熔铸式两种结构型式。镶装式外套材质的机械性能不低于 ZG35 正火状态的机械性能，内衬为高铬耐磨铸铁（实际是耐磨白口铸铁），内外套之间有足够的过盈量保证结合力，内衬硬度 HRC≥60。熔铸式外套材质的机械性能不低于 ZG35 正火状态的机械性能，用离心浇铸法加高铬耐磨铸铁内衬，毛坯进行退火处理，机械粗加工后进行热处理（淬火＋低温回火），精加工。

目前，国产双金属缸套的平均寿命可达 700h。金属陶瓷缸套是高科技产品，其寿命可达双金属缸套的 2～3 倍。

29. 介杆-密封总成的结构有何特点?

往复泵的介杆,一端与十字头相连接,处于润滑机油环境中,另一端与活塞杆相连接,经常受到漏失泥浆、污水等的冲刷或污染。为了防止各类污染液体窜入动力端机油箱破坏机油的润滑性能,避免机油外漏,必须采用介杆密封装置将动力端与液力端严格地隔离。

对于三缸单作往复用泵,由于泵速和压力都较高,有的还带有活塞或柱塞喷淋冷却液系统,介杆作往复运动时,很容易造成油液、钻井液等的相互渗漏。国内外往复泵采用的介杆密封装置有多种型式,如图4-20、图4-21和图4-22所示。这些介杆密封装置,在工作一段时间以后,由于导板磨损,十字头下沉,或十字头、介杆及活塞(柱塞)杆之间连接不牢固,或壳体发生变形以及加工和安装误差等原因,使介杆发生偏磨,密封会很快失效。

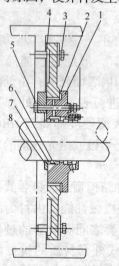

图4-20 3NB-1000泵介杆
密封装置

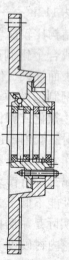

图4-21 3NB-800泵结构
密封装置

1—密封盒; 2、4—垫片; 3—螺栓;
5—压板螺钉; 6—环; 7—密封圈;
8—压板

142

目前应用较多的介杆密封有两种型式：

（1）跟随式介杆密封

如图4-23所示。波纹密封套的一端用压板紧固在中间隔板上，另一端用卡子固紧在介杆上。

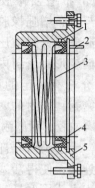

图4-22 弹簧油封式介杆
密封装置
1—"O"形密封圈；2—锁紧弹
簧；3—油封张紧弹簧；4—油
封；5—密封盒

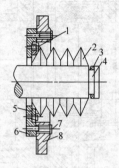

图4-23 跟随式介杆密封装置
1—螺钉；2—波纹密封套；3—卡
子；4—介杆；5—压板；6—连接
板；7—螺栓；8—中间隔板

（2）全浮动式介杆密封装置

如图4-24所示为全浮动式介杆密封装置结构图，包括连接盘、定位板、"O"形密封圈、左右浮动套、球形密封盒、"K"型自封式介杆密封等。

球形密封盒可以在浮动套内任意转动调整。与此同时，左右两个浮动套与连接盘和壳体形成端面间隙配合，可以随着球形密封盒的浮动，而在连接盘与壳体之间上下浮动，自动调整径向偏移量；浮动套与连接盘及球形密封盒之间，都安装有"O"形密封圈，具有多重保险密封的作用。因此，当包括介杆、十字头、柱塞等运动件的组合轴心线与理论轴心线由于加工误差、安装误差、十字头等自重偏磨引起偏移时，通过球形密封盒在左右浮动套内任意转动以及左右浮动套的上下左右浮动，来自动调整，从

143

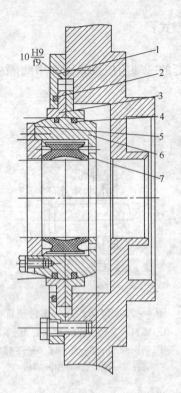

$10\frac{H9}{f9}$

图 4-24　全浮动式介杆密封装置
1—连接盘；2、4—"O"形密封圈；
3—左右浮动套；5—定位板；
6—球形密封盒；7—"K"型自封密封

而使介杆密封的中心线与介杆中心线始终保持一致，避免偏磨。

"K"型自封式介杆密封包括骨架和帘布增强橡胶两部分。骨架与帘布增强橡胶高压硫化在一起，使密封被压紧时不产生轴向变形；密封内圈的两唇部与介杆有一定的过盈，使其两端密封；密封的两唇部加一层耐磨橡胶，耐磨耐热。

此外，十字头与介杆之间采用活络连接，使得活塞或柱塞可以与十字头同时转动，也减轻了活塞－缸套、柱塞－密封、介杆－密封等的偏磨。

30. 泵阀的结构有何特点?

泵阀是往复泵控制液体单向流动的液压闭锁机构，是往复泵的心脏部分。一般由阀座、阀体、胶皮垫和弹簧等组成。其主要作用是使液缸与排出管及吸入管交替连通或隔开，控制液体单向流动。当排出过程进行时，液缸内液体推动排出阀的阀盘上升，并从阀盘与阀座间隙流入排出管，此时吸入阀是关闭的，液缸与吸入管隔开；当排出过程终止，吸入过程开始时，吸入管中的液体推动吸入阀的阀盘上升，使液缸与吸入管连通，液体进入液缸，而排出阀的阀盘在自重、弹簧力及液体压差作用下，迅速地落在阀座上，将液缸与排出管隔开。对于泵阀的基本工作要求是开关必须及时，开启时阻力要小，关闭时密封要好，且冲击力小。

目前，有三种主要型式的泵阀广泛被采用。

（1）球阀

如图4-25所示。主要用于深井抽油泵和部分柱塞泵。

（2）平板阀

如图4-26所示。主要用于柱塞泵和部分活塞泵。阀座采用3Cr13不锈钢，表面渗碳处理或采用45号钢喷涂，耐腐蚀、抗磨损；阀板采用新型聚甲醛工程塑料，综合性能好，质量轻、硬度高、耐磨、耐腐蚀，与金属表面相配后密封可靠；弹簧采用圆柱螺旋形式，材料为60Si2MnA，经过强化喷丸处理，疲劳寿命高。

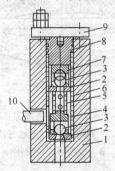

图4-25 球阀组装结构

1—泵头；2—阀座；3—阀球；4—下阀套；5—压套；6—阀筒；7—上阀套；8—连接盖；9—压盖；10—柱塞

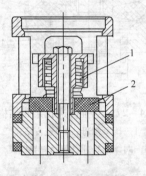

图4-26 平板阀结构

1—弹簧；2—闸板

（3）盘状锥阀

主要用于大功率的活塞泵及部分柱塞泵。盘状锥阀的阀体和阀座支承密封锥面与水平面间的斜角一般为45°～55°。阀座与液缸壁接触面的锥度一般为1:5～1:8，现在多采用1:6的锥度。锥度过小，阀座下沉严重，且不易自液缸中取出；锥度过大，则接触间需要加装自封式密封圈。锥面盘阀有两种结构型式，一种是双锥面通孔阀，如图4-27所示。其阀座的内孔是通孔，由阀体和胶皮垫等组成的阀盘上下运动时，由上部导向杆和下部导向翼导向。这种阀结构简单，阀座有效过流面积较大，液流经过阀座的水力损失较小，但阀盘与阀座接触面上的应力较大，阀盘易变形，影响泵的工作寿命。另一种是双锥面带筋阀，如图 4－28 所示。主要特点是阀座内孔带有加强筋，阀盘上下部都靠导向杆导向，增加了阀盘与阀座的接触面和强度，但阀座孔内的有效通流面积减小，水力损失加大。

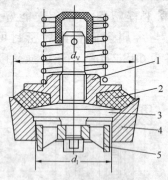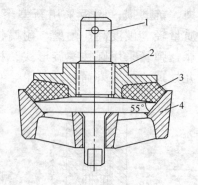

图 4－27　双锥面通孔泵阀结构　　　图 4－28　双锥面带筋泵阀结构

1—压紧螺母；2—胶皮垫；　　　　　1—阀体；2—压紧螺母；

3—阀体；4—阀座；5—导向翼　　　　3—橡胶垫；4—阀座

　　往复泵工作时，阀盘和阀座的表面受到含有磨砺性颗粒液流的冲刷，产生磨砺性磨损。此外，阀盘滞后下落到阀座上，也会产生冲击性磨损。

31. 目前提高泵阀寿命的办法有哪些？

　　（1）合理确定液体流经阀隙的速度

　　即阀的结构尺寸要与泵的结构尺寸和性能参数相对应，保证阀隙流速不要过大。

　　（2）控制泵的冲次

　　对于阀盘或阀座上有橡皮垫的锥阀，按照无冲击条件 $h_{max} n \leqslant 800 \sim 1000$ 条件确定泵的冲次 n （min^{-1}），其中的 h_{max} 是泵阀的最大升距，单位为 mm。无橡胶垫时，$h_{max} n \leqslant 600 \sim 700$。

　　（3）阀体和阀座采用优质合金钢 40Cr、40CrNi2MoA 等整体

146

锻造，经表面或整体淬火面硬度达 HRC60 ~ 62，橡胶圈由丁腈橡胶或聚氨酯等制成。

（4）保证正常的吸入条件

首先，要满足 $P_{smin} \geqslant P_t$，即最低吸入压力 P_{smin} 应大于液体的汽化压力 P_t。其次，吸入系统不应吸入空气或其他气体，吸入的液体中应尽可能少含气体。若不能保证正常吸入条件，则阀将极易损坏，特别是吸入阀。

（5）净化工作液体

液体中若含有磨砺性的固体颗粒，极易损坏泵阀和阀座的密封面，造成泵阀的失效，因此，往复泵工作时应尽量保证液体的清洁。

此外，阀箱虽然不是易损件，但在高压液体的交变应力作用下，容易发生裂纹，导致破坏。因此，全部采用整体优质钢（35CrMo 等）锻件，经过调质处理；在圆孔相贯处采用平滑圆弧过渡，降低集中应力；在阀箱内腔采用喷丸或高压强化处理或进行镍磷镀，较好地解决了阀箱开裂等问题。

32. 往复泵上为什么要安装空气包？

前面已经提及，曲柄连杆传动往复泵工作时，每个液缸在一个冲程中排出或吸入的瞬时流量，都近似地按正弦规律变化，即使有几个液缸交替工作，总的流量也达不到均匀程度。而总流量的不均匀，必然导致压力波动，进而引起吸入和排出管线振动，吸入条件恶化，破坏管线和机件，甚至使泵不能正常工作。为了消除流量不均匀和压力波动，往复泵通常都安装有各种减振装置，空气包是常见的也是很有效的减振装置之一。

空气包有排出和吸入之分，一般为预压式，空气包囊内一般充以惰性气体，如氮气或空气，充气预压由泵的充气压力而定。对于钻井排出空气包，充气压力一般为 4 ~ 7MPa。排出空气包安装在排出口附近，吸入空气包安装在泵的吸入口附近。图4 - 29、图4 - 30 是吸入和排出空气包中的一种。

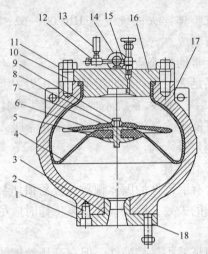

图 4-29 带稳定片的球形排出空气包

1—间隔块；2—内六角螺钉；3—密封圈；4—气囊；5—铁芯；6—胶板；7—压板；8—垫片；9、11—螺母；10—双头螺栓；12—截止阀；13—压力表；14—吊环螺钉；15—"O"形密封圈；16—压盖；17—壳体；18—双头螺栓

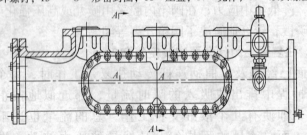

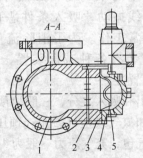

图 4-30 吸入管汇及隔膜预压式吸入空气包

1—吸入气管；2—孔板；3—间隔圈；4—端盖；5—胶皮隔膜

33. 空气包的结构方案有哪些?

各种空气包结构方案如图 4-31 所示。其中 (a)、(b) 为球形橡胶气囊预压式,1 为外壳,2 为气室;(c)、(d)、(e) 为圆筒形橡胶气囊预压式,1 为气室,2 为外壳,3 为多孔衬管;(f) 的气室 5 为金属波纹管,2 为外壳;(g) 的气室 3 与下液腔由金属活塞环 4 隔开。当输送液体温度高于橡胶的允许温度时,采用 (f)、(g) 方案。

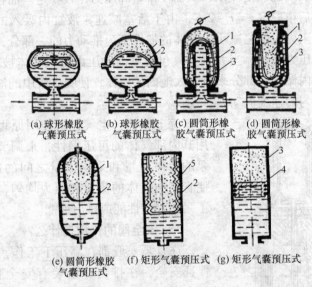

(a) 球形橡胶气囊预压式　(b) 球形橡胶气囊预压式　(c) 圆筒形橡胶气囊预压式　(d) 圆筒形橡胶气囊预压式

(e) 圆筒形橡胶气囊预压式　(f) 矩形气囊预压式　(g) 矩形气囊预压式

图 4-31　预压式空气包结构方案

1—气室;2—外壳;3—多孔衬管;4—金属活塞环;5—金属波纹管

34. 空气包的工作原理是什么?

排除空气包的工作过程可分为两段:在排出过程的前半段 ($x = 2r \sim r$),由于活塞处于加速度过程,排出管内瞬时流量变大,流量增加,部分液体进入空气包。当其压力高于气囊压力时,空气包气囊受挤压,空出的空间用以存液,使得排出管中流量减少,排量和压力趋于稳定;而在排出过程的后半段 ($x = r \sim 0$),活塞作减速运动,排出管中瞬时流量减小,此时空气包中气囊膨胀,

149

空气包排液，使排出管中流量增加，从而保持自空气包以后的排出管段内液体的流量和压力比较稳定。对于吸入空气包，其工作过程也可以分为两段。在吸入过程的前半段（$x = 0 \sim r$），由于活塞加速，吸入管内流速增加，管路阻力损失增加，同时，由于液体的惯性阻碍液体作加速运动，使液缸内的压力降低，当缸内压力降到小于空气包室内的压力时，气体就膨胀，挤压其下部的一部分液体进入液缸，使得从吸入池到空气包这一段吸入管中的液体以较均匀的速度流动，从而使排量和压力比较稳定。而在吸入过程的后半段（$x = r \sim 2r$），由于活塞减速，液缸内吸入的液量减少，阻力也随之减小，液体的惯性变为推动力的一部分，使液缸内的压力增加，当大于空气包气室内的压力时，气体被压缩，空气包内储存一部分来自吸入池内的液体，使吸入管中的液体仍以较均匀的速度流动。

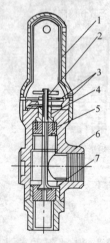

图 4 - 32　直接剪切
式安全阀

1—阀帽；2—活塞杆；
3—安全销钉；4—活塞
杆；5—密封；6—阀
体；7—活塞

综上分析，空气包的作用原理是利用其内部气体的可压缩性，来调节往复泵的瞬时流量和平均流量之间的差额，使管路中液体的流量和压力均匀，改善了泵的吸入性能或排出性能。

35. 安全阀的作用是什么？

往复泵一般都在高压下工作，为了保证安全，在排出口处装有安全装置，即安全阀，以便将泵的极限压力控制在允许的压力范围内。常见的安全阀为销钉剪切式，此外，还有膜片式和弹簧式等安全阀。

36. 安全阀的结构原理是什么？

图 4 - 32、图 4 - 33 和图 4 - 34 分别是直接剪切式、杠杆剪切式和膜片式安全阀结构。其活塞或膜片下端作用着高压液体，当压力达到一定之后，活塞推

150

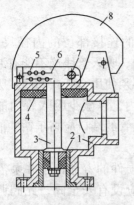
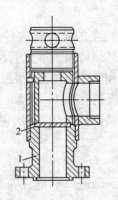

图 4－33　杠杆剪切式安全阀
1—阀体；2—衬套；3—阀杆阀芯
总成；4—缓冲垫；5—剪切销钉；
6—剪切杠杆；7—销轴；8—护罩

图 4－34　膜片式安全阀
1—阀体；2—膜片

动连杆，切断销钉，活塞上移或膜片破裂，高压液体由安全阀排出口进入吸入池或大气空间，达到泄压保安全的目的。

杠杆剪切式安全阀只需要同一种材料和同一截面的销钉，对于不同的压力规定值，改变安全销钉的位置即可，销钉距力的作用点越远，承受的压力越高。

销钉剪切式安全阀的结构简单，拆卸容易，但安全销钉的材料、尺寸及加工工艺必须恰当，还要防止安全阀的活塞和导杆在缸套内锈蚀，否则灵敏度降低，不能准确地控制排出压力；当安全阀打开后，必须停泵更换安全销。

第四节　钻井泵的使用与维护

37. 钻井泵的安装要求是什么？

（1）钻井泵及拖座必须放在水平基础上，应使泵尽量保持水平，水平偏差不得超过 3mm，以利于运转时动力端润滑油的正确分布。

（2）泵的位置应尽量降低，钻井液罐的位置应尽量提高，以利吸入。

（3）泵的吸入管内径不得比泵的连接部位的内径尺寸小。安装前必须将泵的吸入管路清理干净，吸入管线绝不能有漏气现象，阀和弯头应尽量少装一些，阀必须使用全开式阀门。吸入管长度应保持在 2.1～3.5m 长度范围内，以减少吸入管内的摩阻损耗及惯性损耗，有利于吸入。吸入管的端口应高于钻井液罐底300mm。

（4）为了泵平稳操作，延长易损件的寿命，钻井泵需配灌注泵。泵的进口和灌注泵出口之间应设有安全阀，此阀调整至0.5MPa，在吸入管出现超压时，它可使灌注泵免遭损坏。

（5）吸入管与钻井液罐的连接处，不能正对钻井液池上方的钻井液返回处，以免吸入钻井液罐底沉屑。

（6）牢固地支撑所有吸入和排出管线，不使它们受到不必要的应力，并减少振动，决不能由于没有足够的支撑而使管线悬挂在泵上。

（7）为了防止压力过高而损坏钻井泵，在靠近泵的出口处必须安装安全阀，安全阀必须装在任何阀门之前，这样如在阀关闭情况下，不慎将泵启动，也不至于损坏泵，必须将安全阀的排出管接长并固定，安全地引入钻井液池，以免当安全阀开启时，高压钻井液排出造成不必要的事故。

38. 钻井泵启动前的准备工作有哪些？

（1）当启动一台新泵或重新启动一台长期停用的旧泵前，要打开泵上的检查盖，清洗动力端油槽。冬季加入足量的 L - CKC220 硫磷型中极压齿轮油，夏季加入足量的 L - CKC320 硫磷型中极压齿轮油，并且在启动前打开泵上的各个检查盖，向小齿轮、轴承、十字头油槽内加油，使泵的所有摩擦面在启动前都得到润滑。

（2）检查液力端的缸套、活塞和阀是否装配正常，钻井泵的排出管线是否打开。

（3）缸套的喷淋冷却采用水或以水为基本介质加入防锈剂

的冷却液，喷淋泵系统必须比钻井泵先启动或同时启动，以免烧坏活塞和缸套。

（4）检查喷淋泵水箱内冷却液是否干净，液面是否达到要求。启动前液缸里必须有钻井液或水，以免发生气穴现象，不能在有压力的情况下解除气穴，所以要打开通向钻井泵的阀门，作"小循环"运转到所有空气都被排除为止，这样可以保证钻井泵运行平稳，并延长活塞的寿命。

（5）拧紧阀盖、缸盖所有螺栓及介杆、活塞杆连接卡箍。

（6）检查钻井泵管线上的阀门，是否处于启动前的正确操作状态。

（7）检查吸入缓冲器的充气情况。

（8）检查排出预压空气包的充气压力，使压力值是排出压力的30%。

（9）打开喷淋泵系统的进排阀门。

（10）检查安全阀、安全销是否挂插到与缸套相应压力的销孔上，检查排出安全阀与压力表是否处于正常状态。

（11）打开缸盖，将吸入阀腔内灌进水和钻井液排出空气。

（12）检查十字头间隙是否符合要求。

（13）带有强制润滑的，先检查润滑泵，再检查主泵；先启动润滑泵，再启动主泵。

39. 钻井泵启动后应该做的工作有哪些？

（1）泵的转速要缓慢提高，使吸入管内流体逐步增加，使其跟上活塞的速度，不致发生气穴现象。

（2）钻井液密度较大、含气量较多、黏度较高时，泵尽量在较低速下运行。

（3）检查各轴承、十字头、缸套等摩擦部位的温度，是否过高或发生异常现象，一般油温不应超过80℃。

（4）检查润滑系统是否工作可靠。

40. 钻井泵在运转中应检查哪些项目？

（1）检查缸套是否来回窜动，检查活塞杆、介杆卡箍是否有异常的响声。检查泵体上的所有螺钉以及阀盖、缸盖是否有窜动观象，如发生不正常现象，查明原因及时处理。

（2）检查各高压密封处是否有泄漏现象，泵阀是否有刺漏声，发现应及时处理。

（3）注意泵压变化，发现异常情况妥善处理。

（4）注意喷淋泵的供液情况是否正常，使缸套活塞冷却润滑情况最佳。

41. 钻井泵常见的故障及排除方法有哪些？

钻井泵在运转时，如发生了故障，应及时查出原因并予以排除，否则，会损坏件，影响钻井工作的正常进行。常见故障及排除方法如表4－9所示。

表4－9　钻井泵的故障及排除方法

故障现象	故障原因	排除方法
压力表的压力下降、排量减少	（1）上水管线密封不严，使空气进入泵内 （2）吸入滤网堵死	（1）拧紧上水管线法兰螺栓或更换垫片 （2）停泵，清除吸入滤网杂质
液体排出不均匀，有忽大忽小的冲击，压力表指针摆动幅度大，上水管线发出"呼呼"声	（1）一个活塞或一个阀磨损严重或者已经损坏 （2）泵缸内进空气	（1）更换已损坏活塞，检查阀有无损坏及卡死现象 （2）检查上水管线及阀盖是否严密
缸套处有剧烈的敲击声	（1）活塞螺母松动 （2）缸套压盖松动 （3）吸入不良，产生水击	（1）拧紧活塞螺母 （2）拧紧缸套压盖 （3）检查吸入不良的原因
阀盖、缸盖及缸套密封处报警孔漏钻井液	（1）阀盖、缸盖未上紧 （2）密封圈损坏	（1）上紧阀盖、缸盖 （2）更换密封圈
排出空气包充不进气体或充气后很快泄漏	（1）充气接头堵死 （2）空气包内胶囊已破 （3）针形阀密封不严	（1）清除接头内杂物 （2）更换胶囊 （3）修理或更换针形阀
柴油机负荷大	排出滤筒堵塞	拆下滤筒，清除杂物

故　障　现　象	故　障　原　因	排　除　方　法
动力端轴承、十字头等运动摩擦部位温度异常	（1）油管或油孔堵死 （2）润滑油太脏或变质 （3）滚动轴承磨损或损坏 （4）润滑油过多或过少	（1）清理油管及机油 （2）更换新油 （3）修理或更换轴承 （4）使润滑油适量
动力端、轴承、十字头等处有异常声响	（1）十字头导板已经严重磨损 （2）轴承磨损 （3）导板松动 （4）液力端有水击现象	（1）调整间隙或更换已磨损的导板 （2）更换轴承 （3）上紧导板螺栓 （4）改进吸入性能

注：除以上估计可能出现的故障外，如发现其他异常现象时，应根据故障发生的地点仔细寻找原因，直到原因查明并进行排除后钻井泵方能正常运转。

第五章　钻井液净化设备

第一节　钻井液振动筛

1. 钻井液振动筛的功用是什么？

在钻井过程中，井底产生的钻屑由钻井液带到地面，要求将钻屑从钻井液中及时清除出去。振动筛是钻井必备的几种清除钻屑的设备之一，是固控系统中的关键设备，如果振动筛不能正常工作，那么后续的旋流器、离心机等固控设备将难以正常工作。

为了提高振动筛的分离粒度和处理效率，振动筛的结构越来越复杂。

2. 钻井液振动筛的主要特点有哪些？

（1）钻井液振动筛筛分的介质是液体，废弃的是固相颗粒。

（2）它所筛分的钻井液是一种物化性能变化很大的液相、固相和化学处理剂组成的混合物。

（3）它所分离的固相颗粒的粒度由几个微米到 20 多毫米。由于要求筛下物越细越好，因此筛网使用的最大目数目前已达到 325 目。

（4）要求钻井液振动筛具有极好的运移性、安装简单、筛网更换方便、操作粗放、工作可靠、易损件少等特点。

（5）钻井岩屑在筛面上的筛分过程远比干物粒复杂。由于钻井液黏度的影响，同时也由于钻屑吸附了一层水膜，这些固相颗粒透过筛孔的难度加大，使筛下物粒度远小于筛孔尺寸。例如，200 目方筛孔尺寸 $a = 700\mu m$，绝大部分筛下物料最大尺寸不遵守 $74/(1.1 \sim 1.13) = 67 \sim 65\mu m$ 的规律。实践证明，使用 200 目筛网后的钻井液再进入 $\phi 200$ 旋流除砂器，底流中含砂极少。

由此看来，200目筛网不但筛除了65~67μm的固相颗粒，而且绝大部分大于34μm的固相颗粒也被筛除。

3. 钻井液振动筛的类型有哪些？

已应用于石油工业中的钻井液振动筛类型较多。

（1）按筛箱上的运动轨迹分圆形轨迹筛、直线轨迹筛、椭圆轨迹筛。

（2）按筛网绷紧方式分纵向绷紧筛和横向绷紧筛。

（3）按筛分层数分单层筛和双层筛。

（4）按筛面倾角分水平筛和倾斜筛。

（5）按振动方式分惯性振动筛、惯性共振筛、弹性连杆式共振筛、电磁振动筛等。国内外钻井工业基本上都采用惯性振动筛。惯性振动筛又分为单轴圆运动振动筛和双轴惯性振动筛。

① 单轴圆运动振动筛。由单轴激振器激振，其筛箱运动轨迹为圆形或近似圆形。

② 双轴惯性振动筛。由双轴激振器激振，其筛箱运动轨迹又可分为直线和椭圆两种。根据激振方式，它又分为强制同步与自同步两种方式。强制同步的直线筛和椭圆筛，可由同步齿轮或双面齿形带获得同步。而自同步式直线振动筛则依靠振动过程的动力学条件，用两根分别由异步电动机带动的偏心轴（块）来实现。

4. 单轴惯性振动筛的构造与特点是什么？

单轴惯性振动筛是一种采用偏心轴或偏心块作激振器，使筛箱完成振动的振动筛。其运动轨迹一般为圆形或准圆形。与双轴惯性筛相比，它具有结构简单、成本低、运移方便、维修保养工作量少等优点。

这种振动筛的构造特点是，传动皮带轮与激振轴同心，因此也参与振动。其结构组成如图5-1所示。筛箱5通过弹簧4支承在底座1上，偏心轴或偏心块6通过轴承2安装于筛箱两侧，皮带轮7安装在偏心轴端，与筛箱一起振动。

简单型单轴惯性圆运动振动筛虽然结构简单，但由于皮带轮

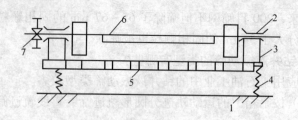

图 5-1　简单惯性筛工作原理
1—底座；2—轴承；3—筛箱侧板；4—弹簧；
5—筛箱；6—偏心块；7—皮带轮

参加振动，引起皮带轮中心距周期性变化，使传动皮带反复伸长和缩短，影响使用寿命，筛箱运动也不稳定。

5. 自定心钻井液振动筛的构造与特点是什么？

自定心钻井液振动筛又分为轴偏心式和皮带轮偏心式两种。由美国引进的 Swaco、Brandt、Pioneer 和 Baroid 钻井液振动筛采用了轴偏心式自定心结构。

国内自行研制并大量生产的长庆 2YNS-D 钻井液振动筛则采用了皮带轮偏心式自定中心结构。实践证明，这种振动筛结构简单、制造容易、维修方便。

所谓皮带轮偏心式就是使皮带轴孔与几何中心偏离一个距离，其值与单振幅相等；偏心方向与偏心轴（或偏心块）方向相同。当偏心轴的偏心方向向下时，筛箱向上运动，这时偏心皮带轮的偏心方向向下，补偿了由于筛箱向上运动后的中心缩短，使胶带始终保持绷紧状态。这就是自定中心振动筛的工作原理。

图 5-2 是 2YNS-D 自定中心圆振型钻井液振动筛的结构示意图。图中筛网 1 靠筛箱 6 支承在弹簧 4 上，偏心激振轴 3 通过轴承 2 与筛箱相连，偏心皮带轮 5 装在激振轴 3 上，皮带轮上的偏心值与筛箱的振幅相等，偏心的方向与偏心轴的偏心方向相反，这时皮带轮将围绕偏心点作定点运动。

6. 双轴直线振动筛的优点是什么？

直线振动筛的激振器有两个质量相等的偏心块，通过齿轮作

158

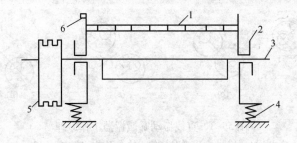

图 5 - 2 偏心轮式自定中心振动筛

1—筛网；2—轴承；3—偏心激振轴；

4—支承弹簧；5—偏心皮带轮；6—筛箱

同步反向旋转将产生直线振动，因此筛箱的运动轨迹为直线。

钻井液直线振动筛与圆运动轨迹振动筛相比有以下优点。

（1）由于筛箱的运动轨迹为直线，因此钻屑在筛面上的运动规则，排屑流畅。

（2）由于筛面可以水平安置，因此降低了振动筛的整机高度。

（3）由于筛面系直线运动，筛网上的加速度及作用力较均匀，方向保持一定，而不像圆运动轨迹那样，筛网上的加速度和作用力不断在变换。因此，在直线筛上可以使用超细筛网，寿命较长。

（4）直线筛的钻井液处理量比圆筛大20%~30%。

从国外钻井液振动筛近期发展趋势来看，固控设备制造公司均已大量生产直线筛。

7. 直线振动筛激振器的工作原理是什么？

直线振动筛激振器的工作原理如图 5 - 3 所示。质量相等的两偏心块进行同步反向旋转，工作时所产生的离心力 F 相等。在各瞬间位置上，离心力 F 沿振动方向的分力相加，而与振动垂直方向的分力相互抵消。因此激振器只在振动方向形成激振力，使筛箱作直线振动。大多数钻井液直线筛的掷抛角（振动方向与水平面的夹角）在45°~60°之间。

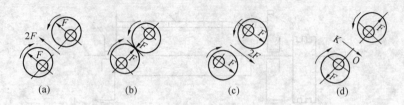

图 5-3　直线振动筛激振器工作原理

（a）、（b）、（c）、（d）—偏心块在不同旋转瞬间位置

目前国内外矿用直线振动筛的发展趋势是采用双振动电机分别驱动，依靠自同步原理工作的激振器。主要优点是取消了同步齿轮装置，结构得到简化，维修方便。

8. 箱式激振器钻井液直线振动筛的结构特点是什么？

图 5-4 为 2ZZS-D 双轴直线振动筛的构造示意图。它由筛箱 1，箱式激振器 2，渡槽 3 组成，筛箱支承在弹簧 4 上。装在渡槽 3 上的电机，通过三角胶带与万向轴相连，万向轴带动激振器，产生与筛网面 5 成 60°角的激振力。筛箱在激振力的作用下，作往复直线运动。含有钻屑的钻井液由渡槽进入筛箱右端，钻井液在振动下透筛，回到循环大罐内，钻屑在筛面上跳跃前进。

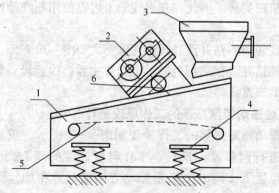

图 5-4　2ZZS-D 箱式激振器钻井液直线振动筛

1—筛箱；2—箱式激振器；3—渡槽；4—支承弹簧；

5—筛网；6—横梁

160

9. 筒式激振器钻井液直线振动筛的结构特点是什么？

图 5 – 5 为筒式激振器钻井液振动筛 2ZZS – G 结构示意图。本筛与箱式激振器直线筛相比，其显著的结构特点是：筛面上方视野开阔、更换筛网方便、筛箱整体高度较低、结构刚度较大。传动系统仍由万向轴、胶带、电机组成。筒式激振器的方向常与水平面成 40°～45°，筛箱将按这一角度作反复运动。

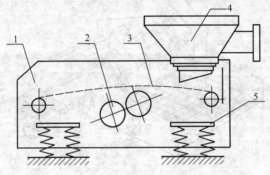

图 5 – 5   2ZZS – G 筒式激振器钻井液直线振动筛
1—筛箱；2—筒式激振器；3—筛面；4—渡槽；5—支承弹簧

通过齿轮副进行强迫同步的直线型激振器，由于稀油润滑，密封困难；由于齿轮线速度高而出现高噪声。为了克服这些缺点，近年来国外首先在矿用筛上使用了双电机驱动的直线振动筛。

10. 自同步双电机驱动钻井液直线振动筛的结构特点是什么？

该筛的激振器的两根轴由两台电机分别驱动，两轴的同步运转完全依据自同步的力学原理进行。自同步钻井液直线振动筛的优点归纳起来有下面几点：由于没有强迫同步的齿轮传动，因此结构非常简单；由于没有齿轮传动，因此简化了润滑、维修等工作；可以减少启动和停车时过共振区振幅；双电机驱动增加了一个电机，但已有不少自同步直线筛采用激振电机直接驱动，其结构也很简单。

自同步双电机驱动的直线振动筛的缺点是耗电量大，筛机占地面较大。

自同步直线筛在结构上有两种形式：采用双电机装于筛箱一侧，偏心轴应用万向节与电机相连，如图5-6所示。采用双激振电机驱动，激振电机固定在筛箱墙板两侧上，与筛面安装成45°～60°的掷抛角。

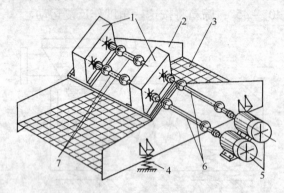

图5-6 自同步直线筛

1—激振箱；2—筛箱；3—筛网；4—支承弹簧；
5—激振电机；6—联轴器；7—偏心轴

11. 均衡椭圆振型钻井液振动筛的工作原理是什么？

钻井液均衡椭圆振型振动筛（以下简称椭圆振动筛）是20世纪80年代初发展起来的一种新型筛。

圆振型振动筛上有一个旋转着的加速度矢量，筛面上物料极易分散，堵塞筛孔的可能性小，但圆运动和抛掷角陡峭，物料输送速度较低，因而在相同条件下处理量不如直线筛。直线筛筛面水平布置，物料输送速度高，然而加速度只有一个方向，所以堵孔的可能性较大。

均衡运动椭圆筛综合了直线筛和圆筛的优点，即椭圆"长轴"是强化物料输送的分量，而短轴则可减少部分物料堵孔的可能性。因而，在一般情况下，椭圆振动筛的总处理量较直线振动筛和圆振动筛大26%左右。

椭圆筛激振器的工作原理如图5-7所示，激振器两轴的偏

162

心质量矩不相等（$m_1r_1 > m_2r_2$），所以离心力 $F_1 > F_2$，在 1、3 位置，离心力抵消一部分，作用在筛箱上的力为（$F_1 - F_2$），因此在椭圆运动上形成短轴 b；在 2、4 位置上，离心力叠加，作用于筛箱上的力为（$F_1 + F_2$），因此在椭圆运动上形成长轴 a，相当于双振幅。椭圆筛的长短轴之比与物料分离的难易程度有关，难分离的物料一般宜采用 2：1、2.5：1，其他情况下采用 4：1 及 6：1 等。

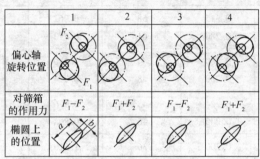

图 5-7　双轴强迫椭圆激振器的工作原理

12. 钻井液振动筛的筛网有哪些要求？

钻井液振动筛中最易损坏的零件是筛网。几乎所有的钻井液振动筛都采用由不锈钢丝编织的筛网。常见的编织方式是正方形或矩形开孔的平纹编织。

由于筛网长时间在高碱性液体中工作，金属丝材料应选用 1Cr18Ni9、1Cr18Ni9Ti、2Cr18Ni9、Cr18Ni10 或优于上述材料的材料。

我国工业用金属丝编织方孔筛已有国家标准。根据油田钻井液振动筛的实际情况又发布了《石油钻井液固相控制设备规范》（SY/T 5612—2007）。表 5-1 列出了 13 类 26 种规格，已基本上满足石油钻井用的各种振动筛的使用要求。筛网的规格按照表 5-1 选取。

已得到国际公认的 API 推荐的系列筛网如表 5-2 所示。该表列出的系列规格完全能满足钻井液振动筛的需要。

表 5 - 1　部分方孔筛网的规格

网孔基本尺寸/ mm	金属丝直径/ mm	筛分面积百分率/ %	单位面积网重/ （kg/m²）	相当英制目数/ （目/in）
2.000	0.500	64	1.260	10.16
	0.450	67	1.040	10.36
1.600	0.500	58	1.500	12.10
	0.450	61	1.250	12.39
1.00	0.315	58	0.962	19.32
	0.280	61	0.773	19.84
0.560	0.280	44	1.180	30.32
	0.250	48	0.974	31.36
0.425	0.224	43	0.976	39.14
	0.200	46	0.808	40.64
0.300	0.200	36	1.010	50.80
	0.180	39	0.852	52.92
0.250	0.160	37	0.788	61.56
	0.140	41	0.634	65.12
0.200	0.125	38	0.607	78.15
	0.112	41	0.507	81.41
0.160	0.100	38	0.485	97.65
	0.090	41	0.409	101.60
0.140	0.090	37	0.444	110.43
	0.071	44	0.302	120.38
0.112	0.056	44	0.336	151.19
	0.050	48	0.195	156.79
0.100	0.063	38	0.307	155.83
	0.056	41	0.254	162.83
0.075	0.050	36	0.252	203.20
	0.045	39	0.213	211.70

表 5 – 2 API 推荐的油田常用筛网规格

目数	钢丝直径 /in	开孔尺寸 /in	/μm	开孔面积 /%	API 表示方法
8 × 8	0. 028	0. 097	2464	60. 2	8 × 8(2464 × 2464, 60. 2)
10 × 10	0. 025	0. 075	1905	56. 3	10 × 10(1905 × 1905. 56. 3)
12 × 12	0. 023	0. 060	1524	51. 8	12 × 12(1524 × 1524, 51. 8)
14 × 14	0. 020	0. 051	1295	51. 0	14 × 14(1295 × 1295, 51. 0)
16 × 16	0. 018	0. 0445	1130	50. 7	16 × 16(1130 × 1130. 50. 7)
18 × 18	0. 018	0. 0376	955	45. 8	18 × 18(955 × 955, 45. 8)
20 × 20	0. 017	0. 033	838	43. 6	20 × 20(838 × 838, 43. 6)
20 × 8	0. 020/0. 032	0. 030/0. 093	762/2362	45. 7	20 × 8(762 × 2362, 45. 7)
30 × 30	0. 012	0. 0213	541	40. 8	30 × 30(541 × 541, 40. 8)
30 × 20	0. 015	0. 018/0. 035	465/889	39. 5	30 × 20(465 × 889, 39. 5)
35 × 12	0. 016	0. 0126/0. 067	320/1700	42. 0	35 × 12(320 × 1700, 42. 0)
40 × 40	0. 010	0. 015	381	36. 0	40 × 40(381 × 381, 36. 0)
40 × 36	0. 010	0. 0178/0. 015	452/381	40. 5	40 × 36(452 × 381, 40. 5)
40 × 30	0. 010	0. 015/0. 0233	381/592	42. 5	40 × 30(381 × 592, 42. 5)
40 × 20	0. 014	0. 012/0. 036	310/910	36. 8	40 × 20(310 × 910, 36. 8)
50 × 50	0. 009	0. 011	279	30. 3	50 × 50(279 × 279, 30. 3)
50 × 40	0. 0085	0. 0115/0. 0165	292/419	38. 3	50 × 40(292 × 419, 38. 3)
60 × 60	0. 0075	0. 0092	234	30. 5	60 × 60(234 × 234. 30. 5)
60 × 40	0. 009	0. 0077/0. 016	200/406	31. 1	60 × 40(200 × 406. 31. 1)
60 × 24	0. 009	0. 007/0. 033	200/830	41. 5	60 × 24(200 × 830. 41. 5)
70 × 30	0. 0075	0. 007/0. 026	178/660	40. 3	70 × 30(178 × 660, 40. 3)
180 × 80	0. 0055	0. 007	178	31. 4	80 × 80(178 × 178. 31. 4)
80 × 40	0. 007	0. 0055/0. 018	140/460	35. 6	80 × 40(140 × 460, 35. 6)
100 × 100	0. 0045	0. 0055	140	30. 3	100 × 100(140 × 140, 30. 3)

目数	钢丝直径 /in	开孔尺寸 /in	/μm	开孔 面积 /%	API 表示方法
120 × 120	0.0037	0.0046	117	30.9	120 × 120(117 × 117，30.9)
150 × 150	0.0026	0.0041	105	37.4	150 × 150(105 × 105，37.4)
200 × 200	0.0021	0.0029	74	33.6	200 × 200(74 × 74，33.6)
250 × 250	0.0016	0.0024	63	36.0	250 × 250(63 × 63，36.0)
325 × 325	0.0014	0.0017	44	30.0	325 × 325(44 × 44，30.0)

13. 钻井液振动筛的技术参数有哪些？

常见钻井液振动筛的技术参数如表 5 − 3 所示。

表 5 − 3　常见钻井液振动筛的技术参数

型号 技术参数		ZS、Z1 − 1 直线振动筛	ZS/PT1 − 1 平 动椭圆振动筛	3310 − 1 直线振动筛	S250 − 2 平动 椭圆振动筛	BZT − 1 复合振动筛
处理量/(1/s)		60	50	60	55	50
筛网 面积/ m²	六方格 网形	2.3	2.3	3.1	2.5	3.9
	波形 网形	3	—	—	—	—
筛网目数		40 ~ 120	40 ~ 180	40 ~ 180	40 ~ 180	40 ~ 210
电机功 率/kW		1.5 × 2	1.8 × 2	1.84 × 2	1.84 × 2	1.3 + 1.5 × 2
防爆型式		防爆型	防爆型	防爆型	防爆型	防爆型
电机转速/ (r/min)		1450	1405	1500	1500	1500
最大激振 力/kN		6.4	4.8	6.3	4.6	6.4
外形尺 寸/mm		2410 × 1650 × 1580	2715 × 1791 × 1626	2978 × 1756 × 1395	2640 × 1756 × 1260	3050 × 1765 × 1300
质量/kg		1730	1943	2120	1780	1830

第二节 钻井液水力旋流器

14. 钻井液水力旋流器的作用是什么?

钻井液中的颗粒除大颗粒已由前置振动筛排除,剩余的则无论大小,都由钻井液清洁器来完成,它是一组水力旋流器及一台超细目振动筛的组合,如图 5-8 所示。较大颗粒由振动筛排除,在前的细小固相颗粒则需发挥旋流器的作用,因此,前者保证了后者的正常工作。

水力旋流器是钻井液固控系统中的除砂器、除泥器和微型旋流器的统称,是钻井液固相制的重要设备。旋流器的溢流返回钻井液系统,底流落到振动筛网上,透筛的钻井液回到循环罐内,筛孔物被排除。筛网目数为 80~325,通常使用150 目。

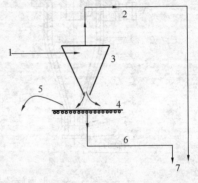

图 5-8 钻井液清洁器工作流程示意图
1—振动筛处理过的泥浆;2—清洁泥浆;
3—水力旋流器;4—细目振动筛;5—排出的固体颗;6—筛网底流;7—泥浆返回循环系统

钻井液清洁器主要用来回收加重钻井液中的重晶石,它要清除大于重晶石粒度的剩余钻屑。加重钻井液通过旋流器时,底流中仍有大量重晶石,通过细筛网,重晶石重新回到循环罐内。同时也有一些岩屑回到罐内。当加重钻井液通过振动筛、除砂器、除泥器和离心机后,清除的岩屑颗粒尺寸将依次减小。采用旋流器从加重钻井液中清除无用固相的同时,在底流中也有相当多的重晶石。旋流器底流下的细目筛,清除了大颗粒岩屑,而重晶石透过筛网又回到了循环罐内。

由此可见,水力旋流器对降低钻井液中的细颗粒固相有很大作用，对提高钻井速度效果显著。

15. 钻井液水力旋流器的结构是什么？

图5－9为普通水力旋流器的结构示意图。上部呈圆柱蜗壳，下部呈锥形壳，圆柱壳的侧面，有一切向钻井液入口管，顶部装有出口溢流管。圆锥壳底部是排砂孔，分离出来的砂、泥以及少量的液体由此排除。

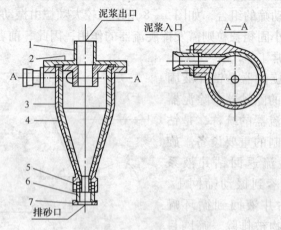

图5－9　水力旋流器结构示意图
1—盖；2—衬盖；3—壳体；4—衬套；5—橡胶囊；6—压阀；7—腰形法兰

16. 钻井液水力旋流器的结构要求是什么？

水力旋流器的内表面应该光滑，在圆锥筒高度(以小端为起点)的1/3以上部位不得有大于表5－4中规定的三级品要求的凹凸缺陷，圆锥筒高度的1/3以内部位不得有任何肉眼观察到的凹凸等缺陷。

表5－4　旋流器的产品质量分级

项　　目	级　　别		
	一	二	三
圆锥筒内壁缺陷(直径)/mm	≤5	≤5	≤5
圆锥筒内壁缺陷(深度或高度)/mm	≤1	≤2	≤3

168

项　目		级　别		
		一	二	三
旋流器标称直径/mm	300	≤40	>40~45	>45~50
	250			
	200			
	150 分离粒度 D/μm	≤15	>15~20	>20~25
	125			
	100			
	50	≤5	>5~6	>6~7
寿命试验指标(首次连续运转400h磨损深度)/mm		≤1	≤2	≤3

17. 钻井液水力旋流器的工作原理是什么？

离心沉淀原理是水力旋流器的基本工作原理，即悬浮的颗粒受到离心加速度的作用而从液体中分离出来。旋流器和离心机的工作原理完全相同，不同之处仅在于：一个是没有运动部件，液体本身需要作高速旋转；一个是外壳作高速旋转。从本质上说，固相颗粒在旋流器中的分级过程更相似于颗粒在沉淀池内分离的过程，不过前者为离心力场，后者为重力场。因而，描述固相在液体中的沉降速度的斯托克思定律仍然有效。

其工作原理如图 5-10 所示。含有悬浮固相颗粒的钻井液，在压力作用下以很高的速度由进液口进入圆柱蜗壳。绕锥筒中心高速旋转的钻井液产生极大的离心力，并向圆锥筒底部移动。由于钻井液中的液体与固体存在着密度差，使固相分离出来而靠近锥壁。旋流器的锥筒越向底部半径越小，钻井液获得的角速度越大，从而产生更大的离心力。对于一个设计较好并进行适当调节之后的旋流器，钻井液在锥体顶部不但绕中心高速旋转，而且产生一个反向旋涡，经垂直导流管而离开锥筒。钻井液和钻井液中的固相颗粒的运移速度几乎相同，这些固相颗粒在小半径处受到极大的径向加速度。

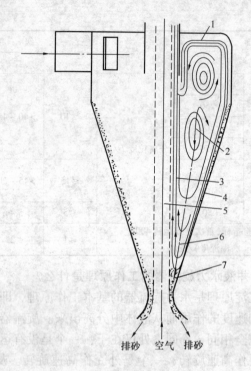

图 5 - 10　水力旋流器中液体的流场

1—盖下流；2—闭环涡流；3—内旋流；

4—外旋流；5—空气柱；6—轴向速度

零值锥面；7—经排砂孔排出的部分外旋流

在径向加速度（离心力）的作用下，迫使固相颗粒向锥筒壁运移。同时，由于旋转下行的固相颗粒惯性力很大，将推着它向底部快速运动，因此当液体反向旋转，向上由溢流口排出时，这些已分离出来的固相颗粒不可能随溢流返回，而是由底流口（排砂口）排出。由此可见，这些固相颗粒实际上是由于惯性除掉的，而不是靠沉降作用。由于细小的颗粒受到的离心力较小，在到达锥底之前未能到达锥壁，因而被反向运动的钻井液带至锥筒中心经溢流口返回。

水力旋流器中液体流场（用流线表示）呈对称分布。其中任何一点的流速都可分解成切向速度、径向速度和流动的内旋流。当外旋流接近排砂孔时又分为两部分：一部分向下，带着已分离出的砂粒经排砂孔排出；另一部分改变了流动方向，向上流动，形成了内旋流。在溢流管下部，由于外旋流和内旋流的流线反向而形成闭环涡流，此涡流在绕旋流器轴线方向旋转的同时，内侧由下而上流向上盖方向，外侧由上而下流向排砂孔。除此之外，还有盖下流，它主要由未经旋流器处理的原钻井液组成，先是在盖下流动，然后进入溢流管。

18. 影响钻井液水力旋流器工作的因素有哪些？

（1）结构参数包括圆柱蜗壳筒的直径及高度、进口管直径、溢流管直径以及锥壳的顶角、排砂孔直径和溢流管的安装方式等。

（2）工艺操作参数包括进口压力，溢流管回压。

（3）其他钻井液的性能、固相颗粒组成、固相含量、黏度、固液相密度等。

第三节　钻井液离心分离机

19. 钻井液离心分离机的作用是什么？

钻井液离心机是固控设备中固液分离的重要装置之一，一般情况下安装在系统的最后一级。用于处理非加重钻井液，可以除去 $2\mu m$ 以上的有害固相；处理加重液可除去钻井液中多余的胶体，控制钻井液黏度，回收重晶石；处理旋流器底流，可回收液相，减少淡水和油的浪费。此外，离心机也是处理废弃钻井液防止环境污染的一种理想设备。

20. 钻井液离心分离机是如何分类的？

（1）按照离心力、转速、分离点和进浆容量不同，钻井液离心机可分为以下几种。

① 重晶石回收型离心机。

主要用来控制黏度，其转速范围为 1600 ~ 1800r/min，获得的离心力为重力的 500 ~ 700 倍。对低密度固体，分离点为 6 ~ 10μm，对高密度固体为 4 ~ 7μm。进浆量一般为 2.3 ~ 9m³/h。这种离心机用来清除胶体，控制塑性黏度。

②大处理量型离心机。

进浆量为 23 ~ 45 m³/h，正常转速为 1900 ~ 2200r/min，离心力为重力的 800 倍左右，分离点为 5 ~ 7μm，这种离心机用来清除大于 5 ~ 7 μm 的固相。

③高速型离心机。

高速离心机的转速为 2500 ~ 3000 r/min，这样的转速产生的离心力为重力的 1200 ~ 2100 倍，分离点可低达 2 ~ 5μm，进浆速度由待分离的钻井液类型决定，这种离心机用来清除小至 2 ~ 5μm 的颗粒。

（2）按照结构不同，钻井液离心机可分为：转筒式、沉淀式和水力涡轮式三种类型。

21. 转筒式钻井液离心分离机的结构原理是什么？

转筒式离心机的工作示意图如图 5 – 11 所示。工作原理是：带有许多筛孔的内筒体在固定的圆筒形外壳内转动，外壳两端装有液力密封，内筒体轴通过密封向外伸出。待处理泥浆和稀释水（泥浆：水 = 1 : 0.7）从外壳左上方由计量泵输入后，由于内筒旋转的作用，泥浆在内、外筒间的环形空间转动，在离心力的作用

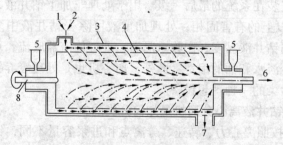

图 5 – 11 转筒式离心机工作示意图

1—泥浆；2—稀释水；3—固定外壳；4—筛筒转子；

5—润滑器；6—轻泥浆；7—重晶石回收；8—驱动轴

172

下，重晶石和其他大颗粒的固相物质飞向外筒的内壁，通过一种可调节的阻流嘴排出，或由以一定速度运转的底流泵将飞向外筒内壁的重泥浆从底流管中抽吸出来，予以回收。调节阻流嘴开度或泵速可以调节底流的流量。而轻质泥浆则慢速下沉，经过内筒的筛孔进入内筒体，由空心轴排出。这种离心机处理泥浆量大，可回收重晶石82%~96%。

22. 沉淀式钻井液离心分离机的结构原理是什么？

图5-12为沉淀式离心机的核心部件，由锥形滚筒、输送器和变速器组成。输送器通过变速器与锥形滚筒相连，二者转速不同。多数变速器的变速比为80:1，即滚筒转80圈，输送器转1圈。分离原理是：待处理的加重泥浆用水稀释后，通过空心轴中间的一根固定输入管、输送器上的进浆孔，进入由锥形滚筒和输送器蜗形叶片所形成的分离室，并被加速到与输送器或滚筒大致相同的转速，在滚筒内形成一个液层。调节溢流口的开度，可以改变液层厚度。由于离心力的作用，重晶石和大颗粒的固相被甩向滚筒内壁，形成固相层，由螺旋输送器输送到锥形滚筒处的干湿区过渡带，通过滚筒小头的底流口排出，而自由液体和悬浮的

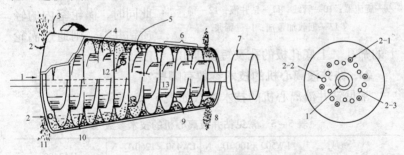

图5-12　沉淀式离心机的旋转总成

1—泥浆进口；2—溢流孔；3—锥形滚筒；4—叶片；5—螺旋输送器；
6—干湿区过渡带；7—变速器；8—固相排出口；9—泥饼；10—调节
溢流孔可控制的液面；11—胶体和液体排出；12—进浆孔；13—进浆室；
2-1—浅液层孔；2-2—中等液层孔；2-3—深液层孔

固相颗粒则流向滚筒的大头，通过溢流孔排出。

23. 水力涡轮式钻井液离心机的结构原理是什么？

水力涡轮式分离机结构如图5-13所示。待处理的钻井液和稀释水经漏斗，流入装有若干个筛孔涡轮的涡轮室；当涡轮旋转时，大颗粒的固相携同一部分液体被甩向涡轮室的周壁，并穿过其上的孔眼进入清砂室，聚积到底部；在离心压头的作用下，这一部分浓稠的钻井液再经短管进入旋流器；通过旋流分离，加重剂等从回收出口排出，而轻质钻井液则通过管线返入涡轮室；与此同时，涡轮室内的轻质钻井液，则通过涡轮上的筛孔、上底孔板的孔及短管排出。

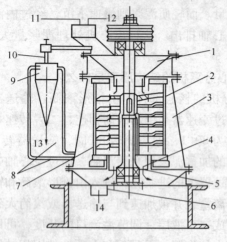

图5-13 水力涡轮式离心机

1—漏斗；2—涡轮室；3—清砂室；4—稀浆腔室；
5—上底孔板；6、8—短管；7—涡轮室周壁孔眼；
9—旋流器；10—管线；11—钻井液；12—稀释水；
13—回收加重剂；14—稀浆

24. 钻井液离心机的技术参数有哪些？

常见钻井液离心机的技术参数如表5-5所示。

表5-5 常见钻井液离心机的技术参数

型号 技术参数	LW500×1000D-N 卧式螺旋卸料 沉降离心机	LW450×1260D-N 卧式螺旋卸料 沉降离心机	HA3400 高速离心机
转鼓内径/mm	500	450	350
转鼓长度/mm	1000	1260	1260
转鼓转速/(r/min)	1700	2000~3200	1500~4000
分离因数	907	2580	447~3180

174

技术参数　　型号	LW500×1000D−N 卧式螺旋卸料 沉降离心机	LW450×1260D−N 卧式螺旋卸料 沉降离心机	HA3400 高速离心机
最小分离点(D_{50})/μm	10~40	3~10	3~7
处理量/(m³/h)	60	40	40
外形尺寸/mm	2260×1670×1400	2870×1775×1070	2500×1750×1455
质量/kg	2230	4500	2400

25. 钻井液离心分离机工艺操作参数间的关系是什么？

（1）液量关系

钻井液离心机输入的液流为待处理的输入钻井液及稀释液（通常是水），输出的液流有溢流及底流。溢流是经离心机处理后的钻井液，它的密度较输入的钻井液低，固相含量较少。底流则是密度较大的排出物，比入口处钻井液的固相含量高。液量的关系为：

$$输入钻井液 + 稀释液 = 溢流 + 底流$$

（2）分离点

离心机是根据固相的尺寸和密度进行分离的，其处理和分离能力既由设备自身的特性所决定，又同时与工艺操作有很大关系。

分离点是离心机的一个重要参数，例如，某钻井液离心机对重晶石的分离点是 2~4μm，是指输入钻井液经离心机处理后，溢流中的固相颗粒大部分小于 2~4μm，而底流中的固相颗粒大部分大于 2~4μm。如果离心机工艺参数调节适当，溢流中将含有胶体固相和一些超细固相，而底流中将含有超细固相和几乎所有的较大的固相颗粒。又如，当离心机的分离点为 10μm，假定输入的钻井液中的固相粒径都大于 20μm，则溢流将是不含固相的纯液体，而底流中包含了所有的固相。

根据惯例，D_{50} 分离点粒度是指输入钻井液中某一粒径 50% 出现在溢流中，50% 被底流除去。一台设备的分离点只是除去固

175

相范围内的一个点，要了解所检测的这一分离点是现场使用的钻井液得出的实际数据，还是用水做的性能测试是非常重要的。如果设备使用 D_{95} 分离点，比这小得多的颗粒也会被除去。如使用了 D_{50} 分离点，则大量的颗粒直径比该值大的固相也会返回到钻井液体系。在这两种情况下都要检查一下被除去颗粒的分布曲线，以确定实际上除去了哪些固体。

一台离心机的"分离点"并不是固定不变的，它将随负荷和设备的调节好坏而变化。

（3）分离倾角

要评价离心机的分离能力，仅有分离点这一参数是不够的，还需要有另一个参数——分离倾角。分离倾角是指 90% 和 10% 两个分离点之间在分离曲线上的连线与横坐标之间的夹角。

图 5 - 14 是某一状态下离心机的分离曲线。从纵坐标 50% 处作水平线，与分离曲线相交于一点，此点的颗粒径在横坐标上是 $3\mu m$，因此 D_{50} 为 $3\mu m$。可以看出斜率为：

$$\tan\theta = \frac{90 - 10}{D_{90} - D_{10}} = \frac{90 - 10}{5 - 1} = 20$$

于是，分离倾角：

$$\theta = 87.2°$$

曲线下面的所有固相都在底流里，曲线上面的所有固相都在

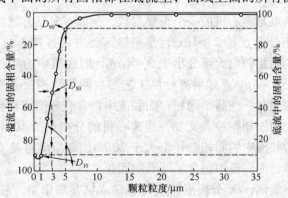

图 5 - 14　离心机的分离曲线

溢流中。例如，在 5 μm 处，由曲线查得该粒径的固相 90% 在底流里，10% 在溢流中。

为了提高分离效果，保持较大的分离倾角是很重要的。为此，应按有关要求调节离心机的工作。

（4）效率参数

处理的钻井液不同，效率参数不一。

① 用离心机处理加重钻井液。

主要目的是在获得大部分重晶石的同时，从钻井液中清除低密度胶体固相。因此，需要用重晶石的回收率和低密度固相清除率两个效率参数来描述离心机的特性。重晶石回收率 = 底流中的重晶石（kg/min）/进口处钻井液中的重晶石（kg/min）× 100%；低密度固相清除率 = 溢流中的低密度固相（kg/min）/进口处钻井液中的低密度固相（kg/min）× 100%。这两个参数必须进行综合分析，最优值取决于具体应用。对于处理加重钻井液，清除低密度固相是很重要的。

② 离心机通常用来处理非加重钻井液。

当处理除砂器或除泥器底流时：离心机效率 = 离心机底流中固相量（kg/min）/水力旋流器底流固相量（kg/min）× 100%。当从循环系统中清除固相时：离心机效率 = 溢流中的低密度固相（kg/min）/进口处钻井液的低密度固相（kg/min）× 100%。

26. 钻井液离心分离机有哪些应用？

（1）应用离心机处理加重钻井液

在加重钻井液中应用离心机的首要目的是控制黏度。因为在高黏度下钻井速度较慢。控制黏度的方法是将引起黏度增加的超细颗粒固相和胶体通过溢流分离出来，排至废料池，而将含有大量重晶石的底流重新返回钻井液循环罐内，如图 5 - 15 所示。

由于离心机不能从低密度固相中分离出重晶石，因此在底流中也有一部分很细的无用固相和重晶石一起返回循环罐。这样一方面可以大大减少为降低黏度而排掉钻井液的消耗，解决了用水进行稀释产生过量钻井液的问题。另一方面回收了大量的重晶

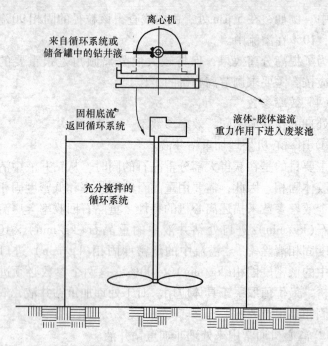

图 5 - 15　处理加重水基钻井液沉淀式离心机工作示意图

石，一般离心机每小时也能回收 3 ~ 4t，效益很高。

黏度很大的泥浆中的固相，在离心机中也很难分离。这时应进行适当的稀释，才能获得良好的分离效果，还可补充部分由溢流排掉的稠液体，使循环系统保持恒定的数量。

根据经验，漏斗黏度大于 37s 的钻井液都需要进行稀释，才能获得好的分离效果。

（2）应用离心机处理非加重钻井液

在未加重的低固相钻井液中，离心法是很有效的液固分离方法。所用离心机通常是大处理量型离心机，每小时能处理 30 ~ 50m³ 的液体，处理 3 ~ 4t 的固相。由于低固相钻井液所带来的巨大效益，为了清除非加重钻井液中的固相，应用离心机越来越普遍。离心机将钻井液分离为溢流和底流两部分，底流中含有大量无用固相排到废浆池中；而贵重的液相再返回到循环罐中去。

（3）用离心机处理水力旋流器底流

旋流器（除砂器、除泥器）底流含有较多的液体，将其送入离心机，离心机分离出的固体被排入废浆池，分离出的液体返回循环罐内或送入高速离心机再作进一步澄清使用。

用这一方法来回收储浆池中的水也是很有效的。也可以用沉降式离心机来清洁完井液，这时一般使用高处理量离心机从昂贵的完井液中清除无用固相，使其得以重复利用。

（4）连续处理两种密度的钻井液

在很多情况下，井队从开钻到完钻都用离心机，这样能取得最佳效益。

很多井在开钻后很长一段时间内使用低密度钻井液，进入易塌或高压层之前才对钻井液进行加重。因此，这时的离心机要完成双重任务。对于非加重钻井液，主要目的是回收液相；对于加重钻井液，主要目的是回收加重材料，排出超细岩屑的颗粒，减小黏度。在离心机的底流安置一个可调导流滑板即可完成这一工作。

（5）循环次数与降低固相含量的关系

要经离心机处理，循环系统中的钻井液都要进行循环，在循环中完成降低固相含量的任务，并要求降低固相含量的大小和循环次数。

假定所有的固相粒度都在离心机能处理的范围之内。因此实际的循环次数将比计算值多。

则钻井液循环一周的时间为：

$$t = V_1 / Q_m \qquad (5-1)$$

式中　V_1——循环系统总的钻井液量，m^3；

　　　Q_m——钻井液循环流量，m^3/min。

于是有：

$$(V_{s2} - V_{s1})V_1 = V_{LG}V_2 \qquad (5-2)$$

$$nQ_F = \frac{V_2}{t} \qquad (5-3)$$

所以:

$$n = \frac{V_2}{Q_F t} = \frac{(V_{s2} - V_{s1})V_1}{V_{LG}Q_F t} = \frac{(V_{s2} - V_{s1})}{V_{LG}Q_F}Q_m \qquad (5-4)$$

式中　V_{s1}——处理后钻井液中的总固相体积分数,%;

　　　V_{s2}——处理前钻井液中的总固相体积分数,%;

　　　V_{LG}——离心机进口处钻井液的低密度固相体积分数,%;

　　　V_2——处理的钻井液的体积,m²;

　　　n——减少低密度固相所需的循环次数;

　　　Q_F——离心机进口流量,L/min。

例:假定某井以 1136 L/min 的流量进行循环需要 100 min。钻头的寿命为 20 h。钻头所钻岩屑已全部由前几级固控设备清除。要求将原固相体积含量由 14% 降至 6%,试计算离心机的输入流量应为多大?

解:钻头在井下工作时间内的总循环次数为 20 × 60/100 = 12 次。由上式求出离心机的进口流量为:

$$Q_F = \frac{(14-6) \times 1136}{14 \times 12} = 54.1 (\text{L/min})$$

27. 钻井液离心分离机的主要技术参数有哪些?

钻井液中使用的是螺旋沉淀离心机,其技术参数是根据分离过程的要求和经济效益原则,综合平衡各种因素进行选择的。

(1)结构参数

结构参数包括:转鼓内直径 D,转鼓总长度 L,转鼓半锥角 α,转鼓溢流口处直径 $D_1(D_1 = 2r_1)$,螺旋的螺距 S,螺旋母线(螺旋表面与轴面的交线)与垂直于转轴截面的夹角 θ,通常 $\theta = \alpha$。如图 5-16 所示。

在 L/D 一定的条件下,离心机的生产能力大致与 D^2 成正比。根据直径,国内外的离心机都已系列化。我国规定的系列直

180

径为：200mm、450mm、600mm、800mm、1000mm；国外离心机的系列直径为：6in、8in、10in、16in、20in、25in、30in、40in。

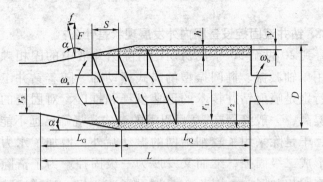

图 5-16　钻井液离心机结构参数示意图

在离心力相等的条件下，转鼓直径越大，则转速越低，固相粒子在转鼓内停留时间越长，可使较细的固相颗粒在离心力作用下沉降到转筒壁上而被排除。转鼓长度大，固相的停留时间长，分离效果好。对于难分离的物料，$L/D = 3 \sim 4$。

转鼓的形状有柱锥形和圆锥形两种基本结构。在转鼓直径和长度相等时，柱锥形能提供更大的内部沉降空间，使固相颗粒在转鼓内的停留时间更长，分离能力更强。

（2）操作参数

操作参数包括：转鼓的转速 n（或角速度 ω），转鼓与螺旋的转速差 $\triangle n$。

转鼓的最高转速受到材料的机械强度的限制。鼓壁应力与转速或圆周线速度成正比。对于一般常用的 1Cr18Ni9Ti 不锈钢，允许的最大圆周线速度约为 $60 \sim 75 \text{m/s}$。

转鼓上的沉砂依靠转鼓与螺旋速度差来输送。增大速度差可以提高处理量，但同时引起对水圈的搅动，转鼓上的滤饼含水量高，分离效率下降，同时使螺旋和转鼓磨损严重。

第四节　钻井液固控设备发展现状

28. 钻井液固控设备国内外发展现状是什么？

直到 20 世纪 50 年代初期，清除钻井液中的固相颗粒主要使用单轴激振、椭圆振型的老式振动筛。随着钻井工艺技术，特别是喷射钻井技术的迅速发展和推广，对固控的要求不断提高，一般筛网在 30 目以下的老式常规筛已远不能满足要求，于是除采用了较细筛网的振动筛外，增加了水力旋流器，形成二级固控，继而又发展为三级固控。为了清除更细的有害固相和回收重晶石，又增设了离心机，这样，整套固控设备结构愈来愈复杂、庞大，设备费用、维修费用和动力消耗都相应增加，可靠性就相应降低，因此，研制既能满足高固控要求，又能简化结构、便于使用维修的新设备，正是 20 世纪 80 年代中期以来国内外固控设备发展的基本方向。概括起来，有两种发展趋势，两条发展途径。

一种是研究在新的固控机理基础上的全新固控设备。美国 Remteck 公司研究的 MAX 固控系统就是一个典型代表，图 5 – 17 为该系统的示意图。这是根据真空过滤机理研制的一种抽吸式固控装置，据生产厂家介绍，该装置只经过一步过滤就可以除去 95% 的岩屑，亦可除去钻井液中的气体，所有固相在处理过程中

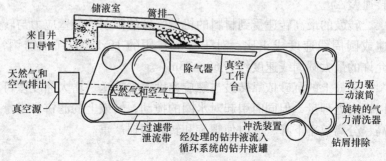

图 5 – 17　MAX 钻井液处理机示意图

不会破裂或分散开。可按最佳清除方式选定清除粒度的大小，使钻井液损失最少，并能适应各种工况。同时，这种装置所占空间和所需的功率都较小。由于这种设备要求保持较高的真空度，至今未能得到推广应用。很明显，从研究新的固控机理入手，研制新型固控设备，这是从根本上改进、发展固控设备的重要途径。

目前，另一种发展趋势是以改进钻井振动筛性能为核心，简化现有固控系统，力争在一般钻井条件下，用振动筛－离心机组成的两级固控取代现有的多级固控系统。

实现振动筛－离心机两级固控的核心问题是细化筛网，改善和提高振动筛的工作性能。近年来国内外围绕这一问题作了大量的理论研究和现场实验工作，使钻井振动筛工作理论的研究不断深入，由椭圆振型筛到圆振型筛、直线振型筛，再到目前我国已率先研制成功的平动椭圆振型筛，使钻井振动筛性能不断提高，特别是黏结叠层细筛网的研制成功，有效地提高了筛网的工作寿命，这些都为筛网细化、扩大使用细目筛、超细目筛创造了条件。

29. 当前钻井液振动筛的主要发展方向是什么？

(1)深化振动筛工作理论研究，包括合理振型、筛面固相颗粒运移规律、透筛机理以及影响处理各项因素的研究。

(2)细化筛网，加速发展细目(80目以上)超细目(200目以上)振动筛。新产品大都是超细目筛，同时，为使单筛实现超细目要求，新型筛多为双层筛，上层筛目一般为10~60目，下层筛网200目以上。为满足处理量要求，筛网面积一般较大，有的达 $3m^2$ 以上。

(3)不断改进振动筛的控制、调节性能。新型筛工作性能参数(包括筛箱坡角)大都是可调的，有的还可以方便地调节激振频率。

(4)进一步提高整机和零部件的可靠性，特别是筛网的使用寿命。

30. 国内外钻井液固控系统方案有哪些?

国内外钻井液固控系统方案如图5-18、图5-19、图5-20、图5-21和图5-22所示。

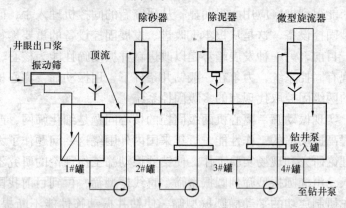

图5-18 非加重钻井液固控系统流程(一)

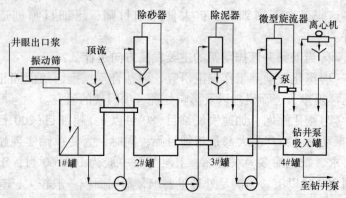

图5-19 非加重钻井液固控系统流程(二)

图5-20是用于加重钻井液的基本系统。当钻井液加重后,回收重晶石可以收到很好的效益,其中第一级振动筛对固相控制极为重要,若使用细筛网,经济效益特别高。

图5-21是在图5-20上增加一台离心机,主要是控制黏度,它可除掉胶体,使黏度降低。另一个目的是回收重晶石。当

184

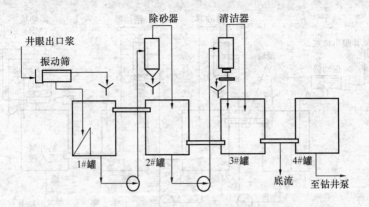

图 5 – 20　加重钻井液固控系统流程(一)

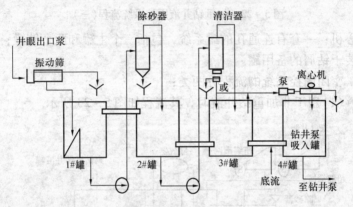

图 5 – 21　加重钻井液固控系统流程(二)

液相费用相对便宜时,该系统效果最佳。

图 5 – 22 是二级离心机系统。适用于昂贵的加重油基钻井液。

31. 密闭钻井液固控系统有何特点?

密闭固控系统是将各种固控设备和罐体配套组装在一起的整体装置,对钻井液进行闭路循环处理,整个装置用大型金属箱体封闭起来。

一套密闭固控系统至少要有以下部件:两台细筛网振动筛;一台除砂器,下加振动筛;两台清洁器;两台离心机;一台高速

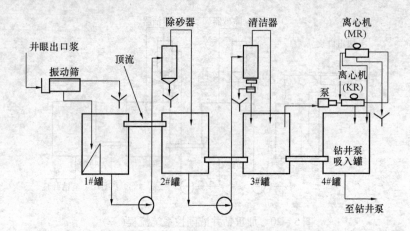

图 5 - 22   加重钻井液固控系统流程(三)

离心机;一套有连通孔的罐系统,包括三个主罐和两个储罐;一个装干钻屑的备用罐。

密闭固控系统的流程分两类:

(1)用于非加重钻井液时,其流程如图 5 - 23 所示。

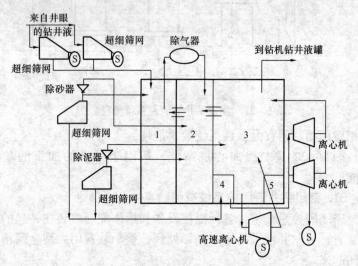

图 5 - 23   用于非加重钻井液的密闭固控系统流程

1, 2, 3, 4, 5—1 ~ 5#罐;S—固相

186

（2）用于加重钻井液时，其流程如图 5 - 24 所示。

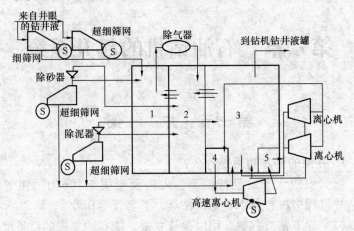

图 5 - 24　用于加重钻井液的密闭固控系统流程

1，2，3，4，5—1～5#罐；S—固相

第六章　石油钻机的起升系统

第一节　井　　架

1. 井架的基本功用是什么？

（1）安放天车，悬挂游车、大钩及专用工具（如吊钳等）。在钻井过程中进行起下、悬持钻具、下套管等作业。

（2）起下钻过程中，用以存放立根，能容纳立根的总长度称立根容量。

2. 井架的分类方法有哪些？

（1）按用途不同分

① 水文钻探井架　用于勘测地下水资源，提供生活和生产用水。

② 煤田钻探井架　用于勘测和开采地下煤田资源。

③ 石油钻探井架　用于勘探和开发地下石油和天然气资源。

④ 有色金属钻探井架　用于勘测地下各种金属矿藏的分布情况，以便开采和应用。

（2）按所钻的深度不同分

① 浅井井架　钻井深度在 1000m 以内。

② 中深井井架　钻井深度在 2500m 以内。

③ 深井井架　钻井深度在 5000m 以内。

④ 超深井井架　钻井深度大于 5000m。

（3）按使用地区不同分

① 陆地用井架　用于陆地钻井。

② 海洋用井架　用于海上钻井。

（4）按井架的结构不同分

① 塔型井架　远看形似宝塔，故称塔型井架。

② A 型井架　远看形似"A"字，故称 A 型井架。

③ K 型井架。

④ 桅型井架。

3. 井架由哪几部分组成？

石油矿场上使用的井架，不论是哪种类型，它们基本上都是由主体、天车台、人字架、二层台、立管平台和工作梯等部分组成。如图 6-1 所示。

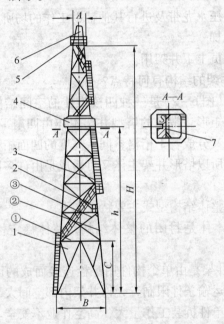

图 6-1　井架的基本组成

1—主体(①横杆；②弦杆；③斜杆)；2—立管平台；

3—工作梯；4—二层台；5—天车台；6—人字架；7—指梁

（1）井架主体

井架主体是由立柱(弦杆)，横杆、斜杆等组成，它们是井架的主要承载构件，多为型材组成的不同空间桁架结构。

（2）天车台

用于安放天车及天车架，并便于对天车进行维护保养工作。

（3）天车架

安装、维修天车之用。

（4）二层台

二层台是井架工起下钻操作的工作场所，它包括井架工进行起下钻操作的工作台和存放钻具立根的指梁。

（5）立管平台

是安装高压水龙带及进行其他辅助工作的场所。

（6）工作梯

供操作人员上下井架用。

4. 塔型井架的结构有何特点？

塔型井架（图6-2）是一种四棱锥体的空间结构，横截面一般为正方形或矩形。常见的塔型井架本体由四扇平面桁架组成，每扇平面桁架又分成若干桁格，同一高度的四面桁格在空间构成井架的一层，所以塔形井架主体又可看成是由许多层空间桁架所组成。

塔型井架整体结构型式主要特征如下。

（1）井架本体是封闭的整体结构，整体稳定性好，承载能力大。

（2）整个井架是由单个构件用螺栓连接而成的可拆结构。井架尺寸可不受运输条件限制，允许井架内部空间大，起下操作方便、安全。但单件拆装工作量大，高空作业不安全。

近年来，国外在超深井钻机中配备了一种四柱腿式塔架。每根腿可以是矩形断面的杆件结构，也可以是圆筒形薄壁壳结构。

5. K型井架的结构有何特点？

图6-3所示为K型井架，又称前开口井架，国产ZJ15D、ZJ45D钻机井架即属此类。主要特征如下。

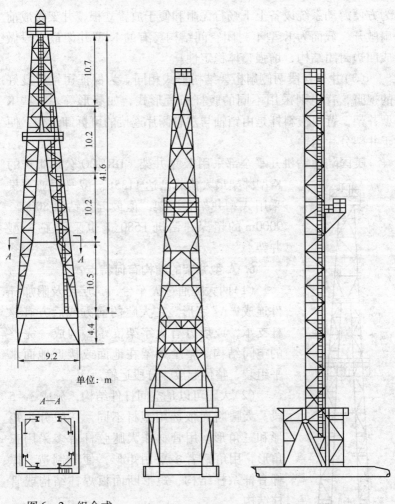

图 6-2　组合式
塔型井架

图 6-3　前开口 K 型井架

单位: m

（1）整体井架本体分为 4～5 段，各段一般为焊接的整体结构，段间采用锥销定位和螺栓连接，地面或接近地面水平组装，整体起放，分段运输。

（2）因受运输尺寸限制，井架本体截面尺寸比塔型井架小。

为方便游动系统设备上下畅行无阻和便于放置立根，井架做成前扇敞开、截面为 K 型不封闭空间结构。有的 K 型井架最上段做成四边封闭结构，增强整体稳定性。

（3）井架各段两侧扇桁架结构形式相同。为保证司钻有良好的视野，背扇则采用不同的腹杆布置形式，如菱形等。有些 K 型井架，背扇横斜杆是由销轴与左右侧片连接的可拆卸结构，便于井架分片运输。

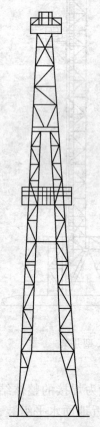

图 6-4 上封闭 A 型井架

美国陆地钻机几乎全部采用 K 型井架，DRECO 公司生产的 K 型井架最大钩载已达 1135tf。罗马尼亚一贯采用 A 型井架和塔架，但最近在钻深 8000～9000m 的超深井钻机 F580 上也采用了 K 型井架。

6. A 型井架的结构有何特点？

（1）两大腿通过天车台、二层台及附加杆件连成"A"字形。在大腿的前方或后方有撑杆支承，或后方有人字架支承，构成一完整的空间结构。整个井架在地面或接近地面水平组装，整体起放，分段运输。

（2）大腿可以是空间杆件结构，分成 3～5 段。大腿断面依选用型材不同，一般分为矩形和三角形。用管材作大腿弦杆者多采用三角形，用角钢者多采用矩形，便于制造。撑杆有杆系柱结构、矩形断面板焊柱结构或管柱结构。

（3）A 型井架的每根大腿都是封闭的整体结构，承载能力和稳定性较好。但因只有两腿，且腿间联系较弱，致使井架整体稳定性不理想。

图 6-4 所示为 A 型井架的一种变形。上段做成封闭的整体结构，以增加井架的整体

稳定性。

7. A 型井架的起升方式有哪几种？

（1）撑杆法

这是利用井架本身来起升井架，一般只用于采用前撑杆的井架。安装方便，起升平稳。

（2）人字架法

利用安装在钻机底座上的人字架起升井架。起升完毕，人字架便构成井架下段组成部分。起升平稳，安装方便。近年来新设计的深井、超深井高钻台 A 型井架，利用高钻台进行井架起升。

（3）扒杆法

这种方法是靠另外配备一套起升扒杆来吊升井架。

8. 桅型井架的结构有何特点？

桅型井架是一节或几节杆件结构或管柱结构组成的单柱式井架，有整体式和伸缩式两种。桅型井架一般是利用液缸或绞车整体起放，整体或分段运输。

桅型井架工作时向井口方向倾斜，需利用绷绳保持结构的稳定性，以充分发挥其承载能力，这是桅型井架整体结构的重要特征。

桅型井架结构简单、轻便，但承载能力小，只用于车装轻便钻机和修井机。

图 6 - 5 所示为 XJ250 修井机用伸缩式桅型井架。

9. 井架的基本参数有哪些？

井架的基本参数是反映井架特征和性能的技术指标，是设计、选择和使用井架的依据。国产钻机井架的基本参数如表6 - 1 和表 6 - 2 所示。

10. 井架基本技术参数的含义是什么？

（1）最大钩载

井架的最大钩载是指死绳固定在指定位置，用规定的钻井绳数，没有风载和立根载荷的条件下大钩的最大起重量。最大钩载包括游车和大钩的自重（钻机的最大钩载不包括游车和大钩自重）。

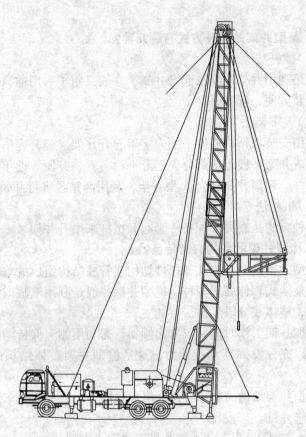

图 6 - 5　桅型井架

表 6 - 1　国产钻机井架的基本参数及尺寸

结构类型	型号	井架高度/m	最大钩载		5in 钻杆立根容量/m	井架可承受最大风速/(km/h)
			tf	kN		
桅形井架	JJ 30/18 - W	18	30	294	—	80
	JJ 50/18 - W	18	50	490	—	80
	JJ 30/24 - W	24	30	294	—	80
	JJ 50/29 - W	29	50	490	—	80
	JJ 100/30 - W	30	100	980	—	80

结构类型	型号	井架高度/m	最大钩载 tf	最大钩载 kN	5in 钻杆立根容量/m	井架可承受最大风速/(km/h)
闭式塔型井架	TJ_2-41	41	220	2160	3200	80
开式塔型井架	JJ90/39-K	39	90	880	1500	120
	JJ120/39-K	39	120	1180	2000	120
	JJ220/42-K	42	220	2160	3000	120
	JJ300/43-K	43	300	2940	4500	120
	JJ450/45-K	45	450	4410	6000	120
	JJ600/45-K	45	600	5880	8000	120
A 型井架	JJ90/39-A	39	90	880	2500	120
	JJ20/39-A	39	120	1180	2000	120
	JJ220/42-A	42	220	2160	3200	120
	JJ300/43-A	43	300	2940	4500	120
	JJ450/45-A	45	450	4410	6000	120
	JJ600/45-A	45	600	5880	8000	120
海洋闭式塔型井架	JJ450/45-H	45	450	4410	6000	160
	JJ450/49-H	49	450	4410	6000	160

表 6-2　国产新型整体起放钻机井架的基本参数

钻机型号	ZJ 50/3150	ZJ 50/3150DB-1	ZJ 70/4500DZ
井架型号	$JJ315/44.5-K_2$	$JJ450/45-K_4$	$JJ450/45-K_7$
最大钩载/kN	3150	4500	4500
型式	K	K	K
工作高度/m	44.5	45	45.72
顶跨(正×侧)/(m×m)	2.1×2.05	2.2×2.2	2.2×2.2
底跨(正×侧)/(m×m)	9.11×2.7	9.0×2.6	9.0×2.7
二层台容量/m	5000	7280(5″钻杆260柱)	7280(5″钻杆260柱)
二层台高度/m	26.5、25.5、24.5	26.5、25.5、24.5、22.5	26.5、25.5、23.5、22.5

钻机型号	ZJ 50/3150	ZJ 50/3150DB－1	ZJ 70/4500DZ
无立根抗风	>12 级	>12 级	>12 级
满立根抗风	12 级	12 级	12 级
起放井架抗风	5 级	5 级	5 级
起升三角架高/m	9.175	4.5	7.6
井架主体段数	5	4	5
质量/kg	61114	95743	88742
配套底座	DZ315/7.5－XD$_1$	DZ450/9－S$_1$	DZ450/10.5－S$_1$

（2）立根载荷

指立根自重及其承受的风载在二层台指梁上所产生的水平方向作用力。

（3）井架高度

井架高度根据其类型不同而定义。

① 塔型井架。其高度是指井架大腿底板底面到天车梁底面的垂直高度。

② 前开口 K 型井架和 A 型井架。是指井架下底角销孔中心到天车梁面的垂直高度。

③ 桅型井架。其高度是指撬座或车轮与地面接触点到天车梁底面的垂直高度。

（4）井架的有效高度

指钻台上平面到天车梁底面的垂直高度。

（5）二层台高度

指由钻台面到二层台面的垂直高度。

（6）二层台容量

指二层台（安装在最小高度上）所能存放钻杆的数量。

（7）上底尺寸和下底尺寸（仅限于闭式塔型井架）

塔型井架的上底尺寸和下底尺寸分别指井架相邻大腿上底和下底轴线间的水平距离。对于单角钢大腿，则指角钢外缘之间的

196

距离。

（8）大门高度（仅限于闭式塔型井架）

塔形井架大门高度是指井架大腿底板底面到大门顶面的垂直高度。井架的大门高度应满足钻杆单根拉上钻台的要求以及方钻杆、鼠洞管等超长管柱也能安全拉上钻台。大门高度都大于钻杆单根长度，对于海上井架，有的可高达 18～22 m。

11. 井架型号的含义是什么？

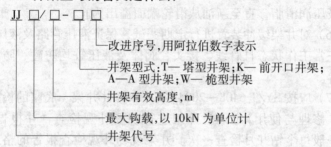

12. 井架的维护保养要求是什么？

（1）井架在使用过程中应定期检查立柱、斜横拉筋是否有变形或损坏；起升大绳有无锈蚀；断丝主要受力部位的焊缝有无开裂；销子、别针是否齐全；螺栓螺母有无松动；梯子、栏杆、走台是否完整、安全；连在井架上的零件及悬挂件是否有跌落的危险等，如存在问题，应及时排除或修理。

（2）在检查时，应对损坏的部位和部件做出清楚的、明显的标志，以便进行必要的修理。对此推荐用明亮的、颜色差别明显的油漆标志。修理后这些标志应用与原构件颜色一致的油漆涂去。构件油漆脱落的应按井架原色涂漆。

（3）未经许可不允许在井架上焊接、钻孔。对运输、使用中损坏或丢失的构件不能随意代用，应向制造厂家进行技术咨询。对损坏的构件进行修理，要尽量和制造厂协商，以取得对井架原材料及修理方法的确认。在没有取得制造厂同意的情况下，其操作人员和维修施工工艺需经机械责任工程师的报准，方可进行修理工作。

（4）井架在正常使用期间一年保养一次，一般的情况下，井架主体下段以上各段至少每年应进行一次除锈防腐处理，井架主体的下段每 6 个月应进行一次除锈防腐处理，遭受钻井液、石油、天然气饱和盐水、碳化氢等侵蚀而腐蚀严重的部件应在每口井完钻后和搬家前进行一次除锈防腐处理。

（5）井架的转动部位要定期润滑，各种滑轮、导绳轮应注意润滑。润滑周期为：每起放一次井架时应对各润滑点加注 7011#低温极压润滑脂，直至新油从滑轮端面溢出为止。

（6）对井架缓冲装置进行定期调试，保证液压管路及液压缸处于正常工作状态且管线、接头、阀体及液压缸均防碰、防压、防火等。

（7）应按 SY/T 6408—2004《钻井和修井井架、底座的检查、维护、修理与使用》定期对井架进行现场外观检查，并报告结果。一般每个钻井月检查一次。井架现场外观检查报告的格式、范围、具体项目和缺陷等见《井架、底座现场外观检查报告（格式）》，如果井架在其极限条件下使用，或结构处于影响到其安全性能的临界条件下，可考虑定期按更详细和要求更高的补充程序进行检查。在日常钻井中如发现螺栓松动、别针脱离、构件损坏等异常，应及时采取措施，避免发生意外事故。

（8）井架封存前要清除灰尘、脏物和吸水性物质。存放时应堆码整齐，并适当垫平；所有耳板的销孔、销轴处涂防锈油（脂），轴和滑轮的轴孔涂防锈油后用塑料布包扎好；起升大绳涂防锈油（脂）后，捆扎成盘，堆放在干燥处。

第二节　钻　井　绞　车

13. 钻井绞车的基本功用是什么?

（1）用以起下钻具、下套管。

（2）钻进过程中控制钻压，送进钻具。

（3）借助猫头上、卸钻具丝扣，起吊重物及进行其他辅助工作。

（4）充当转盘的变速机构或中间传动机构。

（5）整体起放井架。

（6）带捞砂滚筒的绞车还担负着提取岩芯筒、试油等工作。

14. 钻井绞车的组成有哪些?

钻井绞车是一台多职能的重型起重工作机。尽管各型绞车结构上差异不小，但究其实质，都具有类似的功能机构或部件，以JC-45型钻井绞车为例，绞车一般由以下几部分组成。

（1）支撑系统，有焊接的框架式支架或密闭箱壳式座架。

（2）传动系统，引入、传递并分配动力。对于内变速绞车包括传动轴及滚筒轴、猫头轴总成，还包括链条、链轮、齿轮、轴系零件及转盘中间传动轴等。滚筒、滚筒轴总成是绞车的核心部件。

（3）制动机构，即刹车机构。包括机械刹车和水刹车(或电磁刹车)。

（4）卷扬系统，用以缠绕钢丝绳，实现上卸丝扣起吊重物。包括滚筒、捞砂滚筒、各种猫头等。

（5）控制系统，包括牙嵌式、齿式、气动离合器，司钻控制台，控制阀件等，一般都属于钻机控制系统的组成部分。

（6）润滑及冷却系统，包括黄油润滑、滴油润滑和密封传动时的飞溅或强制润滑。

15. 钻井绞车的型号含义是什么?

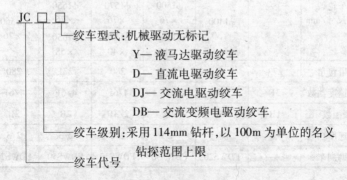

199

16. 机械驱动绞车(B 系列绞车)的技术特点是什么？

（1）轴承全部采用滚子轴承，轴材料均为优质合金钢。

（2）绞车正挡均采用滚子链传动，倒挡通过齿轮传动。

（3）链条均采用强制润滑。

（4）滚筒体采用开槽滚筒，滚筒的高、低速端带有通风式气胎离合器，刹车毂（盘）采用水循环强制冷却。

（5）主刹车采用带式刹车或液压盘式刹车，辅助刹车采用主电机能耗制动或配置电磁涡流刹车或气控盘式刹车。

技术参数如表 6－3 所示。

表 6－3　机械驱动绞车技术参数

绞车型号	JC10B	JC20B	JC30B	JC40B	JC50B	JC70B
最大输入功率/kW	210	400	440	735	1100	1470
最大快绳拉力/kN	80	200	200	280	350	450
钻井钢丝绳直径/mm	$\phi22$	$\phi29$	$\phi29$	$\phi32$	$\phi35$	$\phi38$
滚筒尺寸（直径×宽度）/（mm×mm）	$\phi400$ ×650 $\phi417$ ×650	$\phi473$ ×1000	$\phi560$ ×1304 $\phi508$ ×1304	$\phi644$ ×1210 $\phi644$ ×1177	$\phi685$ ×1108 $\phi685$ ×1144	$\phi770$ ×1285
刹车轮毂（盘）尺寸/mm	$\phi1100$ ×230 —	$\phi1400$ ×50	$\phi1067$ ×267 $\phi1500$ ×76 $\phi1500$ ×40	$\phi1168$ ×265 $\phi1570$ ×76 $\phi1570$ ×40	$\phi1270$ ×267 $\phi1650$ ×76 $\phi1650$ ×58	$\phi1370$ ×270 $\phi1560$ ×76
刹带包角	273	—	280	280	271	280
提升速度挡数	3F	3F	4F	4/6F	4/6F	4/6F
倒挡数	1R	1R	2R	2/3R	2R	2R
转盘速度挡数	—	1	2	2/3	2/3	2/3
辅助刹车	—	FDWS20	FDWS30	FDWS40	FDWS50	FDWS70

绞车型号	JC10B	JC20B	JC30B	JC40B	JC50B	JC70B
外形尺寸(长×宽×高)/(mm×mm×mm)	4000×1790×2200	5500×2620×2585	6542×2904×2464	6490×2995×2550	8100×3220×2697	8400×3295×2945
质量/kg	7716	23243	25565	33500	37394	49950

17. 直流电机驱动绞车(D系列绞车)的技术特点是什么?

(1)轴承全部采用滚子轴承,轴材料均为优质合金钢。

(2)绞车为墙板式、全密闭、内变速滚子链传动绞车。

(3)链条均采用强制润滑。

(4)滚筒体采用开槽滚筒,滚筒的高、低速端带有通风式气胎离合器,刹车毂(盘)采用水循环强制冷却。

(5)主刹车采用带式刹车或液压盘式刹车,辅助刹车采用主电机能耗制动或配置电磁涡流刹车或气控盘式刹车。

技术参数如表6-4所示。

表6-4 直流电机驱动绞车技术参数

绞车型号	JC40D	JC50D	JC70D	JC90D
最大输入功率/kW	735	1100	1470	2200
最大快绳拉力/kN	340	340	485	720
钻井钢丝绳直径/mm	$\phi32$	$\phi35$	$\phi38$	$\phi45$
滚筒尺寸(直径×宽度)/(mm×mm)	$\phi644×1210$	$\phi770×1287$	$\phi770×1285$	$\phi970×1652$
刹车轮毂(盘)尺寸/(mm×mm)	$\phi1570×76$	$\phi1520×76$	$\phi1650×76$	$\phi1820×80$
	—	$\phi1370×270$	$\phi1370×270$	—
刹带包角	—	280	280	—
提升速度挡数	4F+4R	4F+4R	4F+4R	4F+4R
转盘速度挡数	2	2	2	2
猫头速度挡数	2	2	2	2

绞车型号	JC40D	JC50D	JC70D	JC90D
辅助刹车	电磁涡流刹车或气动盘式刹车	电磁涡流刹车或气动盘式刹车	电磁涡流刹车或气动盘式刹车	电磁涡流刹车或气动盘式刹车
外形尺寸（长×宽×高）/（mm×mm×mm）	7300×3200×3010	7190×2520×3216 5660×1505×1896 7300×2800×3050	7520×3250×3216 6400×1580×1926 7520×3350×2872	8100×3555×3226 60400×2200×2300
质量/kg	37450 —	40400，12000 44600	45785，12400 46900	65500，19000 —

18. 交流变频电驱动绞车（DB 系列）的技术特点是什么？

（1）绞车由交流变频电动机、齿轮减速器、液压盘式刹车、绞车架、滚筒轴总成和自动送钻装置等主要部件组成，齿轮传动效率高。

（2）绞车为单滚筒轴结构，滚筒开槽，与同类绞车相比，结构简单、体积小、质量轻。

（3）交流变频电机驱动，全程无级调速，功率大、调速范围宽。

（4）液压盘式刹车和电机能耗制动刹车，并配独立电机自动送钻系统。

技术参数如表6－5所示。

表6－5　交流变频电驱动绞车技术参数

绞车型号	JC150DB	JC30DB	JC40DB	JC50DB	JC70DB	JC90DB	JC120DB
额定输入功率/kW	300	440	735	1100	1470	2210	2940
最大快绳拉力/kN	135	220	275	340	485	640	850
钻井钢丝绳直径/mm	$\phi26$	$\phi29$	$\phi32$	$\phi35$	$\phi38$	$\phi42$	$\phi48$

绞车型号	JC150DB	JC30DB	JC40DB	JC50DB	JC70DB	JC90DB	JC120DB
滚筒尺寸（直径×宽度）/（mm×mm）	φ473×878	φ508×1000	φ644×1210	φ770×1287	φ770×1402	φ1060×1840	φ1320×2312
刹车轮毂（盘）尺寸/（mm×mm）	φ1500×40	φ1500×40	φ1520×76 φ1160×265	φ1570×76	φ1570×76	φ2200×80	φ2400×80
提升速度挡数	2F	2F	4F	2F	2F	2F	1F
	1F	—	2F	1F	1F	1F	
	—	—	1F				
转盘速度挡数	1	2	2				
猫头速度挡数	1		2				
辅助刹车	能耗制动 电磁涡流刹车或伊顿刹车	能耗制动 电磁涡流刹车或伊顿刹车	能耗制动 电磁涡流刹车或伊顿刹车	能耗制动 电磁涡流刹车或伊顿刹车	能耗制动 电磁涡流刹车或伊顿刹车	能耗制动 电磁涡流刹车或伊顿刹车	能耗制动 电磁涡流刹车或伊顿刹车
外形尺寸（长×宽×高）/（mm×mm×mm）	6730×3200×1720 4350×2439×1752	6800×3256×2463 4700×2950×2032	7000×3200×3010 5700×3200×2715	7250×3075×2683 6740×3190×2785	6880×3380×2795 7820×3440×2775	10000×3350×3035 10685×3250×3116	11990×3350×3260

19. 钻井绞车的结构类型有哪些?

最能体现绞车结构特点的是它的传动方案。按绞车轴数,对各种绞车传动方案稍加归纳和分析,可揭示出其结构类型及特点,便于我们认识各种绞车。

（1）单轴绞车

C－1500 绞车如图 6－6 所示,绞车前装有带正倒挡的齿轮变速箱,绞车外变速,转盘不通过绞车传动。

这类绞车的特点如下。

① 猫头直接装在滚筒两端,滚筒活装在轴上。

② 绞车外变速,如 C－1500 绞车,另有一齿轮变速箱,结

203

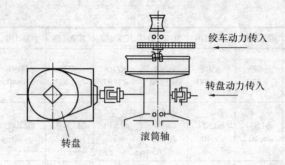

图 6 - 6　C - 1500 单轴绞车

构简单、质量轻、便于装运；但功率小，管理维修不方便；猫头转速偏高，位置偏低，且滚筒高挡不能独立安排，影响起下钻速度。适用于中型钻机，如 By - 40 钻机绞车，C - 1500 钻机绞车。

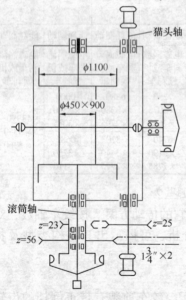

图 6 - 7　ZJ15D 双轴绞车

（2）双轴绞车

ZJ15D 双轴绞车传动示意如图 6 - 7 所示，由滚筒轴外加一猫头轴组成。不仅加高了猫头高度，而且还在两轴间装了高低速传动链条，使齿轮变速箱的挡速加倍。双轴绞车仍为绞车外变速，猫头轴的转速通过滚筒轴转换而来，比单轴绞车方便。适用于中、重型钻机。

（3）三轴绞车

图 6 - 8 是 ZJ130 - 1 三轴绞车，其传动方案特点是：多加了一根引入动力的传动轴，绞车采用内部链条变速传动，并兼顾转盘。取消了外带的变速箱，但绞车本身变得复杂了，尺寸与质量都较大，重达 20t，运输时一般要拆成三轴一架四个单元，安装也不方便。

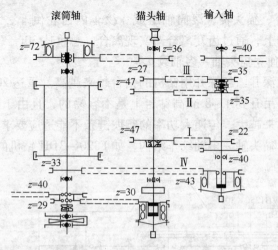

图 6-8 ZJ130-1 三轴绞车

（4）多轴绞车

将四轴以上的绞车称多轴绞车。图 6-9 为 ZJ45、ZJ45J 钻机用的 ZJ45 四轴绞车，内变速，链条传动。由输入轴、中间轴

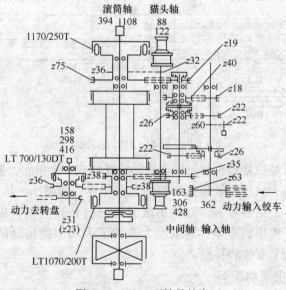

图 6-9 ZJ45 型钻井绞车

（变速轴）、猫头轴、滚筒轴组成。绞车内齿轮倒车，水刹车装在滚筒轴上，通过齿套离合器实现离合。总重达 30t。

（5）独立猫头轴–多轴绞车

现代深井、超深井用钻机的钻台越来越高。重达 20～30t 的绞车，要吊升到 4～8 m 高钻台上是不容易的，且由于钻台与机房高差越来越大，传递大功率的爬坡链条不能适应要求，于是出现了独立猫头轴–多轴绞车结构，如 F320–3DH 钻机的绞车（图6–10）。

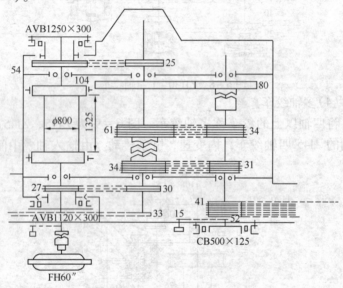

图6–10　F320–3DH 钻机绞车

一般是独立猫头轴与转盘传动装置构成一个单元，置于钻台上，因猫头只进行紧卸扣和辅助起重作业，功率小、结构简单、质量轻、上钻台容易，而将主滚筒连同链条变速箱组成另一单元，置于机房底座上，这就大大改善了大功率链传动的工作条件，便利了安装和移运。

（6）电驱动绞车

某些电驱动的超深井钻机，利用直流电机分别驱动滚筒轴和猫头轴，主滚筒和猫头轴均自成独立单元，或将绞车分解为滚筒绞车和猫头绞车(轴上装有捞砂滚筒)两个独立单元。

前苏联钻深15000m的钻机"乌拉尔15000"的电驱动绞车，可由两台电动机直接驱动滚筒轴，也可用一台电动机直接或通过传动比为1及传动比为3的链条箱驱动滚筒轴。绞车最大输入功率为2646kW。

近年来发展了自升式高钻台，绞车仍可以低位安装，使深井、超深井电驱动钻机仍采用一体式直流马达驱动的四轴绞车，如图6-11所示为ZJ60D钻机绞车。

20. 钻井绞车的刹车机构包括哪些类型？

钻井绞车的刹车机构是绞车的核心部件。它包括主刹车和辅助刹车两种。

主刹车按照工作原理不同分为带式刹车和盘式刹车；辅助刹车有水刹车和电磁刹车两种。

21. 钻井绞车的刹车机构作用是什么？

(1) 主刹车的作用

下钻、下套管时，刹慢或刹住滚筒，控制下放速度，悬持钻具；正常钻进时，控制滚筒转动，以调节钻压、送进钻具。

(2) 辅助刹车的作用

辅助刹车仅用于下钻时将钻柱刹慢，吸收下钻能量，使钻柱均匀下放。

22. 带式刹车的结构原理是什么？

带式刹车机构有单杠杆刹车机构和双杠杆刹车机构之分。

(1) 单杠杆刹车机构

图6-12为单杠杆刹车机构示意图。该刹车机构是由控制部分(刹把4)、传动部分(传动杠杆或称刹车曲轴3)、制动部分(刹带1、刹车鼓2)、辅助部分(平衡梁6和调整螺钉7)、气刹车等组成。

刹车时，操作刹把4转动传动杠杆3，通过曲拐拉拽刹带1活动端使其抱住刹车鼓2。扭动刹把手柄可控制司钻阀5启动气

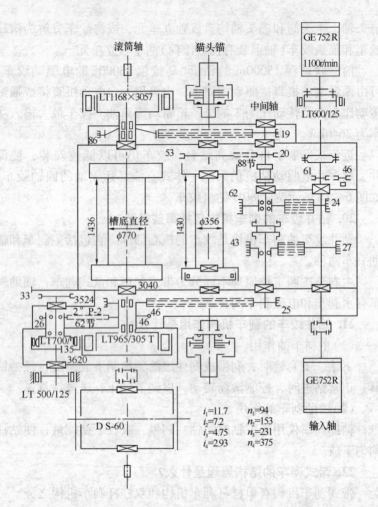

图 6-11　ZJ60D 绞车

刹车，气刹车起省力作用。平衡梁 6 用来均衡左、右刹带松紧程度，以保证受力均匀。当刹块磨损使刹带与刹鼓间隙增大导致刹把的刹止角过低时，可通过调整螺钉 7 调整到初始间隙。

刹带 1 是由弹簧板制成，用带弹簧的螺钉挂在绞车外壳上，不工作时可均匀脱离刹车鼓；耐热耐磨的刹车块则铆在钢带上。

美国绞车广泛采用双杠杆机构，力臂大，操作非常省力。

208

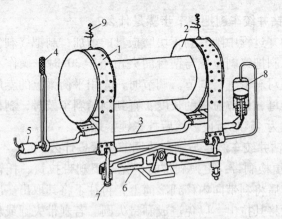

图6-12 刹车机构示意图

1—刹带；2—刹车鼓；3—杠杆；4—刹把；5—司钻控制阀；6—平衡梁；

7—行程限制螺杆；8—刹车气缸；9—弹簧

(2)双杠杆刹车机构

双杠杆刹车机构又叫做复式杠杆刹车机构。如图6-13所示，在两套单杠杆之间，用浮动连杆将他们铰连在一起，组成双杠杆刹车机构。

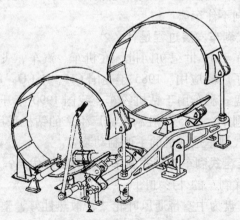

图6-13 双杠杆刹车机构

23. 钻井绞车刹把调节步骤是什么？

在钻井过程中随着刹车块磨损量的增加，刹把终刹位置逐渐降低，当刹把终刹位置与钻台面夹角小于 30°时，操作不便，因此，必须对刹带进行调节。调节时，先用平衡梁上的专用扳手松开锁紧螺母，调节拉杆的长度，直到刹紧刹车鼓时，刹把与钻台面的夹角为 45°时为止，然后拧紧锁紧螺母。

24. 钻井绞车刹带与刹车块调节步骤是什么？

（1）更换刹带：更换刹带时，先卸下刹带拉簧、托轮和刹带吊耳，然后将刹带向内移到滚筒上，再往下将其取出。决不能用猫头绳硬将其拉出，以免造成刹带失圆。若刹带失圆或新刹带不满足圆度要求时，应对刹带进行整圆。整圆方法是：以刹带半圆为半径在钻台上画圆，将卸下的刹带与该圆比较，用大锤对刹带不圆处敲击整圆，直到刹带与所画半圆一致为止。调节或更换刹带后，都应调节刹带上方的拉簧以及后面和下面的托轮位置。

（2）更换刹车块：当刹车块磨损量达到其厚度的一半时，就要更换刹车块。更换时，最好单边交叉更换，以免由于新刹车块贴合度差而刹不住车。

25. 盘式刹车发展过程是什么？

盘式刹车于 19 世纪初问世，在机车、汽车、飞机及矿山提升机上获得了广泛应用。1985 年美国 GH、NSCO、EMSCO 三家公司开始将盘式刹车用于钻机绞车。我国 1990 年开始在修井机上改装盘式刹车，1995 年胜利机械厂生产的钻机采用盘式刹车。目前液压盘式刹车是钻机的主要制动装置。

26. 液压盘式刹车与带式刹车相比有哪些优点？

绞车盘式刹车的外形如图 6-14 所示。

（1）刹车盘为中空带通风叶轮式，散热性好，整个盘面积只有不到 1/10 在摩擦发热，而其余面积都在交替散热。盘和块的热稳定性好（热衰退小），摩擦系数稳定，制动力矩平稳。

（2）由于盘块间的比压大和盘的离心作用，盘块间不易存水

图 6 – 14　液压盘式刹车外形图

和油污物，所以刹车块的吃水稳定性好。

（3）刹车盘的热变形小，热疲劳寿命较长。

（4）比压分布均匀，摩擦副的寿命较长。

（5）正反向刹车力矩一样，带式则差数倍。

（6）刹止时间短，反应灵敏。

（7）刹把力只有 100N 左右，操作省力。

（8）每个刹车钳皆可独立刹止全部钻杆柱重量，且有应急钳，刹车的可靠性大大提高。

（9）更换刹车只需 20min。

但盘式刹车存在两个缺点：一是比压比带式大 2 倍，摩擦表面温度高，对摩擦块的材料要求高；二是多了液压装置及其密封圈等易损件。

27. 液压盘式刹车的性能特点是什么？

（1）具有双作用刹车和充足的储备刹车力矩，刹车可靠，使用安全。

（2）备有应急手动泵和蓄能器，可确保在井场停电等情况下继续作业及安全刹车。

（3）操作简便型间隙调整钳，可方便、精确的调整间隙。

（4）刹车钳结构独特，摩擦块可迅速、精确脱离刹车盘，摩擦发热量小，作业效率高。

（5）液压回路简洁、故障率低、使用可靠。

（6）采用机、电、液一体化设计的组合液压站，报警、控制全部自动化，体积小、质量轻。

（7）人性化设计，司钻掌握和操作容易、方便。

技术参数如表6－6所示。

表6－6　液压盘式刹车的技术参数

钻机级别		ZJ10	ZJ20	ZJ30	ZJ40	ZJ50	ZJ70	ZJ90	ZJ120
数量	工作钳	1	2	2	3	3	4	4	4
	安全钳	1	2	2	3	3	4	4	4
制动力矩/（kN·m）	工作制动	30	60	70	110	145	186	256	456
	安全制动	30	60	70	110	145	186	256	456
	紧急制动	30	60	140	220	290	372	512	912

28. 液压盘式刹车钳的结构方案有哪些?

刹车钳的结构方案可以分为杠杆钳和固定钳两种。前者中心液缸在刹车盘外缘，双活塞反向动作。后者两个对置液缸分居刹车盘外侧，活塞直接对刹车块加压。而每一种又可以分为用液压加压的常开式和用弹簧加压（用液压松刹）的常闭式两类，如

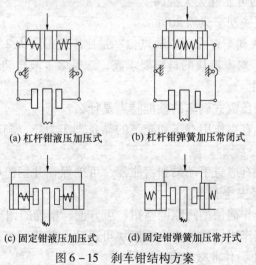

(a) 杠杆钳液压加压式　　　(b) 杠杆钳弹簧加压常闭式

(c) 固定钳液压加压式　　　(d) 固定钳弹簧加压常开式

图6－15　刹车钳结构方案

212

图 6-15 所示。美国 GH、EMSCO 的产品属于(a)类,而 NSCO 的产品则属于(c)类。绞车上多用(a)类,修井机上多用(c)类,因它的尺寸较小,而应急钳则多用(b)、(d)类结构。

胜利石油机械厂生产的 ZJ32-SL1 型钻机上,使用的 JC32 绞车为盘式刹车,其刹车钳的基本结构如图 6-16 所示。该刹车钳(STⅡ型刹车钳)是第二次改进型,属于常闭式。

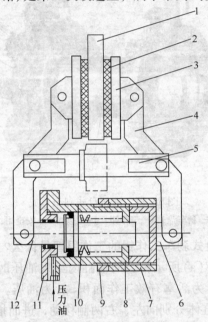

图 6-16 STⅡ型刹车钳的基本结构

1—刹车盘;2—刹车块;3—衬板;4—杠杆;5—枝杆;6—顶杆;7—调节螺母;
8—油缸;9—缩紧螺母;10—碟形弹簧;11—油缸盖;12—活塞

29. 液压盘式刹车由哪几部分组成?

液压盘式刹车系统由液压控制部分(简称液控部分)和液压制动钳(简称动钳)两部分组成。液控部分由液压泵站和操纵台组成,它是动力源和动力控制机构,为制动钳提供必需的液压。制动钳是动力执行机构,为主机提供大小可调节的正压力,从而达到刹车目的。制动钳分为工作钳和安全钳。

液压制动钳包括刹车盘5、刹车液缸1、刹车钳或刹车杠杆2、刹车块3、钳架4以及液压控制系统等，用以制动滚筒6，如图6-17所示。全套刹车钳有二：一为工作钳（制动钳），用于下钻及钻进过程；另一为应急钳，作为安全保险用。

图6-17 液压盘式刹车总成

1—滚筒；2—刹车盘；3—工作钳；4—钳架；5—安全钳；6—过渡板

30. 液压盘式刹车工作钳的工作原理是什么？

如图6-18(a)所示，当向油缸内给入油压时，产生油压力 $P = pA$，式中 A 为活塞有效工作面积，p 为油压。在压力 P 的作用下，活塞与缸体分别向左、右两侧移动，进而推动杠杆使得刹车块压向刹车盘，压力 P 便通过刹车块作用，该力即为正压力 N。在 N 作用下产生摩擦力，即制动力。制动力与油压 p 成正比，油压 p 越大，制动力也越大，当油压 p 达到一定值时，刹车盘处于全制动状态；随着 p 值降低，$P(N)$ 值也随之降低，当油压 $p = 0$ 时，在复位弹簧的作用下，拉动杠杆使得刹车块离开刹车盘，刹车钳处于完全松刹状态。

31. 液压盘式刹车的安全钳工作原理是什么？

图6-18(b)是常闭式安全型刹车钳，其基本工作原理是：当安全钳油缸没有油压时，碟簧力通过两个杠杆传递给刹车块而

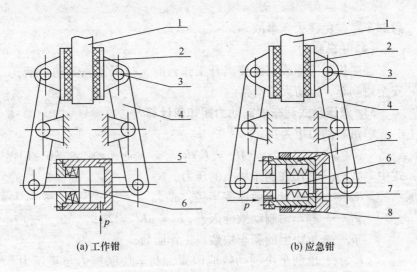

图 6 – 18 刹车钳

1—刹车盘；2—刹车块；3—销轴；4—杠杆；5—油缸；6—活塞；

7—碟形弹簧；8—调节螺母

作用于刹车盘上，产生正压力 N，实现刹车；当安全钳油缸有油压 p 时，该油压力克服碟簧力而使碟形弹簧压缩，从而通过杠杆带动刹车块松刹。

32. 液压盘式刹车有哪些功能？

（1）工作制动

通过操作刹车阀的控制手柄，控制工作钳对制动盘的正压力，从而为主机提供大小可调的刹车力矩，实现大钩负载物的提升和下放。

（2）紧急制动

假如泵组、刹车阀、工作钳等组成的工作油路，任一处突然失灵，造成工作制动失效，这时，拉下紧急制动手柄，给安全钳卸压，依靠碟簧恢复力刹车。

（3）过卷保护

当大钩提升重物上升到某位置，由于操作员失误或其他原因，应该工作制动而未实施制动时，过卷阀会自动换向，实施紧

215

急刹车，避免碰天车事故。

（4）驻车制动

当主机不工作或司钻要离开工作台时，拉下紧急制动手柄，安全钳刹车，以防大钩滑落。

33. 液压盘式刹车的制动力矩如何计算？

单钳制动力矩为：

$$M_d = KNR_e \qquad\qquad (6-1)$$

式中　N——作用在刹车块上的压力，N；

R_e——刹车盘有效摩擦半径，m；

K——刹车钳制动效能因素，$K = nK' = 2\mu$；

n——单钳上的刹车块数或工作面数；

K'——单刹车块制动效能因素，刹车块摩擦力与正压力

之比，$K' = \dfrac{\mu N}{N} = \mu$（摩擦系数）。

具体如下：

如图 6-19 所示，设 p 为作用在单块上的单位压力，则作用在单块上的摩擦力矩为：

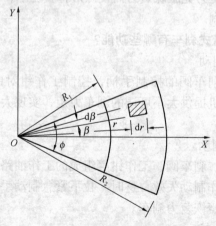

图 6-19　刹车盘的有效摩擦半径

216

$$M_1 = \int_{R_2}^{R_1} \int_{-\varphi/2}^{\varphi/2} \mu p r^2 \mathrm{d}r \mathrm{d}\beta$$

经推导，单钳的制动力矩为：

$$M_d = KN \frac{2\varphi}{2\sin\dfrac{\varphi}{2}} \left[1 - \frac{R_1 R_2}{R_1 + R_2} \right] \left(\frac{R_1 + R_2}{2} \right) = KNR_e$$

式中　$R_e = \dfrac{2\varphi}{2\sin\dfrac{\varphi}{2}} \left[1 - \dfrac{R_1 R_2}{R_1 + R_2} \right] \left(\dfrac{R_1 + R_2}{2} \right)$

34. 液压盘式刹车的刹车钳的数目如何计算?

计算值需向上圆整为整数，计算公式为：

$$n' = \frac{M_{bmax}}{M_d} \tag{6-2}$$

式中　n'——液压盘式刹车的刹车钳的数目；

$\quad\quad M_b$——单钳的制动力矩；

M_{bmax}——为最大制动力矩。

35. 液压盘式刹车的液压力如何计算?

由　　　$K = 2\mu$，又有 $M_d = 2\mu N R_e = \mu A p D_e$ 　(6-3)

式中　A——液缸活塞面积，m^2；

$\quad\quad D_e$——刹车盘有效工作直径，m，$D_e = 2R_e \approx D_c - 0.1$；

$\quad\quad D_c$——刹车盘外径，m；

$\quad\quad p$——液缸内压力，Pa。

p 由正压力 N、弹簧压缩力、运动阻力等项决定，一般选用额定压力 $[p] \leqslant 10MPa$。

液压系统设计要保证在应急情况下应急钳回油，弹簧刹止，同时工作钳通压力油而刹止 (双刹保险)，在油泵断电 (或断气) 的情况下用存储器中的油临时工作。

此外，对带刹车和盘式刹车的刹车块都要进行平均比压、摩擦功和发热量的检验计算。

36. 水刹车由哪几部分组成?

图 6-20 是 JC-45 绞车的 SS1200 水刹车结构图。主要由旋

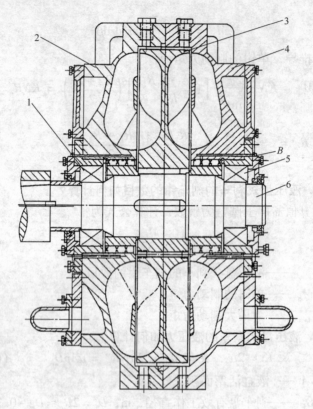

图 6 – 20   SS1200 水刹车

1、5—轴承；2、4—定子；3—转子；6—主轴

转主轴 6（主轴通过牙嵌离合器与滚筒轴相连）及固定其上的转子3 和定子 2、4 组成。定子置外壳内并对称位于转子两侧。转子和定子上都有许多叶片，呈辐射状分布，且逆着下钻时转子旋转方向成一角度，以加大水流对转子叶片的阻力。两叶片之间形成水室，下部有进水口，顶部有出水口。

37．水刹车的工作原理是什么？

下钻时，滚筒轴转动带动转子旋转。在转子水室中水因离心力作用被甩到外缘，并受迫被导流入定子水室；在定子水室由外缘流向心部，然后又受迫被导流入转子水室，于是在各水室中液流都形成小涡流在不断循环。简言之，运动着的倾斜转子叶片，迎面去切割高速循环的小涡流，遇到很大阻力，形成制动力矩。图 6 - 21 为各型水刹车的 $M - n$ 特性曲线。

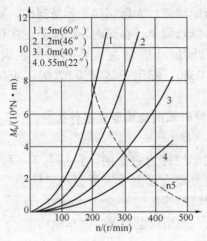

图 6 - 21　各型水刹车的 $M - n$ 特性曲线

38. 水刹车刹车能力调节的方法有哪些?

水刹车内水室充满度的大小直接反映了刹车能力，水位的高低由水刹车水位调节装置来实现。水位调节装置下部为水刹车进水口，与水刹车下部水口相接，水位调节装置上部回水口与水刹车上部水口相接。水刹车水位调节装置有几种结构型式:

(1)分级调节水位

依靠开启处于不同高度的闸门以获得几个不同的水位。这种装置使用不方便，且不能充分发挥水刹车的作用。

(2)气控浮筒式水位调节

司钻可根据下钻载荷的变化，通过调压阀调节气缸的供气量，即可调节水刹车的水位。使用这种装置司钻不可能每下一立根调节一次，实际上只不过是一种多级数的分级调节水位装置。

(3)新型水位自动调节

每下一立根可自动提高一次水位，使水刹车能随下钻立根增

219

加而自动地调节。

39. 电磁涡流刹车有何特点?

电磁涡流刹车是适用于海洋和陆地钻机上的新型辅助刹车。它利用电磁感应原理进行无损制动,无易损件,制动性能好,使用寿命长,操作维修简单。在国内外钻机上正在获得广泛应用。

兰州石油机械厂已能制造全系列的电磁涡流刹车 DS32、DS45、DS60 和 DS80,配用于钻深为 3200m、4500m、6000m 和 8000m 的钻机。

40. 电磁涡流刹车的结构原理是什么?

(1)结构

电磁涡流刹车也称为涡流闸,它相当于一种简化了的发电机,其结构与转差离合器基本一样,所不同的是将激磁铁芯固定,将转子与滚筒轴连接。

图 6-22 为一典型的电磁涡流刹车结构图。

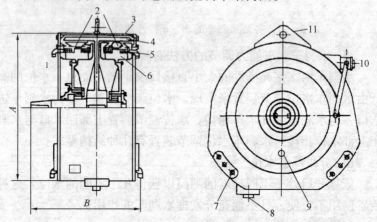

图 6-22 电磁涡流刹车

1—引入导线;2—磁极;3—水套;4—转子;5—激磁线圈;6—定子;
7—底座联板;8—出水口;9—进水口(两侧);10—接线盒;11—提环

(2)工作原理

电磁涡流刹车主要由左、右定子和转子组成。定子中固定嵌

220

装着激磁线圈(刹车线圈),当输入连续可调的直流电流经激磁线圈时(三相380V的交流电源经三相变压器降压输入整流器,经过三相整流桥后,输出的是可调直流电流),在线圈周围产生固定磁场。当转子与绞车滚筒轴一起旋转时,转子磁通密度发生变化,在转子表面产生感应电动势,遂引起涡流电。此涡流电形成的旋转磁场与固定磁场相互作用,产生电磁制动力矩,可以通过调节励磁电流的大小来改变电磁刹车的制动力矩大小。电磁刹车的额定制动转矩主要取决于其转子尺寸,最大可达 $M_{制} = 16000\text{kN} \cdot \text{m}$。

41. 电磁涡流刹车的冷却系统由哪几部分组成?

电磁涡流刹车在工作过程中将机械能转化为热能。为了迅速带走转子中的热量,从离合器侧面送进冷却水,流经转子的内外表面后,由周围的水套下出水口排出。对冷却水质要求较高,矿物质含量要低,一般 pH 值不超过 $7 \sim 7.5$。涡流刹车与滚筒刹车通常用一个冷却系统,由一台水泵供应冷却水,如图 $6-23$ 所示。

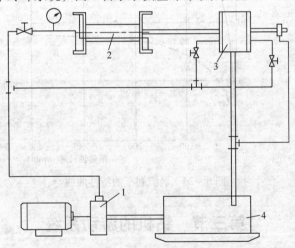

图 $6-23$　电磁涡流刹车的水冷却系统

1—泵;2—绞车滚筒;3—涡流刹车;4—水箱

42. 电磁涡流刹车的特性是什么?

电磁涡流刹车的机械特性如图 $6-24$ 所示。除去一小部分低

221

速段外，中、高速段具有较大的几乎不变的制动扭矩。当转速变化时，制动扭矩可以保持恒定，图 6 – 24 中的曲线为 100% 激磁。通过改变激磁电流的大小，可以获得较低的 $M - n$ 特性曲线（图 6 – 24 虚线所示）。也就是在任何下钻载荷下，可调得任意的下钻速度，并且不用带式刹车就可以将钻柱刹慢，但由于有转速差才能产生电磁力矩，因而不能刹死。平滑调节激磁电流，改变制动力矩，实现无级调速。调节激磁电流非常灵活省力。电磁涡流刹车产生的制动力矩始终与滚筒轴的旋转方向相反，因而轴的转向改变无需改变激磁电流的方向。

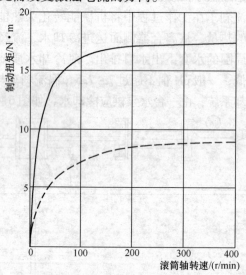

图 6 – 24　涡流刹车的特性曲线

第三节　钻机的游动系统

43. 钻机的游动系统由哪几部分组成？

钻机的游动系统是由天车、游车、大钩等用钢丝绳串联而组成。

天车、游动滑车是用钢丝绳联系起来组成的复滑轮系统。它可以大大降低快绳拉力，从而大大减轻钻机绞车在起下钻、下套管、钻进、悬持钻具等钻井各个作业中的负荷和起升机组发动机应配套的功率。

尽管现场上使用的天车和游车种类多、规格不同，但其主要的结构组成却无很大区别，有的钻机还把游车和大钩组装在一起。

44. 钻井天车、游车和大钩的型号含义是什么？

钻井天车、游车和大钩型号含义如下：

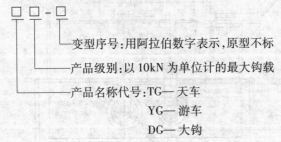

变型序号：用阿拉伯数字表示，原型不标

产品级别：以 10kN 为单位计的最大钩载

产品名称代号：TG— 天车

YG— 游车

DG— 大钩

45. 钻机的游动系统设备的基本参数有哪些？

游动系统设备的基本参数如表 6 – 7 所示。

表 6 – 7　钻机的游动系统设备的基本参数

设备级别	基 本 参 数			
	最大钩载/ kN	钻井钢丝绳直径/ mm(in)	游车滑轮数	天车滑轮数
60	600	22(⅞)	3	4
90	900	26(1)	4	5
135	1350	29(1⅛)	4	5
170	1700	32(1¼)	5	6
225	2250	32(1¼)	5	6
315	3150	35(1⅜)	6	7
450	4500	38(1½)	6	7
675/585	6750/5850	42	8/7	9/8
900	9000	52	8	9

46. 钻井天车由哪几部分组成？

天车是安装在井架顶部的定滑轮组，工作时固定在井架顶部

223

的天车台上；其结构如图 6 - 25 所示。

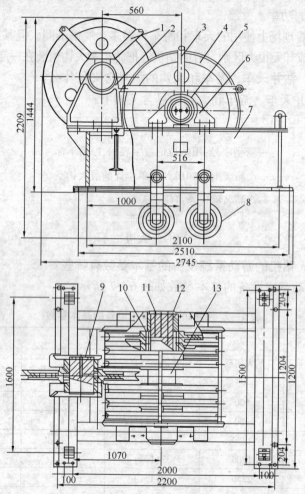

图 6 - 25   TC - 350 天车

1、3—护架；2—轴承座；4—滑轮；5—圆螺母；6—轴承座；

7—天车架；8—辅助滑轮；9—快绳滑轮轴；10—轴承；

11—黄油杯；12—滑轮轴；13—轴套

　　天车主要由天车架、滑轮、滑轮轴、轴承、轴承座和辅助滑轮
等零件组成。天车架是由钢梁焊接的矩形框架，用以安装天车轮并

224

与井架顶部相连接。6个滑轮分为两组，中间由一个轴套隔开。快绳滑轮安装在两组天车滑轮之间的前方，便于使快绳直接从井架外侧引向滚筒。每个滑轮采用一个双列圆锥滚子轴承，每个轴承都有一个单独的润滑油道，钻在滑轮轴上，用锂基黄油润滑。

由于快绳侧滑轮转动速度快于死绳侧，所以各轮轴承的磨损不均匀，愈靠近快绳处滑轮轴承磨损愈厉害。轮槽磨损是不可避免的。为抵抗磨损，轮槽应进行表面热处理。当轮槽磨损严重或已出现波纹状沟痕时，应更换滑轮，以延长钢丝绳使用受命。

47. 钻井天车的性能特点是什么？

(1)滑轮绳槽经淬火处理，耐磨损，寿命长。

(2)设有挡绳杆及卡绳板，防止钢丝绳跳槽或脱落。

(3)设有带安全链的防碰装置。

(4)设有供维修滑轮组用的起重架。

(5)根据用户要求提供捞砂滑轮和辅助滑轮组。

(6)天车滑轮完全与其配套的游车滑轮互换。

其技术参数如表6-8所示。

48. 钻井游车由哪几部分组成？

它是若干个动滑轮组成的动滑轮组，工作时用钢丝绳悬吊在井架内部空间，做上下往复运动。

常说的游动系统结构，指的是游车轮数×天车轮数。其结构如图6-26所示。

图6-25和图6-26为配用于ZJ45J、ZJ45D钻机和ZJ60D钻机的天车和游车，由兰石厂设计制造。

TC-350天车和YC-350游车，可配用4种不同规格的轮槽，可分别配用直径为 $1\frac{1}{4}''$、$1\frac{3}{8}''$ 或32.5mm、33.5mm、34.5mm的钢丝绳，以适应我国油田目前所用钢丝绳规格较多的状况。

49. 钻井游车的性能特点和技术参数是什么？

(1)滑轮轮槽经淬火处理，耐磨损，寿命长。

(2)滑轮与轴承和配套的天车滑轮与轴承可互换。

钻井游车的技术参数如表6-9所示。

表 6 – 8 天车技术参数

型号	TC90	TC158	TC170	TC225	TC315	TC450	TC585	TC675	TC675H	TC900
最大钩载/kN (lb)	900 (200000)	1580 (351111)	1700 (37400)	2250 (500000)	3150 (700000)	4500 (1000000)	5850 (1300000)	6750 (1500000)	6750 (1500000)	9000 (2000000)
钢丝绳直径/mm(in)	26 (1)	29 (1 1/8)	29 (1 1/8)	32 (1 1/4)	35 (1 3/8)	38 (1 1/2)	38 (1 1/2)	45 (1 3/4)	38 (1 1/2)	48 (1 7/8)
滑轮外径/mm(in)	762 (30)	915 (36)	1005 (40)	1120 (44)	1270 (50)	1524 (60)	1524 (60)	1524 (60)	1524 (60)	1829 (72)
滑轮数	5	6	6	6	7	7	7	8	8	8
外形尺寸/mm(in) 长度	2580 (101 9/16)	2220 (87 7/16)	2620 (103 5/32)	2667 (105)	3192 (125 1/16)	3410 (134 1/4)	3625 (142 3/4)	4650 (183)	5180 (203 5/16)	4217 (166)
宽度	2076 (81 3/4)	2144 (84 7/16)	2203 (86 3/4)	2709 (107)	2783 (110)	2753 (108 3/8)	2832 (111 1/2)	3340 (131 1/2)	3642 (143 3/8)	3606 (142)
高度	1578 (62 1/8)	1813 (71 3/8)	1712 (67)	2469 (97)	2350 (92 1/2)	2420 (95 3/8)	2580 (101 5/8)	2702 (106 3/8)	2904 (114 3/8)	3146 (123 7/8)
质量/kg(lb)	3000 (6614)	3603 (7943)	3825 (8433)	6500 (14330)	8500 (18739)	11105 (95 1/4)	11310 (24934)	13750 (30314)	19700 (43431)	19150 (42219)

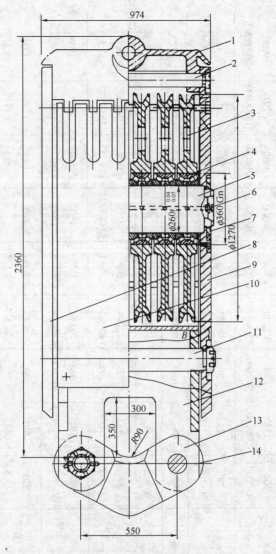

图 6 – 26　YC – 350 游车

1—横梁；2—螺栓；3—滑轮；4—轴承；5—滑轮
轴；6—黄油杯；7—止动块；8—左侧板组；9—右
侧板组；10—护罩；11—销轴；12—销座；13—下
提环；14—提环销

表 6 – 9　钻井游车的技术参数

型号	YC50	YC135	YC170	YC225	YC315	YC450	YC585	YC675	YC900
最大钩载/kN (lb)	500 (110000)	1350 (300000)	1700 (37400)	2250 (500000)	3150 (700000)	4500 (1000000)	5850 (1300000)	6750 (1500000)	9000 (2000000)
钢丝绳直径/mm (in)	24 (15/16)	29 (1 1/8)	29 (1 1/8)	32 (1 1/4)	35 (1 3/8)	38 (1 1/2)	38 (1 1/2)	45 (1 3/4)	48 (1 7/8)
滑轮外径/mm	500	762	1005	1120	1270	1524	1524	1524	1829
滑轮数	4	4	5	5	6	6	6	7	7
外形尺寸/mm (in) 长度	953 (37 1/2)	1353 (53 1/4)	2020 (8 3/8)	2294 (90 5/16)	2690 (106)	3110 (112 1/2)	3132 (123 1/3)	3410 (134 1/3)	3850 (151 3/5)
宽度	552 (21 5/8)	595 (23 7/16)	1060 (41 1/8)	1190 (46 7/8)	1350 (53 1/8)	1600 (63)	1600 (63)	1600 (63)	1905 (75)
高度	620 (243/8)	840 (33)	620 (33)	630 (24 3/4)	800 (31 1/2)	840 (33)	840 (33)	1150 (45)	1235 (48 3/5)
质量/kg (lb)	532 (1173)	1761 (3882)	2410 (8433)	3788 (8351)	5500 (12990)	8300 (19269)	8556 (18863)	10806 (23823)	16625 (36650)

50. 钻井大钩由哪几部分组成？

大钩是钻机游动系统中的主要设备。它的功用是在正常钻进时悬挂水龙头和钻具；在起下钻和下套管时悬挂吊环和吊卡等辅助设备工具，可起下钻具或套管，并完成其他辅助起重工作。

国内外石油钻机使用的大钩种类很多，但从主要结构上看分单钩、双钩和三钩(一个主钩及两个吊环钩)。石油钻机用的大钩一般都是三钩。同时，由于 A 型井架的应用，出现了一种将游动滑车和大钩组合在一起的"游车大钩"。这种组合式的大钩是为了减少游动滑车和大钩在井架内所占有的空间，它比一般用游车和大钩连接一起的总长要短许多。依制造方法不同，钩身有锻造的、钢板组焊的和铸造的，后者轻便些。

钻井作业对大钩的要求是：应具有足够的强度和工作可靠性；钩身能灵活转动，以便上、卸扣；大钩弹簧行程应足以补偿上、卸钻杆扣时的距离；钩口和侧钩的闭锁装置应绝对可靠、闭启方便；大钩应有缓冲减振功能，减小拆卸立根的冲击。

大钩主要由钩身、钩杆、钩座、提环、止推轴承和弹簧组成。其结构如图 6 – 27 为配用 ZJ45 钻机的 DG – 350 大钩，由兰石厂设计制造。DG – 350 大钩的吊环 1 与吊环座 3 用销轴 2 连接。吊环座与钩杆 12 焊接、筒体 7 与钩身 8 用左旋螺纹连接，并用止动块防止螺纹松动，钩身和筒体可随钩杆上、下运动。5 和 6 为两筒体内两个负荷弹簧，起钻时能使立根松扣后向上弹起。

51. 钻井大钩的性能特点和技术参数是什么？

(1)筒体内特殊的结构，使筒体和钩身空腔内的机油具有良好的液力缓冲功能。

(2)大钩的制动机构可使大钩钩身在 360°范围内每隔 45°锁住，钩体上的安全闭锁装置可避免水龙头提环脱出。

(3)大钩主要零件采用高强度合金钢，并经无损探伤检测。

钻井大钩的技术参数如表 6 – 10 所示。

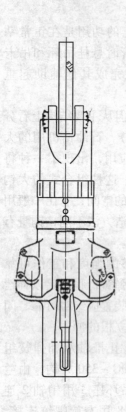
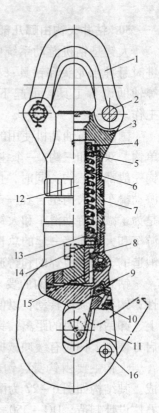

图 6 – 27 DG – 350 大钩

1—吊环；2—销轴；3—吊环座；4—定位盘；5—外负荷弹簧；6—内负荷弹簧；7—筒体；8—钩身；9—安全锁块；10—安全锁插销；11—安全锁体；12—钩杆；13—座圈；14—止推轴承；15—转动锁紧装置；16—安全锁转轴

表 6 – 10 钻井大钩的技术参数

型号	DG – 50	DG – 100	DG – 135	DG – 225	DG – 315	DG – 450	DG675	DG900
最大钩载/kN（lb）	500（110000）	1000（300000）	1350（37400）	2250（500000）	3150（700000）	4500（1000000）	6750（1500000）	9000（20000000）
弹簧行程/mm	140	140	150	180	200	200	220	250

230

型号	DG-50	DG-100	DG-135	DG-225	DG-315	DG-450	DG675	DG900
主钩口开口尺寸 mm	130	140	165	190	220	220	235	305
外形尺寸（长×宽×高）/（mm×mm×mm）	1660×552×500	1900×765×700	1997×700×730	2548×780×750	2960×890×835	2960×890×880	3730×1210×930	4150×1315×1110
质量/kg	419	1310	1685	2175	3430	3520	7300	10350

52. 钢丝绳在钻井现场的选用要求是什么?

钻机游动系统的钢丝绳在钻井现场使用最多，消耗量最大，另外整体起升的井架还配备有起架大绳，钻台上有悬吊各种辅助设备用绳，各种安全绳及测试捞砂绳等。因此，要求石油钻机专用钢丝绳具有较高的强度和良好的韧性，耐压、耐磨和抗油气腐蚀。钢丝绳在钻井作业中始终处在极复杂、繁重的条件下承受拉伸、弯曲、扭转应力和磨损、挤压的作用。

总之，钢丝绳在钻井现场的使用是相当广泛的，钻井队常用钢丝绳如表6-11所示。

表6-11 钻井队常用钢丝绳

名　称	钢丝绳直径/in	长度/m
游动系统大绳	1~1 3/8	400~600
起架大绳	1 1/8~2	—
防碰天车挡绳	1~1/8	10
防碰天车吊绳	3/8	40
外钳吊绳	3/8	72~74
内钳吊绳	3/8	64~68
防喷盒吊绳	3/8	35~40

231

名　　称	钢丝绳直径/in	长度/m
大门绷绳(钢绳段)	5/8 ~ 3/4	40
高悬猫头绳(钢绳段)	5/8 ~ 3/4	50 ~ 60
外钳尾绳	7/8	8
内钳尾绳	7/8	7
气测用绳	1/8	100
地质测方入绳	1/8	150
大钳猫头绳	5/8 ~ 3/4	10 ~ 12[①]

注:[①]虽然部分井队在特殊情况下仍在使用,亦应控制,尽量不用。

53. 如何合理使用钢丝绳?

(1)钢丝绳在滚筒上要规则排列,不得在钢丝绳缠乱情况下承受负荷。

(2)钢丝绳的直径应与滑轮绳槽相匹配,滑轮绳槽半径应略大于钢丝绳半径1mm左右。

(3)滑轮或滚筒直径与钢丝绳直径的比例要合理,二者的比值一般不得小于18。因为钢丝绳经过滑轮时不但承受弯曲交变应力,而且承受弯曲阻力,所以钢丝绳所通过的轮径越小,钢丝绳受力越大,其寿命越短。

(4)切割钢丝绳时应先用软铁丝缠好两端,缠绕长度为绳径的2 ~ 3倍,再用氧气切割或用剁绳器切断钢丝绳。

(5)上绳卡时,两绳卡间距离不应小于绳径的6倍,上卡子时,要正上,卡子的拧紧程度应在拧紧螺母后,钢丝绳被压扁1/3左右为宜。

(6)每周应检查一次钢丝绳润滑状态,如无润滑剂挤出应涂抹润滑脂。

54. 游动系统穿大绳的原则是什么?

目前,钻井用的绞车钢丝绳(现场称大绳)在天车—游车组上缠绕方法很多,常用的穿法不同,但总体来讲有顺穿和交互穿(花穿)两大类。不论采用什么样的穿法其穿大绳的原则如下。

（1）从滚筒到天车快绳轮绳子的变位角越小越好。

（2）天车和游车受力较平衡适当。

（3）有利于穿绳时，根据钻井工艺需要中途改变有效绳数。

（4）有利于安全和方便井架工在二层平台操作。

（5）在钻井作业过程中，承受最大静负荷时，井架受力较合理。

总之，要做到合理使用钢丝绳，延长其使用寿命。

55. 游动系统穿大绳的方法是什么？

游动系统钢丝绳的穿法分为交叉穿法和顺穿法，如图6-28所示。

顺穿法，如图6-28(a)，以自升式井架绳系5×6为例。

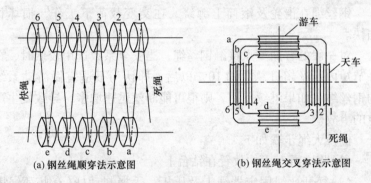

图6-28　钢丝绳的穿法示意图

（1）天车轮自死绳端编号为：1、2、3、4、5、6；游车自靠近井口一侧编号为：a、b、c、d、e。

（2）引绳的一端与钢丝绳相连，另一端穿过游车轮，用牵引设备按照1-a-2-b-3-c-4-d-5-e-6的顺序完成穿绳。穿完绳后将钢丝绳放出约60m长。

（3）将钢丝绳一端固定在滚筒绳座上，死绳端用死绳固定器固定。

交叉穿法，如图6-28(b)所示，以塔型井架绳系5×6为例。

（1）天车轮自死绳端编号为：1、2、3、4、5、6；游车自靠近井口一侧编号为：a、b、c、d、e。

（2）背引绳上天车台，并把引绳搭载天车死绳轮上（即天车1#轮）。

（3）引绳的一端与钢丝绳相连，另一端穿过游车轮（从井架2#大腿向1#大腿方向穿），然后拴在上行的大绳上。第一次、第二次引绳头都拴在天车滑轮上行绳上；第三次拴在a轮至6号轮的上行绳上；第四次拴在e轮至2#轮的上行绳上；第五次拴在b轮至5#轮的上行绳上。

（4）穿完大绳，解去引绳，活绳头固定在滚筒上，另一端固定在死绳固定器上。

56. 钢丝绳的倒换步骤是什么？

钢丝绳在滑轮及滚筒上缠绕，在交变载荷下工作，损坏相当快。

对一般的普通型点接触钢丝绳，当安全系数选用较低时，在一节矩内断丝超过总数的10%以后，即认为不适宜做游动系统的钢丝绳，如果继续使用，则很可能断丝迅速增多，导致发生严重的事故。

倒换大绳步骤如下。

（1）将空游车大钩放置在钻台上。

（2）松开死绳固定器绳卡及压板，手握制动杆（有些死绳固定器无制动杆可通过木滚筒控制钢丝绳放出速度），放出需用的储备在木滚筒上的钢丝绳。

（3）慢合低速气开关，使滚筒轻轻地转动，将应该换上来的新钢丝绳缠绕在滚筒上。

（4）然后倒开滚筒缠绕钢丝绳，松开活绳头压板，剎去报废的一段，并把它从滚筒上抽出，将新的活绳头用压板固定牢固。

（5）重排滚筒第一层钢丝绳，提起并调整游车大钩的高度（对无绳槽的滚筒，当吊卡贴近转盘面时，大型钻机约留一层半，轻便钻机也不能低于六圈）。

（6）最后紧固死绳头。

使用此种倒换方法可以大大延长钢丝绳的使用寿命。

57. 钢丝绳的换新标准是什么?

游动系统大绳发现下列情况之一者,应当立刻更换或倒换。

(1)钢丝绳有整股折断者应换新。

(2)外层钢丝磨损或锈蚀程度超过原直径的40%时应换新。

(3)有压扁或折痕严重者应换新。

(4)在某一节矩内断丝超过如下标准时应换新,具体如表6-12所示。

表6-12 更换标准

强制安全系数	在某一节矩的断丝数			
	6×19	6×37	6×61	18×19
5以下	12	22	36	36
6~7	14	26	38	38
8以上	16	30	40	40

58. 钢丝绳的维护要求是什么?

(1)放置。

放置钢丝绳的木滚筒要放在支架上,禁止砖瓦、砂石等脏物腐蚀。

(2)切割。

切割前用铅丝缠绕切割部位的两端(每端缠绕长度约为绳径的3倍),切割后防止松散。

(3)卡绳卡。

注意选用和钢丝绳规格相同的绳卡,上绳卡时使间距不小于绳径的6倍,卡子上紧程度以钢丝绳有轻微压扁为合适。

(4)定期用钢丝绳油或黄油润滑。

(5)钢丝绳在滚筒上的排列必须整齐,尤其是没有绳槽的滚筒,应坚持使用排绳器。

(6)尽量防止金属棱角撞击、碰磨、挤压钢丝绳。

(7)发生大绳跳槽后,应立即停止使用,尽快排除。

第七章　DQ-70BS 顶部驱动系统

第一节　DQ-70BS 系统的主要技术参数

1. 顶驱系统的基本参数有哪些?

顶驱系统的基本参数如表 7-1 所示。

表 7-1　顶驱系统的基本参数

序号	名　称	技 术 参 数
1	名义钻井深度/m	7000(4 1/2 钻杆)
2	最大载荷/kN	4500
3	水道直径/mm	76.2
4	额定循环压力/MPa(psi)	35(5000)
5	系统质量/t	12(主体,不含单导轨和运移托架)
6	工作高度/m	6.1(提环面到吊卡上平面)
7	电源电压/VAC	600
8	额定功率/hp	400×2
9	环境温度/℃	-35~50
10	海拔/m	≤1000

2. 顶驱系统的钻井参数有哪些?

顶驱系统的钻井参数如表 7-2 所示。

表 7-2　顶驱系统的钻井参数

序号	名　称	技 术 参 数
1	转速范围/(r/min)	0~220 连续可调
2	工作扭矩/kN·m	50(连续)
3	最大扭矩/kN·m	75(间断)

DQ70BS 顶驱工作曲线如图 7-1 所示。

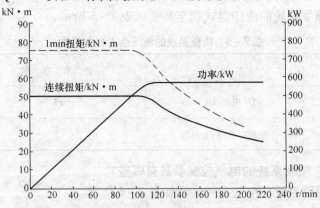

图 7-1 DQ-70BS 顶驱工作曲线

3. 顶驱系统的电动机参数有哪些？

顶驱系统的电动机参数如表 7-3 所示。

表 7-3 顶驱系统的电动机参数

序号	名　　称	技 术 参 数
1	额定功率/hp	400×2，连续
2	额定转速/(r/min)	1150
3	最大转速/(r/min)	2400

4. 顶驱系统的冷却风机参数有哪些？

顶驱系统的冷却风机参数如表 7-4 所示。

表 7-4 顶驱系统的冷却风机参数

序号	名　　称	技 术 参 数
1	型号	YB132S1-2-HWF1（船用隔爆，室外防腐）
2	额定功率/kW(hp)	5.5(7.5)
3	额定电压/VAC	380
4	额定频率/Hz	50
5	额定电流/A	11A
6	额定转速/(r/min)	2900

5. 顶驱系统的液压盘式刹车参数有哪些？

顶驱系统的液压盘式刹车参数如表7-5所示。

表7-5 顶驱系统的液压盘式刹车参数

序号	名　称	技　术　参　数
1	刹车扭矩/kN·m	68
2	油缸工作压力/MPa	7

6. 顶驱系统的电气控制参数有哪些？

顶驱系统的电气控制参数如表7-6所示。

表7-6 顶驱系统的电气控制参数

序号	名　称	技　术　参　数
1	VFD输入电压/VAC	600
2	VFD输出频率/Hz	0~121
3	电机主极温度和控制极温度/℃	220，报警
4	减速箱油温/℃	75，报警
5	液压源油温/℃	75，报警

7. 顶驱系统的减速箱参数有哪些？

顶驱系统的减速箱参数如表7-7所示。

表7-7 顶驱系统的减速箱参数

序号	名　称	技　术　参　数
1	速比	10.5:1 双级减速
2	润滑与冷却方式	齿轮油泵强制润滑，过滤空气冷却

8. 顶驱系统的管子处理装置参数有哪些？

顶驱系统的管子处理装置参数如表7-8所示。

表 7 - 8　顶驱系统的管子处理装置参数

序号	名　称	技术参数
1	旋转头转速/(r/min)	8 ~ 10(可调)
2	液压马达工作压力/MPa	16
3	上部内防喷器(遥控)	6⅝″ API REGbox ~ pin, 70MPa
4	下部内防喷器(手动)	6⅝″ API REGbox ~ pin, 70MPa
5	背钳通径/mm	200
6	背钳夹持范围	2⅞″ ~ 5½″
7	最大卸扣扭矩/kN·m	75
8	下吊环	2740mm, 350t
9	倾斜臂倾斜角度/(°)	前倾30，后倾50

9. 顶驱系统的液压控制参数有哪些？

顶驱系统的液压控制参数如表 7 - 9 所示。

表 7 - 9　顶驱系统的液压控制参数

序号	名　称	技术参数
1	工作压力/MPa	16
2	工作流量/(L/min)	40
3	电动机电压/VAC	380
4	电动机功率/kW	15
5	电动机转速/(r/min)	1450

第二节　DQ - 70BS 系统的结构原理

10. 钻井装置由哪几部分组成？

国产 DQ - 70BS 顶部驱动钻井装置主要由动力水龙头、管子处理装置、电气传动与控制系统、液压传动与控制系统、司钻操作台、单导轨与滑车以及运移架等辅助装置共同组成。顶驱主体结构如图 7 - 2 所示。

11. 动力水龙头由哪几部分组成，作用是什么？

（1）结构

动力水龙头部分由齿轮减速箱、两个交流电机、提环、冲管

239

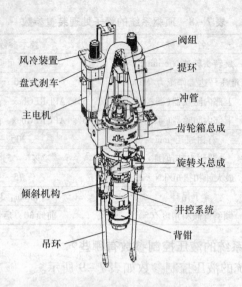

图 7-2　DQ70BS 顶驱主体结构

盘根总成以及位于电机上端的刹车装置等组成。水龙头提环采用销钉固定在本体上，与游车相联，如图 7-3 所示。

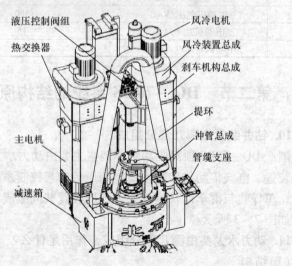

图 7-3　DQ-70BS 顶驱的动力水龙头

240

（2）作用

动力水龙头的主要作用是由交流电机驱动主轴旋转钻进、上卸扣，同时循环泥浆，保证正常的钻井作业的需要。

12. 主电机与风冷电机由哪几部分组成？

两台主电机并排安装在齿轮箱上，电机为双轴伸，下端连接主传动小齿轮，上端连接刹车装置。如图7-3所示。

每个主电机可以提供400hp的连续功率，在60Hz频率下的额定转速为1150r/min，通过变频调速系统无级调速。

主电机为交流变频专用电机，可承受6g的振动。采用牢固的铸钢机座外壳结构，强度大，减小了电机运行时的振动。电机绝缘采用ClassF绝缘材料以及100%环氧树脂的真空压力浸渍，并采用开式脂润滑防磨轴承。

电机额定输出扭矩的限定值由电流来限定，输出扭矩与电流之间的关系基本为正比例关系。

在主电机的上方装有风冷电机，由功率为5.5kW的隔爆三相交流异步电机驱动，风机转动后将风从盘式刹车外壳处的吸风口吸入（该吸风口也是减速箱润滑系统的热交换器，这样就同时给润滑油散热了），通过风道压至主电机上部的入风口内，然后通过电机内部，由下部的出风口通过双层金属网排出，这种结构简单、坚固耐用的设计保证了强制通风的可靠性。

在主电机的风机外壳上端装有风压开关及两个温度传感器，一个用于监测主电机温度，另一个监测控制温度。

13. 刹车装置由哪几部分组成，作用是什么？

（1）组成

每个电机主轴上部的轴伸端都装有液压操作的盘式刹车，通过两对刹车油缸对刹车盘施以夹紧力，以实现刹车，其制动能量与施加的压力成正比。

每个刹车体带有两个复位弹簧，可以使刹车摩擦片在松开刹车时自动复位。刹车摩擦片的磨损量是通过增加活塞行程来自动补偿的。其结构如图7-4所示。

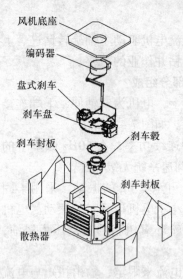

风机底座

编码器

盘式刹车

刹车盘

刹车封板

刹车毂

刹车封板

散热器

图7-4　刹车装置的结构图

（2）作用

①承受井底钻具的反扭矩；

②当井下遇卡时，如果电机停止转动，钻具将迅速反弹，此时需要刹住钻具，以防倒转脱扣；

③当电机飞车时起制动作用。

14. 减速箱由哪几部分组成？

该减速箱采用二级齿轮传动，传动比大，为 10.5:1。两对齿轮均为斜齿轮，传递扭矩大，噪声低，以适应电机崩扣时大扭矩的要求。所有轴承均采用 SKF 轴承，抗震动冲击。结构如图 7－5所示。

减速箱的润滑系统采用油泵强制润滑。润滑泵为摆线齿轮结构，可逆式，由一个主电机输出轴驱动，正反转都可输出润滑

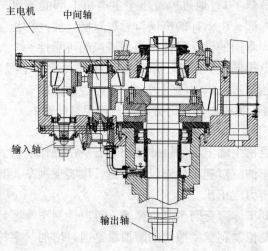

主电机　　中间轴

输入轴

输出轴

图7-5　减速箱结构

242

油。泵输出的润滑油经溢流阀、过滤器、散热器到各个润滑点喷洒到上止推轴承、1级高速传动齿轮啮合处、2级传动齿轮啮合处，流经主轴承回到油箱。

减速箱的润滑系统管路中安装有压力和温度传感器，对减速箱油温和循环油泵的压力进行监测并实时报警。

15. 冲管总成由哪几部分组成?

冲管总成安装在主轴和鹅颈管之间，主要由上密封盒、钻井液冲管、下密封盒等组成。与通常的水龙头冲管总成一样，应定期对冲管盘根总成进行保养，以延长其使用寿命。其结构如图7-6所示。

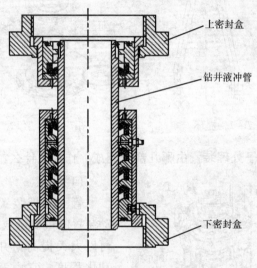

上密封盒

钻井液冲管

下密封盒

图7-6 冲管总成

16. 提环有什么特点?

提环为整体式水龙头提环，在顶驱中是非常重要的承载零部件，顶驱的总体重量都由提环负担。提环通过提环销与减速箱相连，上面吊在游车大钩上，如图7-7所示。

DQ-70BS顶驱装置采用的提环在标准450t水龙头提环的基础上加粗加长，性能指标均达到API要求。

17. 鹅颈管有什么特点？

鹅颈管是钻井液的通道，安装在冲管支架上。鹅颈管下端与冲管相连，上端打开后可以进行打捞和测井等工作。鹅颈管鹅嘴端通过 S 型管与水龙带相连，是钻井液的入口，如图 7-8 所示。

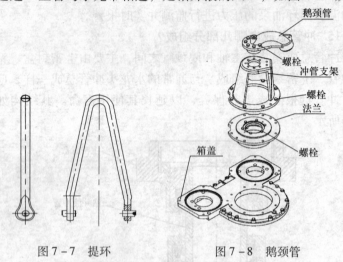

图 7-7 提环   图 7-8 鹅颈管

18. 管子处理装置由哪几部分组成，作用是什么？

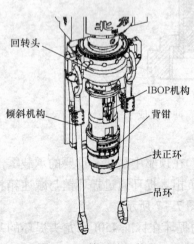

图 7-9 管子处理装置

（1）组成

管子处理装置是顶部驱动装置的重要组成部分之一，可以大大提高钻井作业的自动化程度。它由背钳、内防喷器及其操纵机构、倾斜机构、吊环吊卡等组成，如图 7-9所示。

（2）作用

管子处理装置是为起下钻作业服务的。其作用是对钻柱进行操作，可抓放钻杆、上卸扣，井喷时遥控内防喷器关闭钻柱内通道，可以在任意高度用电机上卸扣。

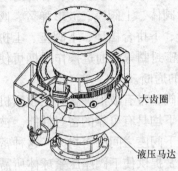

大齿圈

液压马达

图 7 - 10　回转头

19. 回转头由哪几部分组成？

回转头上端与减速箱相接，下端与背钳套筒连接，独立于主轴运动，其结构如图 7 - 10 所示。回转头的转动是靠液马达带动大齿圈驱动的，由调速阀调节液压马达的转速，通常设定回转头的转速为 8 ~ 10r/min。回转头可以作顺时针、逆时针两个方向的运动，带动吊环吊卡转动，以便适应去鼠洞抓取单根以及在主体上移至二层台时对准钻杆排放架，抓放钻柱。

这里特别要说明的是：DQ－70BS 顶驱的回转头机构与其他顶驱不同。该悬挂体直接座落在与减速箱相接的内套上，其内部有一止推轴承和两个扶正轴承，因此在起下钻或下套管时该悬挂体能够直接承载吊环的 350t 或 450t 载荷，而钻井时的承载是通过主轴将负荷直接传递到减速箱内的止推轴承上。所以，DQ70BS 顶驱是双负荷通道，可有效提高主轴承寿命。

20. 内防喷器由哪几部分组成，作用是什么？

（1）结构

内防喷器（Internal Blowout Prevent，即 IBOP），它由上部的遥控内防喷器和手动内防喷器组成，如图 7 - 11 所示。上部的遥控内防喷器与动力水龙头的主轴

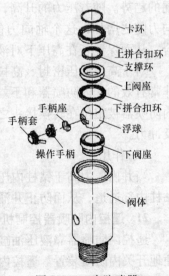

卡环

上拼合扣环

支撑环

上阀座

手柄座

手柄套

操作手柄

下拼合扣环

浮球

下阀座

阀体

图 7 - 11　内防喷器

相接，下面的手动内防喷器与保护接头连接，钻井时保护接头与钻杆相接。内防喷器公母螺纹是 65/8REG。遥控和手动内防喷器的结构基本相同。其组成包括：阀体、上阀座、波形弹簧、阀芯、操作手柄、十字滑块、手柄套、下拼合挡环、下阀座、上拼合挡环、支承环、孔用挡圈、O 形密封圈等。通过操作手柄可使球阀旋转 90°，从而实现钻柱通道的通断。

内防喷器采用了金属密封的球阀，带有波形弹簧补偿预紧机构和压力助封机构，在低压和高压下均具有可靠的密封性能。被密封的流体的压力产生了阀芯和上下阀座之间的密封力，这种密封力起到了压力助封作用，波形弹簧提供使下阀座压紧球体所需的力，并且当阀门从下方进行密封时，波形弹簧能够提供不受阀门压差影响的密封力。

在低压状态下，有一定预紧力的弹簧，把上阀座推向阀芯，使它们保持接触并有一定的接触力。此时如果有低压液体通过内防喷器，由于阀芯与上阀座紧密接触并有一定预紧力，液体不会漏失。

当液体压力逐渐升高，预紧力不足以密封液体时，液体有泄漏的趋势。随着压力的升高，在密封环两端的面积差上产生的轴向力随之增加，这个轴向力使上、下阀座和阀芯进一步紧密结合，从而保证了在高压下对液体的密封。

对于高压低压密封、高拉伸强度、高扭转强度，内防喷器是非常有效的。内防喷器和下端转换接头以及钻井工具接头匹配。内防喷器被定位在转换接头之上用来关闭主钻井钻孔，并且承受反冲力。

（2）作用

当井内压力高于钻柱内压力时，可以通过关闭内防喷器切断钻柱内部通道，从而防止井涌或者井喷的发生。

21. 遥控内防喷器控制机构由哪几部分组成？

遥控内防喷器靠液压油缸操作换向，可以在司钻控制台上方便地开关内防喷装置。遥控内防喷器的操作机构由一对悬挂于回转头下的油缸、套筒、扳手等组成。当司钻台给液压控制阀组中的 IBOP 回路电控信号时，油缸就推动 IBOP 套筒上行，带动曲柄和转销转动关闭 IBOP 的球阀，下行则打开 IBOP 球阀。由于油缸与套筒之间的连接下端为滚轮接触，可保证套筒随主轴转动时与油缸活塞杆上的滚轮滚动运动。图 7 – 12 为遥控内防喷器的机构示意图。

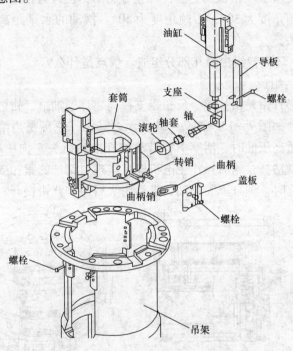

图 7 – 12　遥控内防喷器控制机构

　　注意：正常钻井情况下主轴转动时，不得操作内防喷器，以防憋泵。只有当发生井喷、井涌时才操作，使之关闭。一般不允许在起下钻时将内防喷器关闭，原因是担心在井喷、井涌关键时刻内防喷器关闭不严，造成重大事故。开钻前一定要检查操作面板各指示灯，看 IBOP 按钮是否在打开位置，一定要先打开内防喷器，再开泥浆泵。对于施加在钻杆上的高流量、高压密封和高应力载荷，遥控内防喷器是很好的开关装置。

22. 倾斜机构的作用是什么?

由倾斜油缸推动吊环吊卡作两个方向的运动,可实现前倾、后倾,并具有自动复位功能,使吊环吊卡自动复位到中位。前倾可伸向鼠洞或二层台抓放钻杆;后倾的作用是使吊卡回位,最大后倾时使吊卡离钻台面更远,可充分利用钻柱进行钻进。

前倾角度为30°,后倾角度为50°。摆动的水平距离与吊环长度有关。

23. 环形背钳由哪几部分组成,优点是什么?

(1)组成

环形背钳是由托座、反扭矩支撑筒、环形油缸、钳体和钳头等组成,如图7-13、图7-14所示。其工作原理是当给环形油缸上腔通高压油时,活塞下行带动连杆推动钳头5向中心前进,从而夹紧钻杆,这时操作主电机即可实现对钻柱的紧扣或卸扣作业;回位时,油缸下腔进油,带动钳头后退,背钳松开。

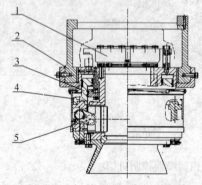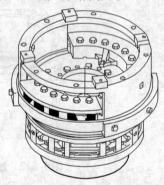

图7-13 环形背钳结构　　　图7-14 环形背钳外形图
1—托座;2—反扭矩支撑筒;3—环形油缸;
4—钳体;5—钳头

(2)优点

与井口液压大钳相比其显著的优点在于,顶驱的背钳可以在整个有效钻进进程内,方便地进行起下钻和增减钻柱的"崩扣"和"预紧"操作,因此对避免和处理钻井事故显示出极大的优越性。

① 结构自动定心。

背钳结构中心与顶驱回转中心一致，因此背钳不需要另设定心扶正机构。

② 三点同步卡紧。

三块卡瓦在环形油缸的驱动下实现同步运动（背钳设三块牙板，每块牙板又分两个卡夹区，因此实际是六点夹持），较卡瓦两点单动卡紧更合理可靠。

③ 杠杆增力机构。

卡瓦夹紧组件为一连杆滑块增力机构，其卡夹角越小增力效果越显著，因此油缸采用较小的系统压力可获得较大的卡夹力。

④ 简化系统结构。

由于背钳与减速箱体成刚性连接，又可将操作内防喷器的油缸固定在背钳吊架上，因此较其他顶驱省掉四道动密封；同时为克服反扭矩不需要系统另设锁紧机构，这样就大大减化了系统结构，并减少了机械故障的几率，降低了检修费用。

24. 钻柱丝扣防松机构由哪几部分组成？

为防止顶驱卸扣时主轴与 IBOP 接头及保护接头之间丝扣松开，特在这些接头之间安装了防松装置。其结构如图 7 – 15 所示。

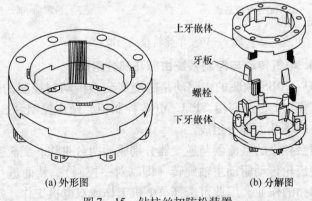

上牙嵌体

牙板

螺栓

下牙嵌体

(a) 外形图 　　　　　　　　(b) 分解图

图 7 – 15　钻柱丝扣防松装置

25. 导轨与滑动小车由哪几部分组成?

导轨的主要作用是承受顶驱工作时的反扭矩。DQ70BS 顶驱所用的单导轨采用双销连接。与顶驱的减速箱连接的滑动小车穿入在导轨中,随顶驱上下滑动,将扭矩传递到导轨上。导轨最上端与井架的天车底梁后安装的耳板以 U 形环连接,导轨下端与井架大腿的扭矩梁连接,使顶驱的扭矩直接传递到井架下端,避免井架上端承受扭矩。其结构如图 7 - 16 所示。

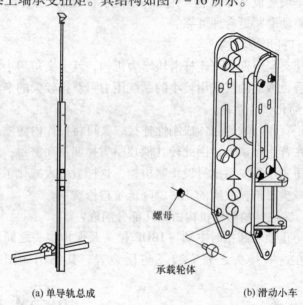

(a) 单导轨总成　　　　　　　　　(b) 滑动小车

图 7 - 16　单导轨总成与滑动小车

26. 电气传动与控制系统由哪几部分组成?

DQ - 70BS 顶驱的主驱动是由交流变频传动与控制的。由 2台整流柜、2 台逆变柜、PLC/MCC 控制柜、操作控制台、电缆、控制电缆等几大部分组成。

两台独立的整流器与逆变器分别驱动两台 400hp 交流变频电机通过齿轮传动驱动主轴旋转(即一对一控制),从而进行钻进和上卸扣的作业。因此可选择单电机工作或双电机工作。双电机工作时，通过 SIMOLINK 实现主从控制，传输速度达 11MB/s。两套逆变器可互为备份，当一台出现故障时，另一台尚可轻载工作，这是一对二控制方式所不能达到的。

采用矢量控制方式，对转速、扭矩的控制精度高，反应速度快。

系统选择全范围工作时，可实现恒扭矩和恒功率自动切换，在通常钻井工况下设置在恒扭工作模式。

此外，该电气系统可实现转矩控制与速度控制的自动切换功能，这对于复杂钻井过程中在憋钻解除后主轴转速激增的抑止非常有用。即：正常钻井是在扭矩控制方式下工作，当旋转钻井遇阻工作扭矩达到限定扭矩时，主轴转速逐渐为零，此时若上提钻柱，阻力减小，则主轴上的弹性能释放转速越来越高，这时若不迅速采取刹车制动，极易造成钻柱在惯性下松扣的危险，该系统在这种情况下就可由扭矩控制自动切换到转速控制，将转速控制到设定值。PLC 对整个系统进行逻辑控制，并监测各部分动作、故障诊断报警及程序互锁防止误操作。

PLC 与驱动之间通过 PROFIBUS 现场总线控制，可靠性高，抗干扰能力强。本体子站的控制采用光纤传输，信号传输速度快，抗干扰能力强，与其他子站通过屏蔽双绞线相连。系统主控 PLC 为西门子 S7 – 300 系列可编程控制器；CPU 为 315 – 2DP；所有远程输入 / 输出控制站为 ET200X。

PLC 具有自诊断功能，配合 WINCC 监控软件系统可快速查找故障。实时反映顶驱运行状态和数据，采样周期快。可实现报警和数据归档功能，自动生成工作曲线，并可查找历史数据。整套电控系统操控灵活，并具有很强的联锁保护功能，防止各种误操作，如：操作模式的切换、正常钻井中刹车、背钳的动作等。

27. 电控房内的驱动系统与 PLC 由哪几部分组成？

（1）驱动系统：包括两台逆变器及其整流器。

（2）PLC/MCC 系统：包括各功能单元的直流和交流配电系统。

PLC 与各控制站和驱动系统通过 PROFIBUS 总线相连：PLC 与本体子站通过光纤相连，与其他子站通过屏蔽双绞线相连。系统主控 PLC 为西门子 S7 – 300 系列可编程控制器；CPU 为 315 – 2DP；所有远程输入/输出控制站为 ET200X。

28. 电控房外的控制站由哪几部分组成？

电控房外的控制站包括本体子站、液压控制站和司钻操作台，如图 7 – 17 所示。

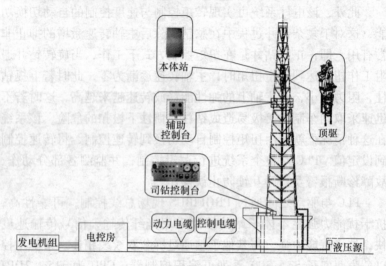

图 7 – 17 DQ – 70BSD 顶驱系统示意图

（1）本体子站

本体子站安装在顶驱滑动小车上。其功能是读取电机冷却风机信号（如风压）、减速器信号（如油温）和控制液压阀（如 IBOP）。

（2）液压控制站

该控制站控制两台液压泵（一用一备）和液压油冷却泵；两台液压泵和冷却泵可以就地启动也可以通过 PLC 自动控制启动。

（3）司钻台

司钻台具有钻井所需的所有操作功能，其可设置顶驱速度、转矩、操作模式和钻井的各种辅助操作。司钻台为正压防爆型EXpniaIIT4，其只能在保护气体压力正常时上电。当柜内压力低于5kPa，便报警。顶驱司钻操作台如图7-18所示。

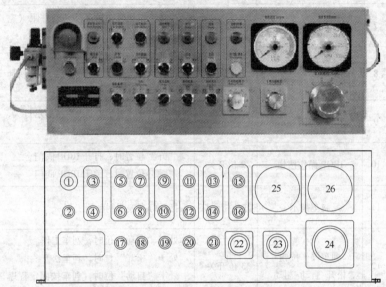

图7-18　DQ-70BS顶驱的司钻操作台

司钻台的面板各按钮和指示灯说明如表7-10所示。

表7-10　司钻台面板操作

标号	名　称	类　型	功　能
1	紧急停止	蘑菇状按钮	按下按钮停止所有操作，然而主电机冷却风机仍工作
2	井控	带保护按钮	井喷操作与其他设备联锁
3	液压源运行指示	绿色指示灯	当液压泵正常运行时灯亮
4	液压源操作运行/停止	2位开关	此开关可启动或停止液压泵运行
5	吊环回转反转/停/正转	3位开关自动复位	弹簧复位旋钮，自动回中位。此开关可使旋转头正转、反转、停止

253

标号	名 称	类 型	功 能
6	背钳	按钮	按下并保持使背钳卡紧，松开为背钳释放
7	吊环中位	按钮	当按下按钮时，吊环浮动到井眼（空挡）位置
8	吊环倾斜后倾/停止/前倾	3位开关自动复位	弹簧复位旋钮，自动回中位。在中位时锁住油缸。前倾、后倾时，使倾斜油缸可推动吊环前后移动
9	IBOP 关闭指示	红色指示灯	指示灯亮，表示 IBOP 关。指示灯灭，表示 IBOP 开
10	IBOP 操作按钮	2位开关	"开"位置时，打开 IBOP 阀门。"关"位置时，关闭 IBOP 阀门
11	刹车指示	红色指示灯	指示灯亮表明制动器工作
12	刹车操作按钮松开/自动/制动	3位开关	处于"制动"位时，刹车工作。处于"松开"位时，刹车松开。处于"自动"位时，刹车按固定程序工作
13	就绪指示灯	绿色指示灯	在做好一切开机准备工作后，该指示灯亮
14	复位按钮	按钮开关	一旦主控制柜出现故障，可通过它来进行复位
15	故障/报警指示灯	红色指示灯	该指示灯为综合故障指示：系统出现报警时，指示灯将闪烁；系统出现故障时，指示灯将常亮
16	停止报警/灯实验	按钮开关	当警笛响时按下按钮，关闭警笛。故障指示灯将一直亮到故障排除或重新设置
17	辅助操作	2位开关	二层台操作吊环倾斜机构，该操作受司钻操作台控制

254

标号	名　　称	类　型	功　　能
18	风机 开/关/自动	3位开关	用于手动或自动运行电机的冷却风机
19	电机选择 A/A+B/B	3位开关	通过此开关来选择顶驱驱动电机 M_1 或 M_1+M_2 或 M_2 工作模式
20	操作选择 钻井/旋扣/扭矩	3位开关 右位自复位	用于顶驱操作选择 钻井为顶驱工作初始化
21	旋转方向 反转、停止、正转	3位开关	用于进行顶驱装置转向的选择，停止为顶驱工作初始化
22	上扣转矩设定	电位器	上扣操作时，设定上扣允许的最大转矩值
23	钻井转矩设定	电位器	钻井作业中设定钻具允许的最大转矩值
24	钻井转速设定	电位器	正常钻井操作时，设定钻具允许的最大转速值
25	钻井扭矩显示	计量表	以 kN·m 为单位显示本体主轴输出的实际转矩值
26	钻井转速显示	计量表	以 r/min 为单位显示本体主轴输出的实际转速值

29. 主电缆与控制电缆由哪几部分组成？

主电缆的作用是将主控制柜的变频输出连接到顶驱上部的主电机。

为了方便现场安装和连接电缆分为三段：

（1）第一段为地面电缆，长 26m（86ft），从主控制柜到井架底部；

（2）第二段为井架电缆，长 50m（165ft），从井架底部到井架上部；

（3）第三段为游动电缆，长 26m（86ft），从井架上部到主电机。

三段电缆之间以及主电缆与主电机、主电缆与主控制柜之间均采用连接器快速连接，现场作业十分方便。

控制电缆为多心电缆，采用连接器快速连接，现场作业十分方便。

主控制柜到顶驱上部的控制电缆为一条完整的电缆，与主电缆并行安装。

30. 液压传动与控制系统由哪几部分组成？

DQ – 70BS 顶部驱动钻井装置的液压系统包括提环平衡系统、对主电机或主轴制动的刹车系统、管子处理装置的旋转头回转系统、吊环倾斜系统、内防喷器控制系统、背钳系统等。各动作由 PLC 控制操作。液压系统由以下几大部分组成：

（1）液压源（地面泵站）；

（2）液压阀组；

（3）执行机构（平衡油缸、刹车油缸、IBOP 控制油缸、回转头马达等）；

（4）液压管线（游动管线、井架管线等）；

（5）附件。

31. 液压源由哪几部分组成，作用是什么？

（1）结构

液压源采用冗余设计，即两个电机分别驱动两个液压泵，外形如图 7 – 19 所示，原理如图 7 – 20 所示。正常工作时只需启动一台泵即可，另一台作为备份。液压源配置有异地控制系统，既可以在泵站上启停 A、B 两泵组或风冷泵的运行，也可在司钻操作台上进行同样的操作。液压泵的工作压力调定在 16MPa，靠泵自身的调压阀来调定，另外系统设有一个溢流阀，做安全阀用，通常设定为 18MPa。

液压源的液压泵为压力补偿型，即当系统压力低于设定压力 16MPa 时，泵将给出全流量，当系统压力达到设定值时，泵将以近似零流量工作，只输出极少供内泄漏所需的油液。

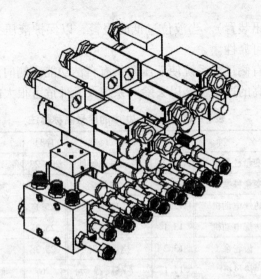

图 7 – 19　液压源外形图

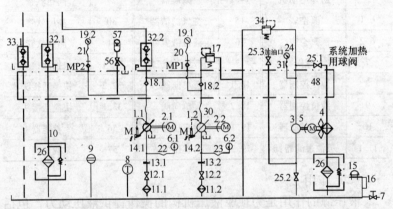

图 7 – 20　DQ – 70BS 顶驱系统液压源系统的原理图

　　液压源设有独立的风冷装置，对液压油进行冷却。该装置有一温控器，油温超过 70℃ 时，风冷电机自动启动，油温低于 30℃ 时停止，有自动挡和手动挡两种选择。

　　整个液压源的电路系统均为隔爆设计，电器控制箱、电机、液位控制、温度报警系统发讯装置均采用隔爆元件（过滤器为机械式发讯装置）。当液位过低时报警，以保护液压泵，提高了系统工作可靠性。

配置有侧过滤系统使液压源具有自洁功能。侧向油液经过一个精度较高的过滤器，以去除对系统及元件危害很大的杂质。

表7－11　图7－20中的序号名称标注

序号	名　称	序号	名　称	序号	名　称
1.1	变量柱塞泵	11.2	吸油过滤器具	20～23	测压软管
1.2	变量柱塞泵	12.1	球阀	24	耐震压力表
2.1	防爆电动机	12.2	球阀	25.1	球阀
2.2	防爆电动机	13.1	挠性接头	25.2	球阀
3	齿轮泵	13.2	挠性接头	25.3	球阀
4	冷风机	14.1	减震器	26	回油过滤器
5	防爆电动机	14.2	减震器	29	高压软管
6.1	真空表	15	空气滤清器	30	高压软管
6.2	真空表	16	液位液温计	31	测压软管
7	球阀	17	直动式溢流阀	32.1	快换活接头
8	温度控制器	18.1	单向阀	32.2	快换活接头
9	液位控制器	18.2	单向阀	33.1	快换活接头
10	回油过滤器	19.1	耐震压力表	56	蓄能器
11.1	吸油过滤器具	19.2	耐震压力表	57	截止阀

（2）作用

液压源的作用是为顶驱液压机构的操作提供液压动力，包括油箱、油泵、电机、阀块、电气控制等元器件。

32. 控制阀组由哪几部分组成？

控制阀组安装在两主电机之间，由主控制阀组及平衡机构阀组和蓄能器块等组成。主控制阀组为叠加式集成阀组，由防爆电磁阀、减压阀、双向平衡阀、液控单向阀、调速阀、双向溢流阀、双向单向节流阀、T路节流阀、溢流阀、单向阀等组成。

阀口分布如图7－21和图7－22所示。

阀块分为七个控制油路，分别控制不同的操作功能，如图7-23所示。

各油路均设置有压力检测点，以监测各路工作压力，同时也可通过测压点排出各路及油缸中的气体，使系统工作平稳。

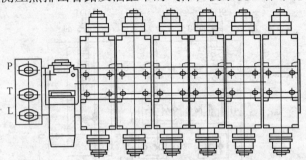

图7-21　控制阀组阀口分布图（一）

P—主阀块进油口；T—主阀块回油口；L—主阀块泄油口

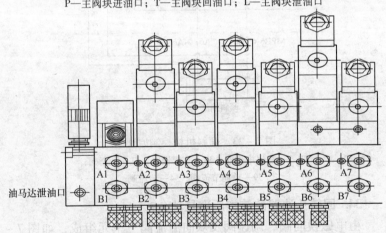

图7-22　控制阀组阀口分布图（二）

A1，B1—平衡油缸；A2，B2—环形背钳油缸；A3，B3—IBOP油缸；A4，B4—刹车油缸；A5，B5—回转马达；A6，B6—倾斜油缸；A7，B7—倾斜油缸

33. 倾斜机构油路的结构原理是什么？

由防爆电磁换向阀、平衡阀（或双向液压锁）和节流阀四个单元组成。电磁阀起换向作用，平衡阀使倾斜油缸以及与之相

259

连的吊环吊卡可以长时间的停在任意位置。调节节流阀可以改变倾斜臂（吊环）的运动速度。如图 7 - 23 所示。

防爆锁阀是控制吊环自动回中的，使吊环处于浮动状态，避免油缸受力，方便钻工操作吊卡。

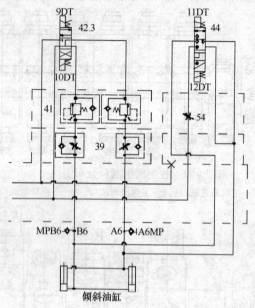

图 7 - 23　倾斜机构控制原理图

42.3—防爆电磁阀；44—防爆锁阀；41—平衡阀；

39—单向节流阀；54—节流阀

34. 回转头油路的结构原理是什么？

由电磁换向阀、调速阀及双向溢流阀三单元组成，如图 7 - 24 所示。调速阀可调节回转头的运动速度，回转头的速度一般调节在 10r/min 以下，以避免运动惯性过大。双向溢流阀的作用是防止回转头停止旋转时的惯性过大，造成油路压力过高对马达造成损害。

35. 主电机刹车油路的结构原理是什么？

主电机刹车油路由电磁换向阀、过渡块及减压阀组成，滑阀

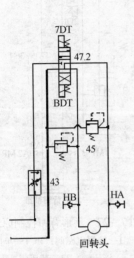

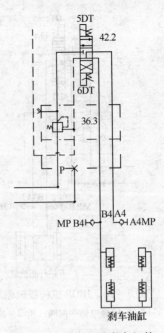

图 7 - 24　回转头油路控制原理图

47.2—三位四通电磁换向阀；

45—双向溢流阀；43—调速阀

图 7 - 25　主电机刹车机构

控制原理图

42.2—电磁换向阀；36.3—减压阀

机能为 Y 型，减压阀的作用在于调节执行机构所需的压力。如图 7 - 25 所示。

36. 遥控内防喷器操作油路的结构原理是什么？

由防爆电磁换向阀及减压阀组成，由减压阀调节执行机构所需的压力。如图 7 - 26 所示。

37. 背钳机构控制油路的结构原理是什么？

由防爆电磁换向阀、单向液压锁及减压阀三单元组成，由减压阀调节背钳所需的压力，双向液压锁使背钳的卡瓦可以长时间停在任意位置，主要用来在正常打钻时，卡瓦不外露以防碰伤钳牙。注意采用背钳夹紧、崩扣或紧扣时，切勿忘记动作完毕后，将背钳从夹紧状态转换为松开状态。如图 7 - 27 所示。

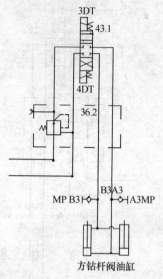

图 7 - 26　IBOP 机构控制原理图
43. 1—防爆电磁换向阀；36. 2—减压阀

图 7 - 27　环形背钳控制原理
42. 1—防爆电磁阀；36. 1—单向
液压锁；37—减压阀

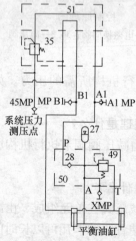

图 7 - 28　平衡系统控制原理
35—减压溢流阀；51—转换板；
27—蓄能器；49—溢流阀；
28—单向阀

38. 平衡系统控制油路的结构原理是什么？

　　由减压溢流阀、转换板二单元及与之相连的蓄能器组件组成。蓄能器组件由溢流阀、单向阀及蓄能器组成。平衡系统的主要作用在于平衡本体重量，保护丝扣在上卸扣时不至于磨损。减压溢流阀的作用在于调节平衡油缸的工作压力，与本体重量相适应；溢流阀起安全保护作用，防止负载冲击，蓄能器起缓冲减振作用。注意：拆卸时，一定要先将蓄能器块的溢流阀松开，使蓄能器泄压，因蓄能器充有 80bar（1bar＝10^5Pa）压力。如图 7 - 28 所示。

39. 管路系统由哪几部分组成？

液压动力源作为一个相对独立的组件，与控制系统采用软管连接，共三路油管，即高压输出、低压回油、泄漏油路。回油路经 10μm 过滤精度的回油过滤器以后再进入油箱，泄漏油则直接回油箱，即没有背压存在。

管线组成：爬井架管线、游动管线、控制管线。

各阀组之间及与油缸、马达等执行元件之间，采用软管连接，便于安装和拆卸。

第三节　DQ-70BS 系统的使用与维护

40. 启动前的检查项目有哪些？

（1）查看设备运转记录，了解前一个班作业过程中设备有无异常现象。

（2）检查减速箱油箱液位，液位不可过高或者过低，液位低时进行加油。

（3）检查液压系统油箱液位及过滤器。

（4）对每日应加润滑油（脂）的润滑点进行加油。

（5）检查液压油有无泄漏。

（6）检查液压软管情况。

（7）检查鹅颈管及接头有无损坏。

（8）目测顶驱悬挂电缆有无缠绕。

（9）检查安全锁线及安全销是否缺损。

（10）检查环形背钳钳头锁止销及螺栓。

（11）检查环形背钳钳牙的磨损状况。

（12）检查主轴防松装置有无螺栓松动。

（13）除顶驱外其他设备是否正常。

41. 电气启、停系统检查项目有哪些？

（1）启动系统检查项目

启动电气系统前，应当确认机械部分和液压系统已经准备就绪，仔细检查电气系统，检查项目包括：

① 确认所有电源开关（进线柜主空开除外）均已上电，电源正常。

② 司钻台为正压防护箱，CPU 第一次上电时，微压开关信号通过安全栅送到 PLC，如果司钻台为正压，经延时后，输出继电器闭合，向司钻台提供控制电源，司钻台"就绪指示灯"闪烁（1Hz）。

③ 按下【停止报警／灯测试】按钮 3s，测试司钻操作台所有指示灯，所有指示灯正常才可以启动系统；否则请更换指示灯。

④ 确认系统所有【紧急停止】按钮和井控状态均已复位。

⑤ 确认系统无故障报警。

⑥ 将司钻操作台【转速给定】手轮回到"零位"，【旋转方向】开关扳到"停止"位。

操作电控房内的【系统总启】开关到"启动"位置，驱动系统进入"就绪"状态：整流器开始运行，对应的进线柜主空开闭合，逆变器处于 OFF1 禁止状态。

注意：系统处于其他状态时，【系统总启】开关扳到"启动"位置无效，"总启"指示灯为闪烁状态（1Hz）；系统就绪之后，"总启"指示灯和司钻台"就绪"指示灯变为长亮。

（2）停止系统检查项目

系统停止时，首先将司钻操作台钻井【转速给定手轮】回"零位"，【旋转方向】开关扳到"停止"位，然后到电控房操作【系统总启】开关到"停止"位置。

42. 液压系统的启、停操作程序是什么？

（1）在液压源（本地）启动液压系统的程序

① 合上隔离开关，操作【泵选择】开关指向"A"或"B"，可以选择 A 泵运行或 B 泵运行。为保证两泵的同寿命，可隔周使用一泵。

② 当液压源"控制电源"指示灯亮时，操作【液压泵】开

关到"运行"位置，所选择的液压泵将启动，相对应的运行指示灯亮。

（2）在液压源（本地）停止液压系统的程序

【液压泵】开关扳到"停止"位置，液压泵停止运转，指示灯熄灭。

（3）司钻台启停液压系统的程序

将液压泵站的启/停设置为异地控制方式时，操作司钻台【液压源】开关到"运行"或"停止"位置，同样可以启停所选择的液压泵。

（4）液压系统冷却风扇的启动程序

将液压源【冷却风扇】开关打到"运行"位置，冷却风扇将直接启动，打到"自动"位置，将由 PLC 采集油温信号进行比较计算，如果油温超过报警值，冷却风扇自动启动。

注意：液压源原地检修等作业时，应断开隔离开关以保证安全。

43. 主电机加热器的启动程序是什么？

（1）顶驱装置主电机加热器电源正常且主电机未运行时，PLC/MCC 柜内的【电机加热】开关打到"加热"位置，加热器开始工作，PLC/MCC 柜门加热器指示灯显示运行状态。

（2）PLC 系统正常时，加热器与主电机连锁，主电机运行时加热器禁止工作。

44. 电机冷却风机操作程序是什么？

（1）司钻操作台的【风机】开关置于"开"位置，将按所选择驱动方式直接启动主电机风机，建立风压。在建立风压之前，系统将不允许启动（运行状态风压信号为 0，系统将故障停机）。

（2）将【风机】开关置于"关"的位置，将停止主电机风机和驱动柜风机，但是在系统运行状态，不管【风机】开关位置如何，风机均不会停止。

（3）【风机】开关置于"自动"位置时，所选择主电机的风机将启动，顶驱系统停止运行后，风机延时60min之后将自动停止。

顶驱系统运行时，禁止关闭风机。

45. 钻井模式操作程序是什么？

（1）将司钻台钻井【钻井转速设定】手轮回零，钻机【旋转方向】开关扳到"停止"位。

（2）操作【电机选择】开关选择顶驱系统电机工作方式（A电机、A/B电机或B电机）；【钻井转速设定】或【旋转方向】处于其他状态时，【电机选择】开关动作无效。

（3）在【钻井转速设定】手轮零位且系统未运行时，钻机【旋转方向】开关选择正向旋转（钻井模式时，反向旋转无效）。【钻井转速设定】手轮处于其他状态时，【旋转方向】开关动作无效。

（4）上一步骤完成后，【操作选择】开关选择顶驱系统为"钻井"工作方式。【钻井转速设定】手轮或【旋转方向】处于其他状态时，【操作选择】开关动作无法使系统切换为"钻井"工作方式。

（5）将【钻井扭矩限定】手轮缓慢离开零位，设定为需要的扭矩。

（6）钻井工作方式下，电机冷却风机风压信号正常后，在【钻井转速设定】手轮离开零位时，驱动系统启动，并按手轮给定转速正向旋转。

（7）达到钻井转矩限定后，驱动转为按钻井转矩手轮设定的恒转矩控制方式继续运转，直到转速为零，转矩保持不变。

（8）如果负载力矩减小，顶驱转速将会增加，转速大于手轮设定值之后，装置恢复为速度控制方式。系统在钻井工作方式需要正常停止时，可将【钻井转速设定】手轮回到零位，装置正常降速停车。如果【刹车】开关在"自动"位置，当系统转速降低后自动刹车。

（9）如果需要顶驱系统工作在恒功率范围，首先将系统停车，转速给定手轮回零，钻机【旋转方向】开关搬到"停止"位，操作 PLC／MCC 柜门【速度范围】选择开关到"全范围"位置，速度给定手轮值将对应 0～200% 额定速度（0～220r/min）；回到"正常"范围时，需要同样的操作方法，速度给定手轮值对应 0～100% 额定速度（0～110r/min）。

（10）系统在钻井工作方式正常运行时，误操作【旋转方向】开关离开正向位置，误操作【刹车】"制动"等情况时或出现电气故障 2 时（PLC 程序中定义，如驱动装置控制电源断电等），CPU 将转速设定值和转矩限定值给定为 0，系统将降速停车。

（11）在正常钻井模式过程中，操作【背钳】、【IBOP】将无效。

46. 刹车控制操作程序是什么？

（1）【刹车】"制动"位置，顶驱系统将降速停车，电机抱闸将在电机转速降低之后刹车；此工作状态下，系统不允许启动。

（2）【刹车】"自动"位置，顶驱系统启动时，在建立实际转矩之后自动打开电机抱闸；停车时盘式刹车将在电机转速降低之后刹车，并保持刹车状态。电机抱闸夹紧之后，刹车指示灯常亮；抱闸松开后，指示灯关闭。

（3）【刹车】开关"松开"位置（电机抱闸打开），顶驱系统可以启动，停车时电机抱闸不会刹车，装置保持零转速运行。

（4）【操作选择】切换到"旋扣"或"扭矩"工作方式，电机抱闸将自动打开，不管刹车开关处于任何状态，电机抱闸不会关闭。

注意：刹车只有在钻井工作方式才能动作。

47. 旋扣模式操作程序是什么？

（1）将司钻台钻井【钻井转速设定】手轮回零，钻机【旋转方向】开关扳到"停止"位。

（2）【操作选择】开关选择顶驱系统为"旋扣"模式。【钻井转速设定】手轮或【旋转方向】处于其他状态时，【操作选择】开关不能使系统切换为"旋扣"工作模式。

（3）【旋转方向】开关选择"正向"旋转，系统切换到正向旋扣工作方式；手轮处于其他状态时，【旋转方向】开关动作无效。【钻井转速设定】离开零位，系统以固定转速正向旋扣，达到限定转矩后，转速和转矩设定值为零，降速停车。

（4）反向旋扣时，将司钻台钻井【转速给定手轮】回零，钻机【旋转方向】开关旋到反转位置。

（5）【钻井转速设定】手轮离开零位，系统以固定转速反向旋扣，钻井转速给定手轮回零停车。旋扣运行时，手轮回到零位或旋转方向开关误操作或电气故障2时，驱动系统转速和转矩给定值降为零，装置降速停车。

48. 上／卸扣操作程序是什么？

（1）上扣操作程序

① 将司钻台【钻井转速设定】回零，钻机【旋转方向】开关选择"正向"旋转。手轮处于其他状态时，【旋转方向】开关动作无效。

② 【操作选择】开关选择顶驱系统"旋扣"工作方式。【钻井转速设定】手轮或【旋转方向】处于其他状态时，【操作选择】开关动作无法使系统切换为上／卸扣工作模式。

③ 左手同时按下【背钳】按钮，首先将背钳夹紧，5s 之后系统以手轮给定的上扣转矩值正向旋转，10s 后，系统将自动停止运行；双手离开操作开关，背钳松开。

（2）卸扣操作程序

① 将司钻台钻井【钻井转速设定】回零，钻机【旋转方向】开关扳到"反转"位置。双手分别按下【背钳】按钮、旋转【操作选择】开关到"扭矩"位置，首先背钳夹紧，5s 之后系统以固定转矩值（装置最大能力75kN·m）反向旋转，当系统转速高于旋扣转速给定时，装置自动停车；操作开关复位后，背钳松开。

② 装置在扭矩工作方式运行时，松开背钳按钮，PLC 系统将转矩设定值置为 0。

③ 松开【操作模式】选择开关，PLC 系统将使驱动装置停止运行。

49. 背钳操作程序是什么？

（1）"扭矩"工作方式下，并且装置没有运行时，按下或松开背钳按钮，背钳将夹紧或松开。背钳夹紧时，背钳指示灯常亮；松开时关闭。

（2）装置运行过程中，按下或松开背钳按钮，不会改变背钳状态。

（3）系统切换到旋扣或钻井工作方式，液压背钳将自动打开一次。

（4）在钻井或旋扣模式下不管背钳开关处于任何状态，背钳不会动作。

50. 吊环操作程序是什么？

（1）液压系统启动后，操作司钻台【吊环回转】开关可控制吊环实现顺时针或逆时针回转。

（2）司钻台【吊环倾斜】开关可实现吊环前倾和后倾控制。

（3）【吊环回转】与【吊环倾斜】操作不能同时进行。

（4）在系统停机状态，【吊环中位】开关可以操作吊环回到中位。

（5）在司钻台【辅助操作】开关"开"的位置，且操作盒使能指示灯亮时，操作二层台【操作盒】相应开关可同样实现上述功能。

51. 井控和 IBOP 操作程序是什么？

（1）发生井喷等紧急情况下，按下【井控】开关后，进入井控状态，系统动作顺序如下：

① 启动液压泵（不管之前状态）；

② 停止泥浆泵（给出干接点信号）；

③ 停止驱动装置（快速停车 OFF2）；

④ 关闭 IBOP。

（2）操作人员应将系统【总启】开关复位，将司钻台所有开关复位到初始位置（【手轮】零位、【旋转方向】开关"停止"位、【操作选择】开关处于"旋扣"位置）。

（3）紧急情况排除之后，确认系统无故障报警之后，按下司钻台【复位】开关，系统解除井控状态。

（4）顶驱装置停止状态，"IBOP"开关扳到"关闭"位置，IBOP 关闭；开关扳到"打开"位置，IBOP 打开。

注意：IBOP 在钻井过程或泥浆泵运行状态禁止关闭（井控状态除外）。

52. 急停操作程序是什么？

（1）系统出现紧急情况需要急停操作时，操作人员可就近按下任一【紧急停止】开关；顶驱系统所有设备快速停机。

（2）操作人员应将【系统总启】开关复位，将司钻台所有开关复位到初始位置（【手轮】零位、【旋转方向】开关"停止"位、【操作选择】开关处于"旋扣"位置）。

（3）系统恢复正常之后，确认系统无故障报警，将【紧急停止】开关复位，按下司钻台【复位】开关，系统可进行正常操作。

53. 故障/报警操作程序是什么？

（1）系统出现故障时，司钻台"故障"指示灯将常亮，声音报警器发声报警，故障分为四种类别。

① 装置故障：驱动装置本机故障，系统急停。

② 通讯故障：PROFIBUS 现场总线任一子站通讯中断（在应急操作模式下，顶驱本体子站通讯中断不报故障），系统急停。

③ 电气故障Ⅰ：如进线柜主空开，辅助电源空开，I/O 电源、司钻台控制电源、急停以及风压开关等故障，系统将紧急停车。

④ 电气故障Ⅱ：如 UPS 进线电源，液压站电源等，系统将

270

自动按照正常停车状态降速停车。

（2）故障停机之后，操作人员应将【系统总启】开关复位，将司钻台所有开关复位到初始位置（【手轮】零位、【旋转方向】开关"停止"位、【操作选择】开关处于"旋扣"位置）。

（3）系统出现报警时，司钻台与 PLC/MCC 柜门报警指示灯将闪烁，报警器发声报警。按下【灯试验／静音】按钮可静音，故障报警指示灯保持状态。

（4）操作人员可以从上位监控系统"报警记录"画面，查到报警原因和报警在线帮助，根据不同报警采取相应操作。

（5）报警原因消除之后，按下【复位】按钮清除报警，指示灯关闭。

54. 编码器切换操作程序是什么？

（1）当主电机编码器损坏或故障时，首先将司钻台【钻井转速设定】手轮回零，钻机【旋转方向】开关扳到"停止"位，将电控房内的【系统总启】开关复位到"停止"位置。

（2）在电控房将对应逆变器柜门上的【编码器切换】开关由"0"位扳到"1"位，利用另一台主电机编码器作为速度反馈信号。

（3）更换编码器或排除故障后，按照上述操作，将【编码器切换】开关由"1"位旋到"0"位，系统恢复正常。

55. 应急操作程序是什么？

（1）在顶驱系统本体子站由于某种原因引起 PROFIBUS 通讯中断之后，系统可切换到应急操作模式。

（2）将【系统总启】开关复位，将司钻台所有开关复位到初始位置（【手轮】零位、【旋转方向】开关"停止"位、【操作选择】开关处于"旋扣"位置）。

（3）操作 PLC/MCC 柜上的【应急操作】开关到"应急"位置，系统切换到应急操作模式。PLC 系统控制信号通过多芯电缆发送到本体子站。其他操作与正常工况相同，但减速器润滑油温和油压信号不能采集。

（4）本体子站通讯恢复之后，将系统正常停车，【系统总启】开关复位，司钻台所有开关复位到初始位置（【手轮】零位、【旋转方向】开关"停止"位、【操作选择】开关处于"旋扣"位置）。

（5）在系统无故障报警状态，复位【应急操作】开关到初始位置，按下司钻台【复位】开关，系统回到正常操作模式。系统处于其他状态时，复位【应急操作】开关无效。

（6）CPU故障时，将【系统总启】开关复位，司钻台所有开关复位到初始位置（【手轮】零位、【旋转方向】开关"停止"位、【操作选择】开关处于"旋扣"位置）。操作【应急操作】开关到"应急"位置，系统切换到手动操作模式。手动操作模式下工作步骤如下：

（7）【风机】开关打到"开"位置，启动主电机风机和驱动柜风机，操作系统【总启】开关到"总启"位置，驱动装置就绪。

（8）确认冷却风机启动之后，操作司钻台【旋转方向】开关，系统将以固定转速（15%）按所选转向运行。

注意：手动方式下需将本体站手动控制多芯电缆转接到纯手动端子上方可操作各辅助设备电磁阀，但无安全连锁，操作人员必须谨慎操作，以避免损坏机械设备。

56. 起下钻作业操作程序是什么？

起下钻采用常规方式进行，配合管子处理装置，可大大减轻劳动强度，提高效率。

（1）下钻作业

① 提升系统将顶驱移动到二层台位置，操作【回转头旋转】，将吊环倾斜臂转到二层台井架工指挥所需要的方向。

② 操作【吊环倾斜】到"前倾"，使吊卡靠近二层台所要下放的钻杆处，井架工将钻杆放置到吊卡中并扣好吊卡门闩。

③ 操作【吊环倾斜】到"后倾"，大致回到井眼中心后，操作【吊环中位】，这时倾斜油缸处于浮动状态。

④ 提升钻柱，整个钻柱回到中位，在此过程中，钻工应用绳索拦住钻柱下端，缓慢释放，以防碰坏钻杆接头。

⑤ 下放游车，将所提钻柱与转盘面钻柱对好扣，用液气大钳旋扣和紧扣。

⑥ 提升钻柱，起出卡瓦；下放钻柱到井口，坐实在卡瓦上。

⑦ 松开吊卡，【吊环倾斜】向后稍倾，离开钻杆；上提游车到二层台。重复上述动作。

（2）起钻作业

① 将主轴与钻杆连接丝扣松开后，提升顶驱；操作【吊环倾斜】"前倾"，使吊卡扣入钻杆接头。

② 提升顶驱，起升到二层台以上；钻台上坐放卡瓦，下放顶驱。

③ 用液压大钳卸扣。

④ 提升顶驱，操作【吊环倾斜】"前倾"，使吊卡靠近二层台，井架工打开吊卡，将钻杆放入立根盒。

⑤ 操作【吊环中位】，下放顶驱到钻台上接头处。操作【吊环倾斜】"前倾"，使吊卡扣入钻杆接头。

⑥ 重复步骤②～⑤。

起下钻过程如遇缩径或键槽，可在井架任一高度用顶驱电机与钻柱相接，立即建立循环和旋转活动钻具，使钻具通过阻卡点。

57. 上扣作业操作程序是什么？

当下钻完毕时，钻柱下端用液气大钳将钻柱的下接头与井下钻柱对接并拧紧后，需将顶驱与钻柱连接准备循环泥浆及旋转钻进（钻工将丝扣油涂抹在钻杆母扣上）。

首先检查操作面板各操作按钮是否处在正常位置，液压源是否已启动，查看指示灯指示状态，就绪灯是否常亮。操作步骤如下：

（1）【风机】打开。

（2）【电机选择】在"A + B"挡。

（3）【操作选择】置于"旋扣"挡。

（4）【方向选择】置于"正向"。

（5）【钻井转速设定】手轮离开零位，主轴开始低速旋转（10r/min）。

（6）缓慢下放顶驱，使顶驱保护接头与井口钻杆接头对中，当其接触后，顶驱就实施"旋扣"操作。当扭矩达到"旋扣"设定值时（通常设置在 5 ~ 10kN·m），电机自动停转，旋扣完成。

（7）将司钻台【钻井转速设定】手轮回零。

（8）操作【上扣扭矩限定手轮】，到规定的上扣扭矩值（根据《钻井手册》设定，一般在 30 ~ 35kN·m）。

（9）紧扣操作：左手按下【背钳】按钮，同时右手将【操作选择】开到"扭矩"，首先将背钳夹紧，5s 之后系统以手轮给定的上扣转矩值正向旋转，观察扭矩表，达到限定扭矩值后，系统将自动停止运行；双手离开操作开关，背钳松开，钻杆上扣完成。

（10）各开关复位。

58. 卸扣作业操作程序是什么？

需要将顶驱与钻杆柱分离时，采用卸扣操作。步骤如下：

（1）司钻缓慢下放顶驱时，应注意观察平衡油缸的活塞杆伸出位置，不可将顶驱的全部重量压在钻柱接头上，以防旋扣时损害丝扣。

（2）提升系统将顶驱下放到合适的位置，使顶驱重量不要全部作用在钻柱上，通过观察平衡油缸活塞杆的伸出情况来确定。经安装后，活塞杆可移动的全部行程为 140mm 左右。

（3）【电机选择】在"A + B"挡。

（4）钻机【旋转方向】开关扳到"反转"位置。

（5）双手分别按下【背钳】按钮、旋转开关到"扭矩"位置，首先背钳夹紧，5s 之后系统以固定转矩值（装置最大能力 75kN·m）反向旋转，当系统转速高于旋扣转速给定时，装置自动停车；操作开关复位后，背钳松开。

（6）【操作选择】自动旋转到"旋扣"状态，这时操作【钻井转速设定】手轮低速旋扣。钻柱在平衡油缸的作用下，慢慢上移，否则，应轻轻上提顶驱，直至钻柱丝扣分离，完成卸扣工况。

（7）将【钻井转速设定】手轮回零，【旋转方向】置于中位"停止"。

59. 钻进工况作业操作程序是什么？

（1）将司钻台【钻井转速设定】手轮回零，钻机【旋转方向】开关扳到"停止"位。

（2）操作【电机选择】开关选择顶驱系统电机工作方式（A电机、A/B电机或B电机）。在上卸扣时一定要选择A＋B即两个电机同时工作状态。在钻井状态下一般应选择两电机同时工作。

（3）在【手轮】零位且系统未运行时，钻机【旋转方向】开关选择正向旋转（钻井模式时，反向旋转无效）。手轮处于其他状态时，【旋转方向】开关动作无效。

（4）【操作模式】开关选择顶驱系统为"钻井"工作方式。【手轮】或【旋转方向】处于其他状态时，【操作选择】开关动作无法使系统切换为"钻井"工作方式。

（5）【钻井扭矩限定】设置。正常钻井扭矩一般在30kN·m以下，设置在25kN·m即可。注意：钻井扭矩的设定应不大于上扣扭矩限定值。

（6）钻井工作方式下，电机冷却风机风压信号正常后，在【钻井转速设定】手轮离开零位时，驱动系统启动，并按手轮给定转速正向旋转。

（7）当钻井遇阻时，达到钻井转矩限定后，驱动转为按钻井转矩手轮设定的恒转矩控制方式继续运转，直到转速为零，转矩保持不变。此时，上提钻柱，如果负载力矩减小，顶驱转速将会增加，转速大于手轮设定值之后，电气装置恢复为速度控制方式，将转速控制到设定转速。在这种情况下，也可以将液压源启动，采用刹车工作，防止弹性能释放转速升高带来的危险。

（8）系统在钻井工作方式需要正常停止时，将【钻井转速设定】手轮回到零位，装置正常降速停车。如果【刹车】开关在"自动"位置，系统降速后自动刹车。

60. 接单根钻进作业操作程序是什么？

接单根钻进程序如下：

（1）在已钻完井中的单根上坐放卡瓦，停止循环泥浆（可关闭内防喷阀）。

（2）按照要求的步骤卸扣。

（3）提升顶驱系统，使吊卡离开钻柱接头。

（4）启动吊环倾斜机构，使吊卡摆至鼠洞单根接头处，扣好吊卡。

（5）提单根出鼠洞，收回吊环倾斜机构，使单根移至井口中心。

（6）对好井口钻柱连接扣，下放顶驱，使单根上端进入导向口，与顶驱保护接头对扣。

（7）按照要求的步骤用顶驱旋扣和紧扣。

（8）提出卡瓦，开泵循环泥浆（打开防喷阀）。

61. 接立根钻进作业操作程序是什么？

接立根钻进是 DQ－70BS 顶驱装置常用的钻井方式。若井架上没有现存的立根，可在钻进期间或空闲时，在小鼠洞内接好立根，为了安全，小鼠洞内的钻柱一定要垂直，以保证在垂直平面内对扣，此时只需将单根旋进钻柱母扣即可，因为顶驱电机还要施加紧扣扭矩上紧接头；另外在利用单根钻进时，起钻后在井架上留下立根也作接立根钻进用。

接立根钻进程序如下：

（1）在已经钻完的钻杆接头处坐放卡瓦，停止循环泥浆（可关闭内防喷阀）；

（2）按照要求的步骤卸扣；

（3）提升顶驱系统，使吊卡离开钻杆接头，升至二层台后，启动吊环倾斜机构，使吊环摆至待接的立根处；

（4）井架工将立根扣入吊卡，收回吊环倾斜机构至井口；

（5）钻工将立根插入钻柱母扣；

（6）缓慢下放顶驱，使立根上端插入导向口，与保护接头对扣；

（7）按照要求的步骤用顶驱旋扣和紧扣；

（8）提出卡瓦，开泵循环泥浆（打开防喷阀），恢复钻进。

62. 倒划眼作业操作程序是什么？

在起钻过程中，钻具遇阻遇卡时，可立即使钻具与顶驱联合起来并循环泥浆，边提钻边划眼，以防止钻杆黏卡和划通键槽。

倒划眼程序如下：

（1）边循环和旋转提升钻具，直至提出一个立根；

（2）停止循环泥浆和旋转，坐放卡瓦；

（3）用液压大钳卸开钻台面上的连接扣，用顶驱卸开与之相接的立根上接头丝扣；

（4）提起立根，将立根排放在钻杆盒中；

（5）下放顶驱至钻台面，将倾斜臂后倾，打开吊卡备用；

（6）将顶驱保护接头插入钻柱母扣，用顶驱电机旋扣和紧扣；

（7）恢复循环泥浆，旋转活动钻具，继续倒划眼。

63. 井控操作程序是什么？

钻进时上部遥控内防喷阀始终接在钻柱中，一旦钻柱内发现井涌可立即投入使用。下部内防喷阀也总是接在钻柱中，它只能用扳手手动操作。所以，只要顶驱装置与钻柱相连，内防喷阀根据情况可立即投入使用。

（1）起下钻井控程序如下：

① 发现钻柱内井涌，立即坐放卡瓦，将顶驱与钻柱对好扣；

② 用顶驱电机和背钳紧扣；

③ 关闭上部遥控内防喷阀。

（2）如果需要使用止回阀或其他井控附件继续起下钻时，

可借助下部内防喷阀将止回阀等接入钻柱。按下列步骤将止回阀接入钻柱：

① 下放钻柱至钻台，坐放卡瓦；

② 手动关闭下部内防喷阀；

③ 用大钳从上部内防喷阀上卸掉下部内防喷阀和保护接头；

④ 在下部内防喷阀的上端接入转换接头、止回阀或循环短接；

⑤ 进行正常的井控程序。

64. 下套管作业操作程序是什么？

用 DQ70BS 顶驱装置下套管作业时，需配备 500t 长度在 3.8m 以上的吊环，以留有足够空间安装注水泥头。

可采用常规方法下套管：在套管和顶驱保护接头之间加入一个转换接头，就可在下套管期间进行压力循环，以减少缩径井段的摩阻。由于下套管时，可利用顶驱的倾斜臂抓取套管，且在旋扣时有扶正作用，免于错扣、乱扣现象发生，因而，用顶驱下套管可大大提高作业的速度。

操作步骤如下：

（1）下吊环提起套管，与已入井的套管对接；

（2）操作管子处理机构的倾斜机构和旋转头以调整套管对扣；

（3）按常规方法用动力大钳紧扣；

（4）提起套管柱，打开卡瓦；

（5）下放套管柱，坐好卡瓦。

（6）打开吊卡，倾臂前倾接新套管。

（7）重复上述操作。

65. 震击操作程序是什么？

使用震击器会对顶部驱动装置产生一定影响，但由于震击操作的不确定性（随井深、钻柱、中和点以及震击器类型等而变化），每一口井的情况都不相同，很难评估震击操作对顶驱的影响程度。

在任何情况下，均不应当使用地面震击器，否则会对顶驱装置产生伤害。每次震击作业后，需要对顶驱进行检查，检查项目包括：

（1）目视检查整个顶驱是否有损坏的迹象；

（2）目视检查上部泥浆管线；

（3）检查全部电缆和软管的连接，有松动的重新连接；

（4）检查全部外露螺钉螺母连接，有松动的重新连接或者更换；

（5）检查全部护罩、盖板等是否松动。

66. 目视检查项目有哪些？

要求在使用中注意观察顶驱装置的运行状态，目视检查机电液零部件的完好状态，确保顶驱装置完好可靠。这种目视检查应当随时进行，并在每天安排专门时间由专人进行。

（1）顶驱本体检查

顶驱本体检查如表 7－12 所示。

表 7－12 顶驱本体检查

序号	检查项目	检 查 内 容
1	紧固件	目视检查全部紧固件，不得有松动，锁紧绞丝没有锈蚀断脱
2	电缆与电气连接	目视检查电缆护套完好，固定可靠，电缆接头没有松动迹象
3	液压管线与接头	目视检查液压管线没有破损，接头没有松动和漏油
4	防松装置	目视检查主轴防松装置的螺栓没有松动，锁紧环的间隙均匀
5	减速箱润滑油	观察减速箱润滑油液面，符合规定要求，润滑油温度正常

（2）液压系统检查

液压系统检查如表 7－13 所示。

表 7 - 13　液压系统检查

序号	检查项目	检查内容
1	液压源油箱液面	检查油箱液位，符合规定要求
2	液压源工作压力	检查液压源压力表，符合规定要求
3	液压源油液温度	检查液压源油液温度，符合规定要求
4	液压源运转	观察液压源运转状况，运转平稳，没有异常噪声
5	液压源接头	观察液压源各处接头没有漏油现象
6	液压阀组	观察液压阀组，各处接头没有漏油现象

（3）电气系统检查

电气系统检查如表 7 - 14 所示。

表 7 - 14　电气系统检查

序号	检查项目	检查内容
1	司钻操作台防爆	检查气源处理元件，清理积水，确认输出压力符合要求
2	司钻操作台接头	检查操作台电缆接头，连接可靠，没有松脱、死弯等不正常现象
3	司钻操作台显示	观察司钻操作台指示灯和仪表，没有异常
4	电气柜电气	观察电气柜，输入输出正常，接地正常
5	电气柜空调	电控房空调设备工作正常，柜内通风机工作正常，柜门通风口滤网清洁

（4）导轨与滑车检查

导轨与滑车检查如表 7 - 15 所示。

表 7 - 15　导轨与滑车检查

序号	检查项目	检查内容
1	滑车滚轮	观察滑车滚轮，锁紧螺母没有松动，滚轮没有明显磨损、转动灵活
2	导轨连接	观察导轨连接销钉位置正常，销钉锁销正常，观察导轨间缝隙，没有明显不均匀
3	导轨悬挂	观察导轨悬挂板和连接销，没有磨损等异常现象

67. 安全须知有哪些?

（1）开始工作前，断开所有电源。除非有特殊注明，在进行润滑、检查或更换作业时应关闭主电源。

（2）严禁在设备处于运转状态时进行维护和修理工作，在设备运行时不要对设备进行调整工作。

（3）在进行维护和修理该设备时，穿戴合适的保护用具。应佩戴防护眼镜以保护眼睛。

（4）顶驱维修保养活动可能需要作业人员在高处工作，存在着人身伤害和物体坠落的可能性。

（5）排空液压油时要注意，不要烫伤。严禁用手检查液压油是否有泄漏，在高压下从小孔泄漏的液压油几乎看不见。液压油能穿透皮肤造成伤害，应当用木片或硬质板检查并佩戴防护眼镜。

（6）在进行液压系统的维修工作以前，应先释放蓄能器中的压力。

（7）请不要试图修复设备中您不了解的部分。

（8）在维护工作前阅读并了解安全须知及警告。

68. 每日维护保养项目有哪些?

（1）每日润滑项目如表7－16所示。

表7－16　每日润滑项目

序号	项　　目	润滑点	润滑介质
1	冲管总成	1	润滑脂
2	内防喷器驱动装置曲柄	2	润滑脂
3	内防喷器驱动装置及液缸	5	润滑脂
4	扶正环衬套	4	润滑脂

注：如无特定指定，在标注的地方注润滑脂2冲。

（2）每日检查项目如表7－17所示。

表 7 –17　每日检查项目

序号	项　目	检查内容	采取的措施
1	顶驱电机总成	螺栓、安全锁线、开口销等	按需要修理或更换
2	管子处理装置	螺栓、安全锁线、开口销等	按需要修理或更换
3	内防喷器	正确操作	按需要修理或更换
4	冲管总成	磨损及泄漏	按需要修理或更换
5	滑车和导轨	导轨销轴、锁销等	按需要更换
6	液压系统和液压油	液位、压力、温度、清洁等	按需要添加或更换
7	齿轮箱和齿轮油	液位、温度、清洁等	按需要添加或更换

69. 每周维护保养项目有哪些?

（1）每周润滑项目如表 7 – 18 所示。

表 7 –18　每周润滑项目

序号	项　目	润　滑　点	润　滑
1	上压盖密封	1	润滑脂
2	提环销	2	润滑脂
3	旋转头	2	润滑脂
4	上内防喷阀	1	润滑脂
5	滑车总成	16	润滑脂
6	吊环眼	4	管子丝扣油
7	背钳反扭矩臂	4	润滑脂

注：如无特定指定，在标注的地方注润滑脂 2 冲。

（2）每周检查项目如表 7 – 19 所示。

表 7 –19　每周检查项目

序号	项　目	检查内容	采取的措施
1	电缆	损坏、磨损和断裂点	按需要修理或更换
2	吊环倾斜夹箍	位置、锁紧情况	按需要调整

序号	项 目	检查内容	采取的措施
3	喇叭口和扶正环	损坏和磨损情况	按需要更换
4	锁紧法兰	螺栓扭矩、防松等情况	按需要调整
5	内防喷器	扳动力矩、密封情况	按需要修理或更换
6	内防喷器驱动装置滚轮	磨损情况	按需要修理或更换
7	滑车、导轨和支撑臂	连接件、锁销、焊缝等	按需要更换或修理
8	滑车滚轮	磨损情况	按需要更换
9	主电机出风口	百叶与滤网破损情况	按需要修理或更换
10	风机总成	螺栓的松动或丢失、风压	按需要调整或更换
11	电机电缆	破损	按需要修理或更换
12	刹车片	磨损情况	按需要更换

70. 每月维护保养项目有哪些?

(1) 每月润滑项目如表 7–20 所示。

表 7–20 每月润滑项目

序 号	项 目	润滑点	采取的措施
1	主电机	4	润滑脂
2	冷却风机	2	润滑脂
3	液压泵电机	2	润滑脂

注:可以在累计钻井 750h 后进行。

(2) 每月检查项目如表 7–21 所示。

表 7 - 21　每月检查项目

序号	项　　目	需检查的内容	采取的措施
1	上主轴衬套	因冲管泄漏引起的腐蚀	按需要更换
2	吊环眼	磨损情况	按需要修理或更换
3	吊环倾斜机构液缸叉杆销	磨损	按需要更换
4	天车耳板和导轨连接件	焊接点损坏或出现裂缝	按需要修理
5	吊板、螺栓和卸扣	开口销或安全销丢失卸扣或螺栓磨损吊板眼磨损	按需要更换按需要更换按需要更换
6	鹅颈管	凹陷、磨损和腐蚀打压试验	按需要更换按需要修理或更换

注：可以在累计钻井 250h 后进行。

71. 每季维护保养项目有哪些?

每季维护保养项目如表 7 - 22 所示。

表 7 - 22　每季维护保养项目

序号	项　　目	检查内容	采取的措施
1	减速箱齿轮油	油样分析	更换
2	液压系统液压油	油样分析	更换

注：可以在累计钻井 750h 后进行。

72. 每半年维护保养项目有哪些?

每半年维护保养项目如表 7 - 23 所示。

表 7 - 23 每半年维护保养项目

序号	项 目	检查内容	采取的措施
1	磁性油塞	污染	按需要清洗或更换
2	齿轮齿	麻点、磨损和齿间隙	按需要更换
3	齿轮箱润滑油泵	磨损或损坏	按需要修理或更换
4	主轴	轴向偏移	按需要调整
5	提环、提环销	磨损	按需要更换
6	电机	绝缘电阻	绝缘测试器
7	蓄能器	氮气压力	更换胶囊或蓄能器

注：可以在累计钻井 1500h 后进行。

73. 每年维护保养项目有哪些？

每年维护保养项目如表 7 - 24 所示。

表 7 - 24 每年维护保养项目

序号	项 目	需检查的内容	采取的措施
1	旋转头	沟槽或削痕	按需要更换
2	液压源蓄能器胶囊	磨损或损坏	按需要或每两年更换

注：可以在累计钻井 3000h 后进行。

74. 年度维修保养计划是什么？

（1）3 年——设备检修（详细情况请与服务中心联系）。

（2）5 年——设备大修（详细情况请与服务中心联系）。

（3）8 年——设备报废（详细情况请与服务中心联系）。

75. 探伤检查内容有哪些？

（1）应当定期对顶驱装置的承载零件（如吊环、提环等）进行探伤检查（NDE），确保设备和人身安全。

（2）探伤检查可以采用超声探伤（UT）、磁粉探伤（MT）或者其他适宜的方法，探伤检查应当按有关技术标准和规范要求进行。

76. 磨损极限检查内容有哪些？

（1）对于吊环、提环等承载零件，应当定期检查其承载部位的磨损极限，达到磨损极限的，应当停止使用。

（2）正常情况下，应当在每井次使用后检查磨损极限。对于跳钻、深井等恶劣工况，应当根据磨损情况随时检查。

77. 常见故障的查询与处理原则是什么？

（1）当发生故障时，查找原因应采取分段逐步缩小范围的方法，首先分清楚是电、液、机哪一部分的故障，然后再细细查找。

（2）在处理故障时又必须将局部问题与顶驱整个系统联系起来考虑，不要造成排除一个故障又出来另一个故障。

（3）一般说来，来自液压系统的故障，多半为污染造成。对于外泄漏来说，只要在密封件和连接螺纹上下工夫，注意接合面加工的平整、光洁是可以解决的，此外要将各溢流阀、减压阀、节流阀等调整得当。

（4）控制系统的故障多为接点接触、焊接等原因所致，不要轻易修改线路。PLC 模块部分，当内部电池不足时会自动显示。

（5）电控的 VFD（变频调速系统）和 SCR 部分因为系统比较成熟，均设有故障显示和报警的面板，按照所提供的故障诊断点去查找和处理。系统参数设置或更改必须慎重又慎重。

78. DQ–70BS 顶驱的液压源故障有哪些？

DQ–70BS 顶驱的液压源故障如表 7–25 所示。

表 7–25　DQ–70BS 顶驱的液压源故障

故障现象	故障原因	措　施
液压泵启动声音异常	油液污染	更换液压油、滤芯，低压循环
	主电路有问题	检查电路
	泵与油箱闸阀未开	打开闸阀
	滤油器堵塞	检查滤油器更换滤芯

故障现象	故障原因	措　　施
液压油温过高	散热器未开启	打开冷却水或冷却风机
	风机损坏	检修风机或更换
液压泵压力上不去	溢流阀未关闭	调节溢流阀，使压力调到规定值
	泵调压阀松动	调节泵调压阀，使压力调到规定值
	平衡系统溢流阀调压过低	调节平衡系统溢流阀，使压力调到规定值160bar 左右
	系统管路有泄漏	检查系统并修复

79. DQ‒70BS 顶驱的液压管缆故障有哪些？

DQ‒70BS 顶驱的液压管缆故障如表 7‒26 所示。

表 7‒26　DQ‒70BS 顶驱的液压管缆故障

故障原因	措　　施
油液污染	更换液压油、滤芯，低压循环
主电路有问题	检查电路
泵与油箱闸阀未开	打开闸阀

80. DQ‒70BS 顶驱的液压阀组故障有哪些？

DQ‒70BS 顶驱的液压阀组故障如表 7‒27 所示。

表 7‒27　DQ‒70BS 顶驱的液压阀组故障

故障现象	故障原因	措　　施
电磁阀不工作	PLC 是否工作	检查 24V 电源状态，检查电磁阀线路
	24V 电源是否正常	检查 24V 电源状态
	电磁阀接线回路是否断开	检查电磁阀线路
	阀芯卡死	按动电磁阀按钮使之动作，若推不动则更换阀

81. DQ‒70BS 顶驱的 IBOP 液压执行机构故障有哪些？

DQ‒70BS 顶驱的 IBOP 液压执行机构故障如表 7‒28 所示。

287

表7-28　DQ-70BS顶驱的IBOP液压执行机构故障

故障现象	故障原因	措　　施
内防喷器关闭不严或开启不足	套筒阻力过大	检查内防喷器外壳同时调大IBOP油路的减压阀压力
	油缸安装位置不合适	调整油缸安装位置
内防喷器套筒动作，但无关闭或开启球阀	套筒扳手折断	更换扳手
	内六角扳手折断	更换六角扳手
内防喷器工作不正常	旋转密封磨损	更换密封

82. DQ-70BS顶驱的吊环摆动机构故障有哪些?

DQ-70BS顶驱的吊环摆动机构故障如表7-29所示。

表7-29　DQ-70BS顶驱的吊环摆动机构故障

故障现象	故障原因	措　　施
吊环不能停在任意位置	平衡阀调节压力过小	调整平衡阀
	管路和油缸有泄漏	检查和更换管路及油缸密封
内防喷器套筒动作，但无关闭或开启球阀	双单向节流阀调节不好或安装反向	调节双单向节流阀或重新安装该阀

83. DQ-70BS顶驱的回转头故障有哪些?

DQ-70BS顶驱的回转头故障如表7-30所示。

表7-30　DQ-70BS顶驱的回转头故障

故障现象	故障原因	措　　施
回转头运转不均匀或不动作	悬挂体与内套之间阻力过大，装配精度差	调整安装
	电磁阀不动作	检查电磁阀
	锁紧油缸未回位	检查锁紧油缸回路
	液马达坏	更换马达
	悬重过大，悬挂体与支撑套接触	悬挂体悬重不超过一个立柱重。禁止用吊环起下钻负重时，操作旋转机构

故障现象	故障原因	措　　施
回转头转速过快或过慢	调速阀手柄松动	调节调速阀，使回转头旋转速度为 6~8r/min
	回转阻力过大	调节回转头安装使回转体与非回转体间隙适中

84. DQ－70BS 顶驱的环形背钳故障有哪些?

DQ－70BS 顶驱的环形背钳故障如表 7－31 所示。

表 7－31　DQ－70BS 顶驱的环形背钳故障

故障现象	故障原因	措　　施
背钳卡夹不紧	牙板齿磨损严重	更换新牙板或卡瓦总成
	牙板齿槽被异物填满	用钢丝刷清理沟槽
	液压系统压力不足	压力适当提高
	背钳油缸密封泄漏	更换密封圈
背钳板牙齿外露	卡瓦尺寸误差过大	更换卡瓦
	牙板过厚	更换牙板
	油缸回程未到极限位置	启动油路，使油缸回程到位
	液压锁失灵	检修液压元件
	油缸活塞密封失效	更换密封圈

85. DQ－70BS 顶驱的平衡系统故障有哪些?

DQ－70BS 顶驱的平衡系统故障如表 7－32 所示。

表 7－32　DQ－70BS 顶驱的平衡系统故障

故障现象	故障原因	措　　施
平衡油缸不工作	管路连接错误	检查管路连接
	液压源未开启	开启液压源
	减压阀调压低	调升减压阀压力
	油缸坏	更换油缸

86. DQ-70BS顶驱的盘式刹车系统故障有哪些?

DQ-70BS顶驱的盘式刹车系统故障如表7-33所示。

表7-33　DQ-70BS顶驱的盘式刹车系统故障

故障现象	故障原因	措　　施
刹车盘不释放	换向阀卡死	检查或者更换换向阀
刹车盘不工作或者打滑	系统压力低	检查系统压力
	换向阀卡死	检查或者更换换向阀
	液压制动管线有泄漏	检查或者更换液压管线
	摩擦片磨损失效或脱落	更换摩擦片
	减压阀设定值变化或卡死	调整或者更换减压阀
刹车内部有异声	管线与旋转件接触	固定好胶管线
	制动板螺钉松动	旋紧松动螺钉
刹车制动不灵敏	摩擦片磨损过大	更换摩擦片
	刹车油缸压力偏低	调节刹车油路减压阀,提高工作压力

第八章 ZJ40/2250L 钻机

第一节 ZJ40/2250L 钻机概述

1. 钻机有何特点？

ZJ40/2250L 钻机是柴油机－液力驱动链条钻机，是宝鸡石油机械厂于 1999 年研制生产的。

ZJ40/2250L 钻机是一种新型的 4000m 陆地机械驱动链条钻机，在动力机选型、传动并车驱动方式、绞车布置形式、钻井泵功率配备、钻台高度等诸方面都进行了全新的设计。在积极采用成熟的新技术、新结构的同时，主要部件尽量采用已定型的同级钻机的通用产品；满足了油田提出的钻井效率高、使用安全可靠、操作运输方便、安装快捷的要求。主要用于 4000m 深度的石油、天然气的勘探开发。

2. 钻机的总体布置方案是什么？

钻机总体布置如图 8－1 和图 8－2 所示。

3. 钻机的动力传动系统有何特点？

该钻机采用 2 台 G8Vl90PZL + YB830 和 1 台 G12V190PZL + YB830，柴油机 + 变矩器组合动力，采用链条并车和翻转箱，驱动绞车以及自动压风机及 2 台 3NB－1300 泵；通过角箱、转盘传动箱驱动转盘。绞车辅助刹车采用 SDF－35 电磁涡流刹车；前开口井架，利用绞车动力起升。传动系统图如图 8－3 所示。

4. 钻机的主要技术参数有哪些？

本章所述技术参数与总体配置仅适用于宝鸡石油机械厂1999 年生产的 ZJ40/2250L 链条并车钻机。

ZJ40/2250L 钻机主要技术参数如表 8－1 所示。

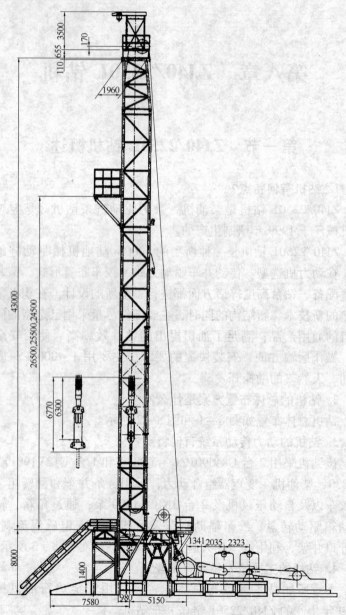

图 8-1　ZJ40/2250L 钻机立体布置图

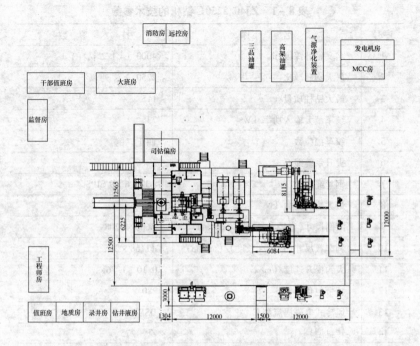

图 8-2 ZJ40/2250L 钻机平面布置图

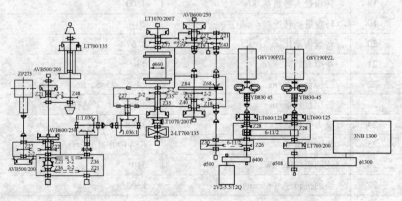

图 8-3 ZJ40 / 2250L 钻机动力传动系统图

293

表 8 – 1 ZJ40/2250L 钻机的技术参数

序号	名 称	技 术 参 数
1	名义钻井深度/m	4000（4 1/2″钻杆）
2	最大钩载/kN	2250
3	最大钻柱质量/t	115
4	绞车最大输入功率/kW	735
5	绞车挡位数	四正二倒
6	提升系统绳系	5 ×6
7	钢丝绳直径/m	ϕ32，6 ×9 SIPS
8	最大快绳拉力/kN	280
9	滚筒尺寸（直径×长度）/（m×m）	ϕ660 ×1208
10	刹车毂尺寸（直径×长度）/（m×m）	ϕ1168 ×265
11	大钩提升速度/（m/s）	0. 10 ~ 1. 76
12	刹带包角/（°）	280
13	风冷式电磁涡流刹车	DSF40
14	转盘型号	ZP – 275
15	转盘开口直径/m	698. 5
16	转盘挡位数	四正二倒
17	转盘最大工作扭矩/N · m	27459
18	转盘最大静负荷/kN	4500
19	转盘最高转速/（r/min）	204
20	转盘传动比	3. 67
21	井架有效高度/m	43
22	二层台高度/m	24. 5，25. 5，26. 5
23	二层台容量/m	4000（4 1/2″钻杆）
24	液力变矩器	YB 830，2 台
25	柴油机型号	G8V190PZL，2 台
26	柴油机功率/kW	510
27	柴油机转速/（r/min）	1300
28	柴油机型号	G12V190PZL，1 台

序号	名　　称	技　术　参　数
29	柴油机功率/kW	882
30	柴油机转速/(r/min)	1500
31	钻井泵型号	3NB－1300，1台；3NB－1000，1台
32	钻井泵功率/kW	956，735
33	管汇	ϕ103mm，35MPa
34	钻井液罐	4个罐，总容量253.5m^3，有效容量208.3m^3
35	气罐/m^3	2×1.5
36	气体压力/MPa	0.8
37	柴油罐	2个罐，总容量40m^3，带泵组，流量计，所有阀门耐油，采用法兰式连接
38	钻机总质量/t	约270

猫头绞车

序号	名　　称	技　术　参　数
39	额定输入功率	175
40	最大提升负荷/kN	50（427.5mm处），10（1014.5mm处）
41	刹车毂尺寸（直径×宽度）/（mm×mm）	ϕ1068×210
42	挡位数	四正二倒

ZJ250 指重表

序号	名　　称	技　术　参　数
43	最大死绳拉力/kN	240
44	仪器管路系统最大压力/MPa	6
45	传压液体	45#变压器油
46	记录仪允许误差/%	±2.5
47	仪器精度/%	重量指示仪允许误差±1.5
48	仪器使用温度/℃	－40～50
49	链条并车传动箱总功率/kW	2×725

5. JC40B 绞车的主要技术参数有哪些?

JC40B 绞车的主要技术参数如表 8 - 2 所示。

表 8 - 2　JC40B 绞车的主要技术参数

序号	名　　称	技　术　参　数
1	最大输入功率/kW	735
2	最大快绳拉力/kN	280
3	挡位数	四正二倒
4	开槽滚筒尺寸（直径 × 长度）/（mm × mm）	ϕ660 × 1208
5	快绳线速度/（m/s）	2. 3 ~ 20
6	适用钢丝绳直径/mm	ϕ32
7	缠绳层数	4 层
8	刹车毂尺寸（直径 × 宽度）/（mm × mm）	ϕ1168 × 265
9	刹带包角/（°）	280
10	电磁涡流刹车	DSF40
11	额定制动扭矩/N·m	47000
12	适用钻井深度/m	4500
13	线圈个数	4
14	绝缘等级	H
15	最大励磁功率/kW	11
16	冷却风量/（m³/h）	4800 ~ 6200
17	中心高/mm	750
18	与绞车连接方式	齿式离合器
猫头绞车		
19	额定输入功率/kW	175
20	最大提升负荷/kN	50（427.5mm 处），10（1014.5mm 处）
21	刹车毂尺寸（直径 × 宽度）/（mm × mm）	ϕ1068 × 210
22	挡位数	四正二倒

6. 柴油机组的主要技术参数有哪些?

柴油机组的主要技术参数如表 8 - 3 所示。

表 8 - 3   柴油机组的主要技术参数

序号	名　称	技　术　参　数
1	柴油机	G8V190PZL, 2 台
2	柴油机 12h 功率/kW	510
3	柴油机转速/ (r/min)	1300
4	活塞总排量/L	47.6
5	最高爆发压力/MPa	10.5
6	独立机泵组柴油机型号和台数	G12V190PZL, 1 台
7	柴油机 12h 功率/kW	900
8	柴油机转速/ (r/min)	1500
9	活塞总排量/L	71.45
10	最高爆发压力/MPa	10.5

7. 辅助发电机组的主要技术参数有哪些?

辅助发电机组的主要技术参数如表 8 - 4 所示。

表 8 - 4   辅助发电机组的主要技术参数

序号	名　称	技　术　参　数
1	辅助发电机型号	TADl232GE
2	辅助发电机组台数及功率/kW	1 台，300
3	辅助发电机电压/V	400/230
4	辅助发电机频率/Hz	50
5	辅助发电机功率因数	0.8

第二节   ZJ40/2250L 钻机的使用与维护

8. 钻机的安装要求是什么?

钻机的安装质量直接关系到钻机能否正常工作和钻机部件的使用寿命，所以一定要严把质量关，高质量地完成安装工作。安装质量应达到"七字"标准和"五不漏"要求。

（1）"七字"标准：平、稳、正、全、牢、灵、通。

（2）"五不漏"：不漏油、不漏气、不漏水、不漏电、不漏钻井液。

9. 钻机的使用要求是什么？

（1）当游车下放至转盘面时，绞车滚筒上第一层缠绳应不少于滚筒长度的2/3，以免绳卡受力过大而滑脱。

（2）严禁未切断钻机控制源检修设备。

（3）钻机工作时，在钻井泵安全阀、管汇附近不允许任何人逗留。

（4）钻机绞车换挡为齿式离合器挂合，需将电动机转速降为最低时（接近零转或停车）才能进行换挡。高速时换挡将会造成重大机械事故。

（5）钻机传动润滑油泵为单向油泵，若使用倒挡，每运转5min需正转5min，以免轴承润滑不良引起事故。

10. 钻机的使用注意事项是什么？

（1）在钻井作业中，应根据负荷情况合理调整速度，充分提高功率利用率，可参考钻机提升曲线图进行。

（2）在下钻作业时，应首先给刹车轮毂通冷却水和接通电磁涡流刹车风机，使用的冷却水必须是经过处理的软化水。

（3）向绞车、钻井泵补充润滑油时，应采用密闭输送的方式，确保油质干净、清洁。

11. 钻机的维护保养要求是什么？

（1）在对设备进行维护保养、例行检查之前，必须切断动力源，并且要有防止误操作的警示牌以及相关措施。

（2）必须确认所有的维护保养及例行检查的作业完成后，才能供给动力。

为了使钻机能够持续的正常工作，使各零部件具有尽可能长的寿命，除了按规程进行正确的操作使用外，还必须进行维护保养。

（3）在钻机的整个服役期内，应进行周期性的维护保养管理。周期性维护分为：班维护、周维护、月维护、半年及一年维护。在维护过程中发现的问题视具体情况可以由操作人员或专业人员加以解决，工作量大的（例如更换轴承等）则要送机修站点或机修厂解决。

（4）本规程未加阐述的相关设备或配套部件的维护保养，使用前要参看各设备或配套部件的使用说明书或维护保养手册。

12. 钻机每天保养的内容是什么？

（1）检查皮带状况及张紧度，如磨损严重，要成组更换。

（2）检查链条减速箱润滑系统的油压、油面是否符合要求。如不符合，及时调整。

（3）检查空压机油箱的油面是否符合要求。如不符合，及时调整。

（4）检查并车轴、带泵轴所有轴承的工作情况，按规定加注润滑油。

（5）检查正车变速箱油质油位是否符合要求。如不符合，及时调整。

（6）检查齿套离合器，使其摘挂灵活。

13. 钻机150h的保养内容是什么？

（1）空压机传动胶带是否松动，如松动，及时调整。

（2）检查链条减速箱链条和带油泵链条的工作情况，如有问题，及时修改。

（3）清洗润滑系统的吸入滤清器和排出滤清器。

（4）按规定给轴承和花键加注润滑油。

14. 钻机720h的保养内容是什么？

（1）检查所有螺栓和螺母是否松动。如松动，及时紧固。

（2）检查气胎离合器的摩擦片和摩擦轮的磨损情况，磨损量超过规定要求，及时更换。

（3）检查润滑系统所有元件是否堵塞、漏油、损坏等，如有问题，及时修理。

（4）检查气管线、气控阀、导气龙头、快速放气阀等是否损坏、漏气，如有问题，及时修理。

15. 钻机每半年的保养内容是什么？

（1）检查轴承的磨损情况。

（2）更换链条箱润滑油。

（3）检查正车减速箱齿轮磨损和点蚀情况。

（4）检查齿套离合器齿轮磨损和点蚀情况。

16. 钻机在高寒期的维护内容是什么？

（1）循环系统

① 钻井泵启动前应检查阀腔、循环管汇，不应结冰。

② 当钻井泵停止工作时，应排净钻井泵液力端、水龙头及高低压管汇内的钻井液，排净喷淋泵水箱内的液体。

（2）提升系统

① 下完钻，应排尽刹车毂内的冷却液。

② 防止水龙头提环下部放水孔结冰。

（3）其他系统

① 气温低于 -20℃ 以下时，对可能引起井架和底座的主要结构件损坏的因素要采取预防措施。

② 油、气、水输送管路及钻机控制阀件应采取防冻措施。

③ 司钻台和计量仪表应有保温措施。

17. 钻机的存放保养要求是什么？

用户收到货物后，如暂时不用或使用之后因较长时间不使用需在库房存放，必须注意以下事项。

（1）应及时对设备进行检查，如发现设备在运输或使用过程中造成不同程度损坏，要立即修复。

（2）要及时检查链轮、接头和气控元件等，发现锈蚀、破损等均应重新涂防锈漆，并重新包扎，其他裸露部分应清洗干净。

（3）应将设备放在干燥通风的地方，如果在室外需用篷布盖好，放置地面必须平整。

（4）使用之后在库房存放时，需及时清洗链条箱内部。清洗时，若用蒸汽或汽油清洗，要注意不要洗掉零件上的防锈漆和轴承中的黄油，否则要重新涂上防锈漆和注入黄油。

第九章　ZJ50/3150 电驱动钻机

第一节　概　　述

1. ZJ50/3150 电驱动钻机的特点是什么?

ZJ50/3150 电驱动钻机按 SY/T 5609—1999《石油钻机型式与基本参数》设计制造。该钻机适用于以 5″钻杆,钻井深度 3000 ~ 5000m 的石油天然气勘探、开发井。

(1)钻机能够满足油田钻井工艺要求,适应潮湿、高温的环境条件。

(2)钻机的技术性能与国内在用的美国埃迪柯公司 E1700 钻机和埃姆斯柯公司的 C–1–Ⅱ钻机相当。

(3)采用以柴油机为动力,带交流发电机,经可控硅整流,由直流电动机驱动的传动方式(即 AC–SCR–DC 传动)。柴油机采用 CAT–3512B 型。电传动系统国产化,目前国内不能满足要求的关键部件和元件适当进口。

(4)钻机的工作机械:天车、游车、大钩、两用水龙头、转盘、泥浆泵、井架、底座均打有美国石油协会 API 会标。

(5)采用宽边工字钢制造的"Ⅱ"型井架,视野开阔,运输方便。

(6)采用双升式整体起升底座。井架和所有台面设备低位安装,利用绞车动力,首先将井架起升到位,然后仍旧利用绞车动力底座及设备整体起升到位。

(7)转盘由一台永济 YZ08A 直流电动机经变速箱和链条箱独立驱动。

(8)绞车滚筒开槽,配电磁涡流刹车和带刹车断电断水保护系统及天车防碰安全装置。

（9）配备两用水龙头和小鼠洞卡钳，可缩短接单根时间。

（10）配备液压钢丝绳倒绳机，减轻了人工倒钢丝绳时的劳动强度。

2. ZJ50/3150 电驱动钻机的基本参数有哪些？

ZJ50/3150 电驱动钻机的基本参数如表 9 – 1 所示。

表 9 – 1　ZJ50/3150 电驱动钻机的基本参数

名义钻探范围	（5″钻杆）/m	2800 ~ 4500
	（41/2″钻杆）/m	3500 ~ 5000
最大钩载/kN		3150
最大钻柱质量/t		160
绞车最大输入功率/kW		1100
绞车挡数		4 挡，直流电机驱动
提升系统最大绳数（顺穿）		12
钻井钢丝绳直径/mm		ϕ35
提升系统滑轮外径/mm		1270
水龙头最大静载荷/kN		4500
中心管通径/mm		75
转盘开口名义直径/mm		698.5
转盘挡数		2
泥浆泵台数×功率/kW		2 台 ×956
井架型式及有效高度/m		"Ⅱ"型，45
钻台高度/m		9
钻台面积（长×宽）/（m×m）		12 ×10.31
净空高度/m		7.617
传动方式		AC – SCR – DC
动力及电传动系统		
柴油机型号		CAT 3512B
柴油机台数×主功率/kW		4 ×1310
柴油发电机组型号		SR4B

302

转速/(r/min)	1500
电压/V	600
频率/Hz	50
辅助发电机组台数×功率/kW	1×292(CAT 3406)
柴油发电机组型号	SR4B
转速/(r/min)	1500
电压/V	400
频率/Hz	50
直流电动机台数	7
转速/(r/min)	970
电压/V	750
可控硅单元	4套(一对二控制)
输入电压/V	600(AC)
输出电压/V	0~750(DC)
输出电流/A	1800(DC,长期)
泥浆罐有效容积/m³	270
双立管高压管汇/MPa	4″×35
供气系统	
储气罐总容积/m³	7
供气最高工作压力/MPa	1
柴油罐总容积/m³	80(45+35)
三油品罐容量/m³	15(3×5)
绞车冷却水容量/m³	40
工业用水罐容量/m³	100

3. ZJ50/3150 电驱动钻机主要的配套设备有哪些?

ZJ50/3150 电驱动钻机主要的配套设备如表 9 - 2 所示。

表 9 - 2   ZJ50/3150 电驱动钻机主要的配套设备

序号	名　　称	单重/kg	尺寸规格/ (mm × mm × mm)
1	TC315 - 7 天车	7383	3295 × 2778 × 2514
2	YC315 游车	6842	2680 × 1350 × 974
3	DG315 大钩	3410	2953 × 880 × 890
4	SL450 - 5 两用水龙头	3060	3015 × 1096 × 1065
5	ZP275 - 2 转盘	6203	2392 × 1670 × 685
6	JC50D 绞车	52000	—
7	JJ315/45 - K 井架	62194	—
8	DZ315/9 - S 底座	155606	—
9	DS50 电磁涡流刹车	7285	装在绞车前部
10	电驱动泵装置(3NB - 1300C)	37680	—

4. ZJ50/3150D 钻机是如何布置的?

ZJ50/3150D 钻机总体布置如图 9 - 1 和图 9 - 2 所示。按区域划分,整个钻机分为钻机主机区、泥浆固控及供水区、动力系统及油罐区。

(1) 钻机主机区

钻机主机区主要包括以下部件:井架、底座、天车、游车、大钩、两用水龙头、转盘、绞车、转盘独立驱动、台面种种辅助设备、钻井仪表、钢丝绳倒绳机、钻杆架等。

(2) 泥浆固控及供水区

该区域包括泥浆固控系统、套装水箱、泥浆泵装置、高压阀门组、空气包充气压缩机、化验房、40m³ 绞车冷却水箱和连接管线等。

304

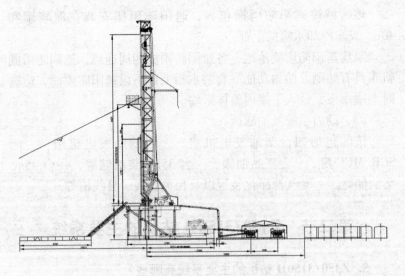

图 9 - 1　ZJ50/3150D 钻机的立面布置图

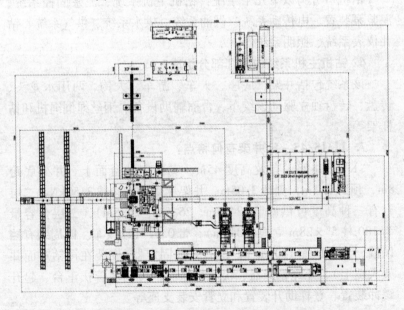

图 9 - 2　ZJ50/3150D 钻机的平面布置图

该区域被遮阳防雨棚包容,遮阳防雨棚安装在泥浆罐和40m³绞车冷却水箱的上部。

泵房遮阳防雨棚落地,各遮阳防雨棚四周通风,遮阳防雨棚帆布具有防晒、防雨功能。套装水箱上部不设遮阳防雨棚,运输时上罐落下,放入下罐内整体运输。

(3)动力系统及油罐区

该区包括四台柴油发电机组、一台辅助发电机组、一间SCR/MCC房、一台三品油罐、一台35m³柴油储罐、一台45m³柴油储罐、一套气源净化装置以及相关管线、管线槽等。

第二节 ZJ50/3150D钻机的主要系统

5. ZJ50/3150D钻机的主要系统有哪些?

钻机可分为以下几个系统:钻机主机系统、泥浆固控系统、泥浆泵装置、电传动系统、供油系统、供水系统、供气系统、钻井仪表系统、照明系统等。

6. 钻机主机系统由哪几部分组成?

该系统包括井架、底座、天车、游车、大钩、两用水龙头、转盘、转盘独立驱动、绞车、台面辅助设备、钢丝绳倒绳机和钻杆架等。

7. JJ315/45 – K 井架有何特点?

"K"型井架,有效高度45m,安装在钻台面上。井架底跨8m,顶跨2.1m,侧面2.05m。井架承受最大钩载3150kN,二层台有三种高度可供调节(24.5m、25.5m、26.5m),二层台容量为180柱5″×28m立根(5040m),带0.5t气动绞车。四周装有挡风墙,允许风速180km/h。配有死绳固定器(安装在司钻对面井架大腿上)、死绳稳绳器、快绳稳绳器、可调套管扶正台、起升缓冲装置、登梯助升装置和立管安装支座等。

8. DZ315/9 – S 底座有何特点?

双升式底座,钻台高9m,钻台长12m,宽10.31m。12根绳

时最大钩载 3150kN。转盘梁最大静负荷 3150kN，180 柱 5″ ×
28m 长的立根静负荷 1600kN 可同时作用。底座净空高 7.617m，
便于安装全套防喷器组，并配有防喷器滑动导轨和两个 20t 倒链
葫芦。该底座与其他形式底座相比，具有分块少、结构简单、拆
装方便、适合快速搬迁和安装等特点。

9. JC50D 绞车有何特点？

绞车额定功率 1100kW，滚筒开槽适合 φ35mm 钢丝绳。配
有过卷阀防碰装置和 DS50 电磁涡流刹车，涡流刹车的变流器采
用水冷方式，并设有断电、断水保护装置，绞车由前、后两部分
组成，以利于分体单独运输。如图 9 - 3 所示。

10. 钻机主机系统的其他设备有何特点？

（1）天车、游车、大钩、两用水龙头和转盘，是在常规
4500m 钻机部件上作了改进，并符合美国石油协会 API 的规定。
ZP275 转盘动力传动图如图 9 - 4 所示。

（2）钻台上配有机械化操作设备和工具：浮动式小鼠洞卡
钳、液压剪绳器、穿绳器、QJ - 5B 气动绞车、ZQ203 - 100II 钻
杆动力钳、30t 和 50t 千斤顶以及各种转盘补芯和补芯吊环装置。

（3）钻台下部配有钻井钢丝绳倒绳机。

11. 泥浆固控系统由哪几部分组成？

该系统包含五个循环罐（振动筛罐、中间过渡罐、储备罐、
混浆罐和吸入罐），一个加重装置、一个料台、一个泥浆材料
房。10.5m³ 泥浆补给装置设置在振动筛罐前端部，2.5m³ 药品
罐和泥浆化验房各一个以及管汇、走道、梯子等。罐体采用瓦楞
结构，钢板与型钢组焊，罐底采用斜底零排方式。罐身的顶部用
120mm×120mm×6mm 的钢管做周边，其中一侧连通做清水管线
用以清洗罐面设备。每一个仓均设有方便实用的清砂门，密封效
果好，操作实用简便，能够适应泥浆排放和清砂需要。罐的每一
个隔仓设置有下罐人孔及壁式梯子，罐与罐之间配备搭接走道。
走道、栏杆与罐面铰链相连，搬家时只需放在罐侧面一体运输。

泥浆罐有效容积 270m³，该系统配有振动筛、除气器、除砂

总传动比	滚筒转速/(r/min)	10绳系 大钩速度/(m/s)	12绳系 大钩速度/(m/s)
$i_1=11.83$	$n_1=82$	$V_1=0.363$	$V_1=0.303$
$i_{II}=7.02$	$n_2=138$	$V_2=0.612$	$V_2=0.510$
$i_{III}=3.95$	$n_3=245$	$V_3=1.088$	$V_3=0.906$
$i_{IV}=2.35$	$n_4=414$	$V_4=1.828$	$V_4=1.524$

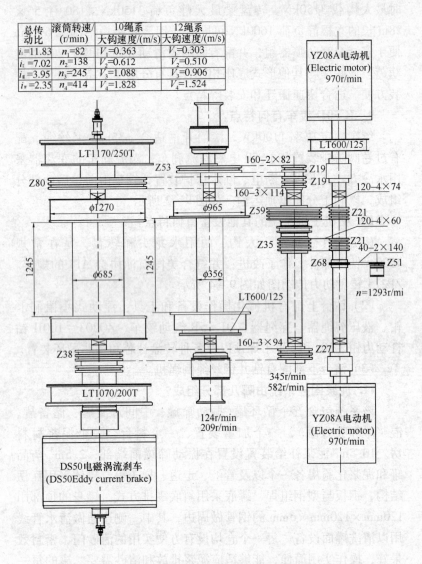

图 9 - 3   JC50D 绞车动力传动图

器、除泥器、离心机等泥浆处理装置。井口泥浆出口回流管上装有流量表(巴氏流量计)。除振动筛以外,其余各罐均设有两台

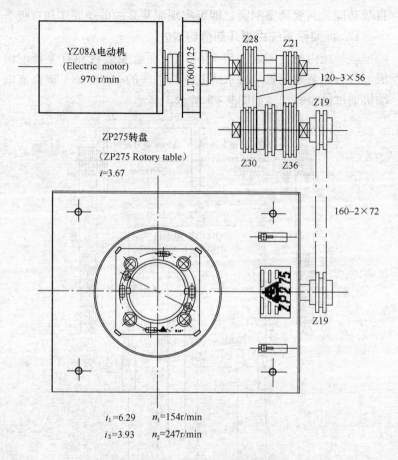

图 9-4 ZP275 转盘动力传动图

15kW 的泥浆搅拌器和高压泥浆枪。三台净化泵功率为 55kW（置于 1#振动筛罐）。

配备两台 75kW 电动灌注泵（置于泥浆泵装置前端）、两台 75kW 加重泵和一台 55kW 剪切泵（置于加重装置），剪切仓和灌注泵管线相连。加重系统三台泵组能单独或并联分别处理除振动筛罐以外任何罐的泥浆。灌注泵可吸入除固控罐及隔仓（参与固相控制的）以外的所有罐及隔仓；泥浆灌注部分具有电动灌注和自吸功能，只要调整闸阀，即可实现泥浆泵的电动灌注和自吸。

12. 泥浆泵系统由哪几部分组成？

该系统由两台额定功率 956kW 的泥浆泵装置和有关管汇组成。每台泥浆泵装置均有永济电机厂生产的 YZ08/08A 型直流电动机通过链条驱动。如图 9 - 5 所示。

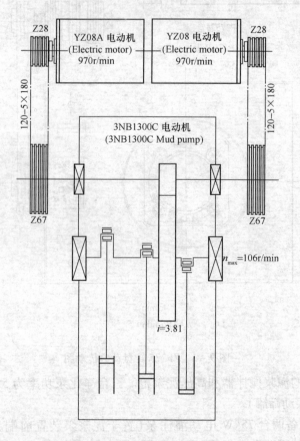

图 9 - 5 3NB - 1300C 泥浆泵动力传动图

13. 电传动系统由哪几部分组成？

电传动系统的原理如图 9 - 6 所示。该系统的动力部分为四台主柴油发电机组和一台辅助发电机组。每台机组各配置单独机

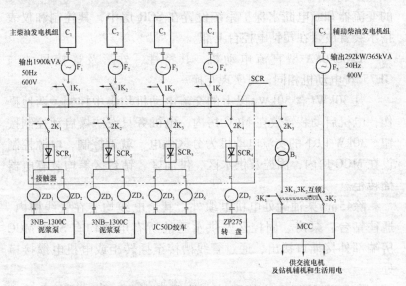

ZD$_{1-7}$	直流电动机YZ08/08A 800kW 970r/min	C$_{1-4}$	柴油机CAT3512B 1500r/min
B$_1$	干式变压器1250kVA 50Hz 600V/400V/230V	C$_5$	柴油机CAT3406 1500r/min
1K$_{1-5}$	空气断路器	F$_{1-4}$	交流发电机SR4B 50Hz 600V 1900kVA
2K$_{1-5}$	空气断路器	F$_5$	交流发电机SR4B 50Hz 400V 292kW/365kVA
3K$_{1-2}$	空气断路器（3K$_1$、3K$_2$互锁）	SCR$_{1-4}$	可控硅柜0~750V 0~1800A

图 9-6 ZJ50D 钻机电传动系统图

房，总装时，五台机组房并紧排列，形成整体机房。主发电机按需要可全部或任意两台并网运行，负荷均衡分配。主发电机组发出的交流电并网于 600V 母线，通过干式变压器，马达控制中心可对交流母线的电进行分配，实现对所有交流电动机、照明系统、生活设施及其他交流用电设备的控制。

通过 SCR 系统，4 台 SCR 柜一对二（其中转盘独立驱动 SCR 柜为一对一）控制 7 台直流电动机，其特性满足绞车、泥浆泵、转盘的使用要求。柴油机采用进口 CAT-3512B 型，额定转速 1500r/min，1310kW，气启动，每台机组额定电压 600V、50Hz、三相。电控系统采用模拟控制，微机控制的"三代半"控制方式。司钻电控台装在绞车司钻台的顶部，正压防爆，设有开关、按钮、声信号、光信号、控制信号和各种故障显示。电磁涡流刹车的变流器和断电断水保护系统设置在 SCR 房中，其控制和仪表指示装置放置在司钻电控台上部。

YZ08/08A 型直流电动机，其特性、外形及连接尺寸与 GE752R 电动机相同，可实现互换。

凡 30kW（含 30kW）以上的交流电动机均集中控制，两地操作，电机启动装置放在 MCC 房内，电机旁只设防爆启动控制按钮。30kW 以下的交流电动机为分区供电，就近控制，电源控制设在 MCC 房内，固控及供水区、供油区、钻台区等均装有电器插转柜。

除45m³ 柴油罐处电机电缆外，其余电缆均装在管线槽内，通往钻台、泵房、固控区及供水区的所有电缆均有 SCR/MCC 房端部外接插口接出，通过管线槽接至插转柜或电机电缆接口处。

自 SCR/MCC 房出线至钻台的管线槽由四节组成折叠管线槽，槽内装有从 SCR/MCC 房引至钻台和泵房的所有交、直流电缆，控制电缆及照明电缆和供油、供水、供气管线，它们并列铺设，分别固定，搬迁时，折叠成一件整体搬运。

除折叠管线槽外，其余管线槽搬迁运输时按管线槽包装运输图组成一件发运，搬迁前请先将各电缆接头卸开，将电缆就近盘放于管线槽内，包装好后再发运。

SCR/MCC 房为整体式房屋结构，单独整体运输，并具有防火、防风沙、密封保温功能。房内配有 200V 标准日光灯和应急照明灯。SCR/MCC 房工作时室温不高于 27℃，冬季不低于 10℃，并有过温报警装置。

14. 柴油供油系统由哪几部分组成？

该装置由 45m³ 柴油罐和 35m³ 柴油储罐以及联通供油、回油管线、流量计等组成，总容积为 80m³。45m³ 柴油罐前端底座上装有两台 ISGY80 – 125 管道油泵，开启任何一台泵都能将油罐车（或柴油储罐）内的柴油输送到柴油储罐内，或搬家时将柴油储罐内的柴油打到油罐车内。

15. 润滑油供油系统由哪几部分组成？

系统由容积为 $3 \times 5m^3$ 的三油品罐、油泵、联通输送管路等组成。

系统的三品油罐分隔为三间，用于储存钻机用量较大的三种油品：润滑油（用于绞车润滑）；极压工业齿轮油（用于泵动力端润滑）；液压油（用于钻杆动力钳等所配液压源），具体的油品品牌请参阅该设备的使用说明书。

中间的油罐作为储放齿轮油用，靠近管线槽的一端储放液压油，另一个油罐储放润滑油，三油品罐新启用时，注意罐体油品标注名称；在接通管路时应注意供油管线由于其出口位置不同，不得接错管线，管线槽中三根黄色管线即为油管，中间一根为润滑油管，靠槽侧近的一根为液压油管，另一根为齿轮油管。为避免油品混淆影响到设备的润滑功能，在各管路中设立了各自独立的油泵输送装置，各管路均具有双过滤、密封输送、油位指示等功能。

系统管线安装在高架槽、中间槽、地面槽 1# ~ 7# 内，管线槽内装有各供油管线，供水、供气管线及电缆等。管线槽搬迁时，拆开各管线槽端部相连的软管接头，将软管露出管线槽部分折弯放入管线槽内（同时将电缆接头从 SCR 管及用电设备上卸下）。高架槽、中间槽、地面槽 1# ~ 2# 按折叠槽组装成一件，然后整体运输。

16. 供水系统由哪几部分组成？

钻机供水系统分为两部分，一部分是用于绞车冷却的强制冷却装置；另一部分是用于混浆、喷淋泵冷却和场地冲洗的工业用水系统组成。

用于绞车冷却和涡流刹车冷却的强制冷却装置，其容积为 $40m^3$，配有两台离心泵，使用时开一台即可满足要求，另一台作为备用，当冷却水回水温度未达标时（≤72℃），可利用 $40m^3$ 水箱进行自然冷却，而不启动空冷器，该装置应采用经过软化后的水质以延长涡流刹车等用水设备的使用寿命，该装置水质可以用于柴油机冷却，柴油机冷却用水亦可按柴油机用水要求另行选择。

用于固控系统用水的套装水箱，其容积为 $100m^3$，配有两台 ISG80−125 管道水泵，使用时开一台即可满足要求，另一台作为备用。这两台水泵可以将运水车内的水吸入套装水箱，也可以将套装水箱内的水输送到固控系统、泥浆泵装置或钻台。另外套装水箱配有接口，供消防用。泥浆固控罐上端配有输水管线，一直通到 1#振动筛罐端头，可以供固井临时用水。

17. 供气系统由哪几部分组成？

钻机的供气系统由空压机、气源净化装置、储气罐装置、连接管汇及控制系统组成。空压机具有气电自动控制装置，压力低于 1MPa 时自动启动运行，压力达到 1.2MPa 时自动停机。两台空压机可同时工作，亦可单台工作。上述设备装在辅助发电机房内，可以单独整体运输。在主柴油发电机组未发电前，先开动辅助发电机组，给空压机提供电力。当排出的压缩空气使缓冲罐压力表达到额定压力 0.8~1MPa 时，可逐台启动主柴油发电机组。

气源装置在辅助发电机房侧边有两个出口，靠近 SCR 房的出口通往钻台区，另一个专门用于给柴油机启动供气，由管线槽内的管线接至各柴油机进气口。在钻台底座左、右上座后部各装有一个 $1m^3$ 储气罐，专门用于给钻台各气动设备提供气源，其进口管线与机房内储气罐装置连通，出口接钻台两边的集气管，管线槽内的气管线均为铁红色。如图 9−7 所示。

18. 照明系统由哪几部分组成？

该系统为钻机主机（钻台上、下区域），井架、固控系统、泥浆泵房、动力机房、供油供水和井场的照明。

防爆区的照明均采用防爆灯具。所有露天使用的电源插头、插座均采用具有防水性能的产品，照明系统适应钻机搬迁要求。

314

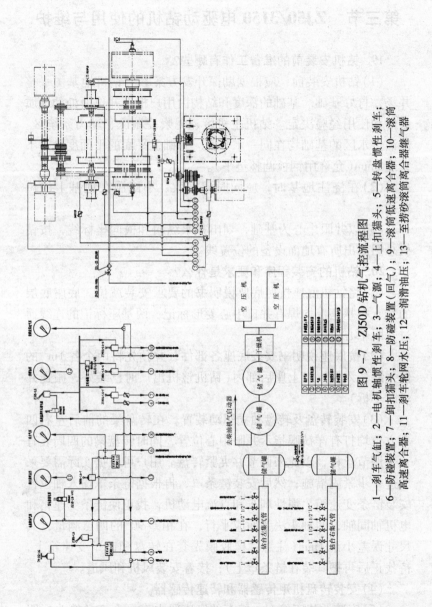

图 9 - 7 ZJ50D 钻机气控流程图

1—刹车气缸；2—电机轴惯性刹车；3—气源；4—上扣猫头；5—转盘惯性刹车；
6—防碰装置；7—卸扣猫头；8—防碰装置；9—滚筒低速离合器；10—滚筒
高速离合器；11—刹车轮网水压；12—润滑油压；13—至防砂尘滚筒离合器继气器

315

第三节　ZJ50/3150 电驱动钻机的使用与维护

19. 钻机安装前的准备工作有哪些？

（1）钻机安装前，应根据勘探开发方案参考钻机地基图平整井场，打好基础。基础的深度和结构由用户根据井位所处的地质条件和使用经验决定。钻机主机区、泥浆控制区、动力系统区、供油供水区的基础均在同一水平面。基础上平面的平面度允差不大于3mm（允许用钢板调整垫平）。

（2）在浇注地基时，应同时灌好大、小鼠洞在地基上的位置孔。

（3）以井眼中心为基础，划出井眼纵向和横向坐标线，按钻机总图划出所有地面设备的位置线。

20. 钻机的安装程序和要求是什么？

（1）将钻机底座按照底座说明书的要求安装就位。底座底层的左、右基座上均焊有井口中心菱形标记，两基座标记的连线通过井眼中心。

（2）按底座说明书安装底座各部件，并预先将两个各 $1m^3$ 的储气罐装入左、右上座后部内（钻机整机出厂时已装好，搬迁井场时不拆）。

（3）安装转盘及转盘独立驱动装置。在转盘梁的前后左右四个方位均打有洋铳眼指示井眼中心位置，同时转盘梁的四周装有八个调节丝杠，以此来调节并夹紧转盘。用户可根据实际需要采取进一步紧固措施；然后安装链条罩，再根据链条罩输入轴位置安装链条变速箱、惯性刹车和直流电动机，找正使链条变速箱和电机轴同轴，两轴头法兰面应平行，在相差 90°的四点测量，其尺寸误差小于1mm（注意：橡胶膜先套在转盘和链条变速箱上，待找正后再把其装在链条罩上）；接着安装风机和风道。

（4）安装转盘扭矩传感器和转速传感器。

（5）安装并找正绞车。绞车的底座梁上有一个三角箭头标明

316

绞车滚筒中心线位置，绞车按此就位。并用卷尺核对与井眼中心的相对位置，然后用螺栓和压板将绞车固定。安装绞车进、出水管接头。

(6) 安装台面所有设备。

(7) 在安装井架以前，先将综合液压源放置在与井架安装以及起升时不干涉的地方。井架起升后移至图中规定位置，下放井架前亦应事先将综合液压源移至虚线所示位置。

(8) 安装井架前、后支座，将井架的左、右后支座分别找水平。

(9) 按井架使用说明书要求安装和找正井架，安装死绳固定器，穿起升大绳和游动系统钢丝绳，快绳不要固定在滚筒上。

(10) 按总体布置和泥浆固控系统说明书要求安装泥浆泵装置，安放泥浆泵空气包充气压缩机。

(11) 按总体布置和泥浆固控系统说明书要求安装各泥浆罐，连接管线及其附件，泥浆泵吸入法兰口必须对准泥浆罐的排出口。

(12) 安装 $40m^3$ 绞车强制冷却装置及管线。

(13) 安装柴油发电机组、SCR/MCC 房、气源净化装置等。

(14) 安装三油品罐、$45m^3$ 柴油罐、$35m^3$ 柴油储罐等。

(15) 按 $4'' \times 35MPa$ 泥浆高压管汇说明书安装高压管汇。

(16) 安装管线槽，接好油、气、水、泥浆管线，各管线必须清洗干净，保证内孔畅通、无污物，各种管线安装好后，应密封无渗漏。

(17) 按遮阳防雨棚说明书要求，安装各区域遮阳防雨棚。

(18) 按电控系统说明书要求接好电缆，并将电缆固定在管线槽内。

(19) 摆放安装好梯子、走道和钻杆架。

(20) 按钻井仪表系统总成图连接好管线、电缆等。

21. 钻机试运转前的准备工作以及钻机试运转程序和要求有哪些？

钻机试运转前的准备工作如下。

（1）所有要运转的机械（包括：柴油机、压风机、电机、绞车、转盘、泥浆泵、提升各部件）均应按各自说明书要求清洗、加油，做好启动准备。

（2）检查设备安装质量。各旋转轴应盘车，检查转动是否灵活，护罩不得与旋转件接触、干涉。

（3）各部件的固定螺栓、连接螺栓必须拧紧，不许歪斜，压板必须放平。

（4）所有气阀和电器开关均放在断开位置。

钻机试运转程序和要求如下。

（1）启动辅助发电机以供电，启动压风机，使 $7m^3$ 储气罐装置充气，并达到 1MPa 使之启动一台柴油发电机组。

（2）通过 MCC，使气源净化装置工作，试验气控系统。保证气控元件功能正常，全系统不漏气，离合器进、放气畅通。

（3）开动柴油机，按柴油机说明书要求进行暖机。

（4）试验电系统，确保电控元件功能和信号无误。

（5）试验液压系统，保证液压元件功能正常，全系统不漏油。

（6）绞车、转盘试运转，由低速挡开始，依次换挡直至最高挡。各挡运转时间不少于 10min，检查设备运转情况和润滑情况。离合器进、放气情况及手动换挡机构是否灵活、可靠。

（7）磨合绞车刹车块和轮辋之间的贴合度，使其确保起放井架、底座安全可靠。

（8）调试电磁涡流刹车断电、断水保护系统，使其动作灵敏，工作可靠。

（9）将快绳头固定在绞车滚筒上，以确保井架起升后，大钩下放到钻台面时，滚筒第一层剩有 15~20 圈缠绳量。

（10）按井架说明书的要求起升井架。

（11）按底座说明书要求起升底座并固定。

（12）调整井架，使游动系统中心与井眼中心对正后，将井架固定。

（13）倒钻井钢丝绳，使吊卡放在钻台面时，滚筒上钢丝绳固定圈数为 15～20 圈。

（14）调试防碰装置，使过卷阀在 28m 立根下端面距钻台上平面 1.7m（即游车顶部距钻台面 37.1m 高）处动作，检查其可靠性。

（15）安装井口和泥浆返回管线。

（16）做好泥浆泵启动准备，检查链条张紧程度，打开泵上方的检查盖，将润滑油注入大小齿轮上方的油槽和十字头油池，并盘车数圈，使内部各储油部位都充满油。检查冷却水喷嘴位置是否恰当，给排出空气包充气，充气压力为 4.413MPa（45kfg/cm²），排出安全阀调到使用缸套额定压力值。

（17）泥浆泵装置试运转和管线试压。先打开泥浆枪或小循环管路运转一段时间，以排除泵和管线内的空气，增加泵速要平稳、缓慢，以免产生空穴作用。

设备试运转后清洗润滑系统滤清器，检查油质，给压缩空气系统各放水阀放水，检查保证所有紧固件不得松动。

22. 钻机在使用时应该注意什么？

使用设备应按各自使用说明书的规定操作。此外：

（1）由于在钻机基本参数中已给出各设备的参数，故在钻井作业前应计算所需动力，据此决定参与工作的动力机台数。

（2）钻进时转盘功率和直流电的电压经常变化，因此要经常注意司钻电控台上功率表的指示，其读数应在推荐范围内，低于此范围就应考虑调整开机台数，以保证较高负荷率。

（3）绞车滚筒是开槽的，必须使用基本参数中所规定规格和强度级别的钢丝绳。为了提高起下钻效率和延长钢丝绳寿命，应尽量采用较少游动系统绳数打井。在吊卡放在钻台上时滚筒上钢丝绳固定圈数为 15～20 圈，以减少缠绳层数。

（4）下钻时涡流刹车必须预先通冷却水，水量要调节适当，涡流刹车上的溢水孔不得有水渗出，一开始下钻就应挂合涡流刹车。涡流刹车的制动力矩可以精确调节，能够保证下钻安全、迅速、省力。正确、合理地使用涡流刹车，可以延长刹车副的使用寿命。

(5) 起下钻时应使用绞车脚踏指令控制器（脚踏调速器）。空运转时将电机调到适合于摩擦猫头工作的速度，挂上负荷，合上离合器后再踩踏板使电机高速运转提升负荷。这样可以避免链条长期高速运转和离合器高速挂合，延长它们的寿命。

(6) 在各绳数下绞车各挡的提升负荷与提升速度及转速性能曲线不同，使用时应该综合考虑。

在电机额定电流和扭矩情况下，用两台电机驱动绞车，即可达到最大钩载 3150kN 的提升能力，不希望过于降低转速，因过于降低转速对提升速度影响较大，影响钻进总效率，并因为超过最大钩载 3150kN，会对绞车轴承寿命等产生较大影响，影响钻机寿命；并有可能发生事故危险，为了提高钻井总效率，又确保安全，建议采用 5×6 绳系。且在 5×6 绳系时，当一台电机出现故障，使用 I 挡（电机正常转速），已可提 1777kN，远远超过最大钻柱重量 1600kN，因此完全满足正常钻进要求。

钻机提升曲线如图 9-8 所示。

(7) 转盘采用单电机独立驱动，可根据不同规格、钢级等（新钻杆的具体数据参考 API7G，旧钻杆可根据钻杆的磨损程度及现场经验计算出钻杆的抗扭强度）的钻杆，适当限制电机输出扭矩。

(8) 泥浆泵必须根据钻井参数装上适当直径的缸套，使用时不允许超过缸套额定压力和超过最高冲次。为了提高易损件寿命和运转平稳性，在满足钻井参数条件下应尽量采用大缸套，低冲次运行。

(9) 泥浆泵工作时必须使用灌注泵，当灌注泵系统确因故障无法正常工作，可允许自吸系统工作。

(10) 起下钻井筒内补充泥浆由泥浆补给装置来实现。

(11) 泥浆泵装置链条箱要定期检查其链条润滑情况，以延长链条的使用寿命。

320

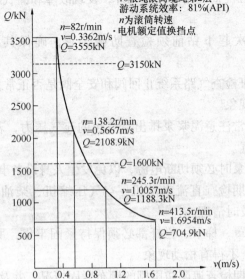

两台YZ08/YZ08A直流电机驱动
电机转速：970r/min
绞车效率：90.4%
10根绳滚筒缠绳第2层
游动系统效率：81%(API)
n为滚筒转速
·电机额定值换挡点

图9-8　钻机提升曲线（10根绳）

23. 钻机在保养与故障排除时应该注意什么？

设备维护保养与故障排除须按各自说明书的要求进行。此外尚须注意下列事项：

（1）应保证链条、齿轮充分润滑，应按各自说明书的规定，检查油量和润滑情况，定期检查各装置工作是否正常可靠，发现不正常情况应及时停机检修排除故障。

（2）润滑油必须保持清洁，应按各自说明书的规定，定期更换油料并清洗油箱，定期检查系统内的各滤清器、过滤装置，及时清洗。如发现润滑油已被污染弄脏，应及时更换。

（3）按各说明书规定，及时给脂润滑点注入干净的润滑脂。

（4）应按各说明书的规定定期检查链条，若链条过度伸长应更换新链条。

（5）应定期检查泥浆泵传动皮带的张紧情况，及时调节。

（6）储气罐的压力保持在 0.833～1.18MPa 之间。

（7）每班检查气路和气控元件，发现故障和漏气应及时排除或更换。

（8）每次起下钻前须检查防碰装置，确保其工作正常、可靠。

（9）每班检查气路系统止回阀和安全阀是否正常，不允许有锈死、卡住现象。

（10）经常注意泥浆泵排出空气包的充气压力，若不符合要求应及时充气。

（11）修泵时必须切断电源，以免发生人身设备事故。

（12）定期检查直流电动机、空气压缩机、柴油机的滤沙、除尘装置并及时清理。

（13）护罩、梯子、栏杆都必须保持紧固牢靠，所有紧固件应定期检查，不得有松动现象。

（14）定期检查遮阳防雨棚的棚布紧固情况，并及时处理。

（15）钻机在搬家运输前，应用衣布或塑料布等包裹保护所有裸露的油、气、水等管口。绞车分体时，其各链条罩开口用随机带的盖板封闭，并注意不允许有异物进入。

（16）天车、游车、大钩、水龙头切勿倒放在地上，避免沙尘、土粒进入设备内部和密封部位。

（17）各部件所需的润滑油品和油量应按各自说明书的规定执行，为了减少品种也可按主要部件润滑油使用情况（表 9-3）、主要部件润滑脂使用情况（表 9-4）加油。

表 9-3　主要部件润滑油使用情况

序号	部件名称	润滑部位	油　品	油量/L
1	DG315 大钩	筒体内	HJ-20 机械油	20
2	SL450-5 水龙头	轴承	90#硫磷型极压工业齿轮油	按油标尺
3	ZP275-2 转盘	轴承、锥齿轮		

序号	部件名称	润滑部位	油品	油量/L
4	JC50D 绞车	链条	机械油（0℃以上 HJ－50，0℃以下 HJ－30）	330
5	转盘独立驱动变速箱	链条		35
6	3NB1300C 泥浆泵	齿轮、轴承、十字头	硫磷型中极压工业齿轮油加10%的4#复方防锈剂（冬季 N220#，夏季 N320#）	按油标尺
7	空气压缩机	曲轴箱	见单独说明书	按油标尺
8	QJ－5B 气动绞车	动力箱	见说明书	按油标尺
9	ZQ203－100Ⅱ 钻杆动力钳	油箱	见说明书	按油标尺

表9－4　主要部件润滑脂使用情况

序号	部件名称	润滑部位	润滑脂
1	TC315－7 天车	滑轮轴承	SY1412－75 锂基润滑脂（冬天1#、夏季2#）或 7022 汽车润滑脂
2	YC315 游车	滑轮轴承	
3	DG315 大钩	安全销体、销轴、顶杆	
4	SL450－5 水龙头		
5	JC50D 绞车	轴承、左右挡辊、快绳挡辊、换挡机构、齿式联轴节、涡流刹车轴承、刹车机构	
6	3NB1300C 泥浆泵	介杆盘根	
7	QJ－5B 气动绞车	轴承	
8	固控系统	泥浆枪或接头	
9	JJ315/45－K 井架	所有滑轮、大腿销子（无油杯）、起升大绳灌锌接头附近（无油杯）	
10	DZ315/9－S 底座	所有滑轮、大腿销子（无油杯）、起升大绳灌锌接头附近（无油杯）	

24. 钻机下放的步骤是什么？

钻机下放与钻机起升的顺序相反，即先放底座，后放井架。

底座下放时首先是利用缓冲油缸将底座推至偏离重心位置，然后靠自重缓慢下放。下放时应注意以下事项。

（1）所有影响底座下放的零部件均予以拆掉，如坡道、梯子、滑梯、提升机等。请参见底座说明书。

（2）用绞车刹车和辅助刹车控制底座下放速度，尽可能保持缓慢、匀速，并注意指重表的变化和底座各构件间有无干涉等异常现象，如发现问题，应将底座起升到工作位置后再排除故障。

（3）底座上座下放到低位初始位置后将上座和基座间用销轴和别针连接。

井架下放应在底座下放后进行。按起升装置图的要求放置游车支架，将高支架摆放在原起升井架时的位置，下放时应注意：

① 拆掉有碍井架、底座下放的构件或附件；

② 控制下放速度，尽可能缓慢、匀速。

25. 钻机拆卸时应该注意什么？

钻机拆卸的原则一般是后装的先拆，先装的后拆。拆卸时应注意以下事项。

（1）拆开的气、液、水管线接口均应进行密封，保持管道内和接口处清洁，避免杂物进入。

（2）拆卸绞车必须先拆绞车的进、回水管。

（3）吊装绞车时须注意不要碰坏转盘的测速传感器。

第十章　ZJ70/4500DB₅钻机

第一节　ZJ70/4500DB₅钻机概述

1. ZJ70/4500DB₅钻机有何用途？

ZJ70/4500DB₅钻机是为满足油田深井勘探开发和出国承包钻井的要求而新设计开发的一种 AC – VFD – AC 交流变频电传动全数字控制钻机。该钻机的总体设计广泛征求了油田用户意见并参照了国内外电驱动钻机的优点。钻机基本参数符合 SY/T 5609 标准，主要配套部件符合 API 规范，能满足钻井新工艺的要求，技术性能和可靠性达到国际 20 世纪 90 年代末的先进水平，该钻机还可配置顶部驱动钻井装置。

2. 钻机的技术和结构特点是什么？

（1）采用先进的全数字化交流变频控制技术，通过电传动系统 PLC 和触摸屏及气、电、液、钻井仪表参数的一体化设计，实现钻机智能化司钻控制。

（2）钻机采用宽频大功率交流变频电机驱动，完全实现了绞车、转盘、钻井泵的全程调速。

（3）钻机绞车为单轴齿轮传动，一挡无级调速，机械传动简单、可靠。主刹车采用液压盘式刹车，辅助刹车采用电机能耗制动，并能通过计算机定量控制制动扭矩。

（4）绞车采用独立电机自动送钻控制技术，实现自动送钻，对起下钻工况和钻井工况进行实时监控。

（5）首次采用 ASI 模块实现 MCC 的保护和监控。

（6）前开口井架，旋升式底座，利用绞车动力起升，井架和所有台面设备均低位安装。

（7）绞车主刹车为液压盘式刹车，辅助刹车为主电机能耗制动。

（8）钻机布置满足防爆、安全、钻井工程及设备安装、拆卸、维修方便的要求。

3. 钻机的技术参数有哪些？

ZJ70/4500DB$_5$钻机技术参数如表10-1所示。

表 10-1 ZJ70/4500DB$_5$ 钻机技术参数

序号	名 称	技 术 参 数
1	名义钻深范围/m	4000～6000（5″钻杆），4500～7000（41/2″钻杆）
2	最大钩载/kN	4500
3	最大钻柱质量/t	220
4	绞车最大输入功率/kW	1470
5	大钩提升速度/(m/s)	0～1.275
6	绞车挡数	1+1R 无级变速
7	转盘挡数	1+1R 无级变速
8	绳系及钢丝绳直径/mm	6×7，ϕ38
9	钻井泵型号及总功率/kW	F-1600；3×1180
10	转盘型号及开口直径/mm	ZP375；952.5
11	井架型式及有效高度/m	K型；45.5
12	底座型式及钻台高度/m	新型旋升式；10.5
13	发电机组台数及输出功率/kW	4×1310
14	柴油机和电动机型号	CAT3512B/SR4
15	电动机功率及台数/kW	800×2，600×1，1200×3
16	固控系统泥浆有效容量/m³	360
17	柴油罐容量/m³	115
18	绞车冷却水箱/m³	10
19	工业用水套装水箱/m³	100
20	三品油罐总容量/m³	15
21	高压管汇/MPa	103（通径）×35

4. 钻机的总体布置是什么？

ZJ70/4500DB$_5$钻机布局分五个区域：钻台区、泵房区、动力及控制区、固控区、油罐区。

（1）钻台区

即主机部分。包括井架、底座、绞车、转盘、游吊系统、司钻偏房、井口机械化工具、钻井仪表、风动绞车、液压提升机、猫道及排管架、绞车冷却水箱等。

（2）泵房区

布置有3台F-1600钻井泵组、钻井液管汇等。

（3）动力及控制区

包括4台柴油发电机组、VFD(MCC)房及电缆架、气源净化设备及辅助发电机组。

（4）油罐区

包括115m^{3}柴油罐和15m^{3}三品油罐。

（5）固控区

由钻井液罐、净化设备、钻井液处理房、100m^{3}套装水箱等组成。

各区域之间油、气、水、电等连接管线铺设在管线槽内，管线槽采用折叠式，内装电缆线和上钻台管线，可实现搬家不拆电缆和管线，折叠整体运输。上钻台管线槽可随钻机起升就位。

ZJ70/4500DB$_5$钻机的总体布置如图10-1、图10-2所示。

5. 钻机的动力传动与控制有何特点？

ZJ70/4500DB$_5$钻机的动力分配与控制系统如图10-3所示。

ZJ70/4500DB$_5$钻机采用AC-VFD-AC传动方式，由4台1310kW柴油发电机组作为主动力，发出的50Hz、600V交流电经VFD变频单元后变为0～140Hz、0～600V的交流电分别驱动绞车、转盘和钻井泵的交流变频电动机。绞车由2台电动机驱动，转盘由1台电动机驱动，3台钻井泵各由1台电动机驱动。控制采用一对一方式，即一套VFD柜控制1台交流变频电动机。

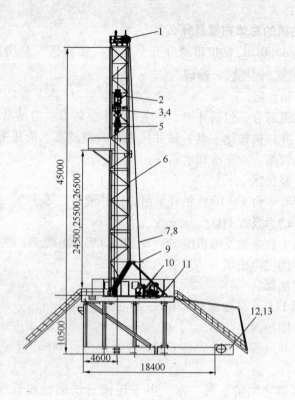

图 10-1 ZJ70DB₅ 钻机立面图

1—TC-450 天车；2—游车 YC-450；3—DG-450 大钩；4—TDS-11SA 顶驱；5—水龙头 SL-450；6—JJ450/45-K 井架；7—指重表 JZ500A；8—钻井钢丝绳 φ38；9—排绳器；10—JC-70DB₂ 绞车；11—DZ450/10.5-S 底座；12—LS70DB 捞砂绞车；13—钢丝绳 φ14.5

钻机共配有 7 套 VFD 柜，其中一套用于自动送钻装置变频电机控制。

6. 钻机的主要配套设备有哪些？

（1）TC7-450 天车。

（2）JJ450/45-K₅ 井架。

（3）DZ450/10.5-S₉ 底座。

（4）F-1600 机泵组。

328

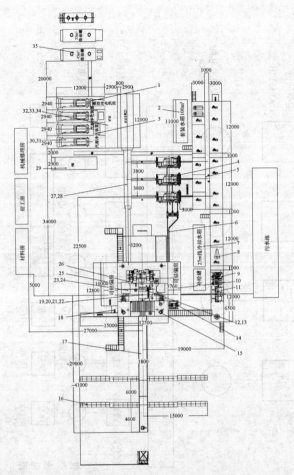

图 10-2 ZJ70DB₅ 钻机平面布置图

1—辅助发电机组；2—100m³ 套装水箱；3—气源净化系统；4—F-1600 机泵组；5—固控系统；6—高压管汇；7—25m³ 绞车冷水箱；8—518 型离心机及备件；9—212/8T4/BEM-3 除砂除泥器及备件；10—司钻右偏房；11—SWACOBEM-3 振动筛及配件；12—风管总成；13—转盘驱动装置；14—钢丝绳倒绳机；15—5t 风动小绞车；16—排管架；17—猫道；18—液压提升机；19—总装配件；20—随机工具；21—钻井工具；22—吊装绳索；23—司钻控制房；24—钻井仪表系统；25—司钻左偏房；26—井口机械化工具；27—油水电系统；28—空气系统；29—井控系统；30—柴油发电机房；31—柴油发电机组CAT3512B 及配件；32—交流供电系统；33—VFD 房；34—电传动系统；35—100m³ 柴油罐

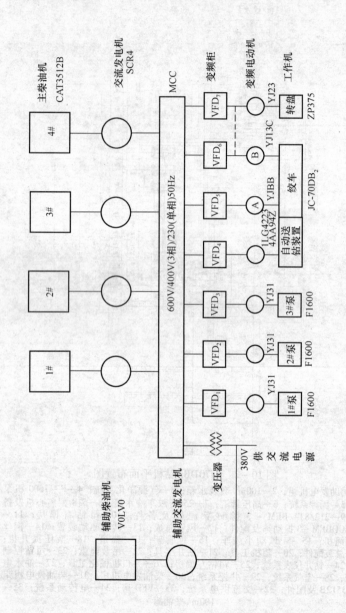

图 10 - 3 ZJ70DB₅ 钻机的动力分配与控制系统示意图

330

（5）JC－70DB$_2$绞车(含液压盘刹及自动送钻装置)。

（6）转盘驱动装置(含 ZP－375 转盘，由用户自行配套)。

（7）YC－450 游车。

（8）DG－450 大钩。

（9）SL－450－5 两用水龙头。

第二节　ZJ70/4500DB$_5$钻机的配套设备

7. JC－70DB$_2$绞车的作用是什么？

绞车是钻机的核心部件。绞车在石油钻井过程中，不仅担负着起下钻具、下套管、控制钻压、处理事故、提取岩芯筒、试油等各项作业，而且还担负着井架及底座起放任务。JC－70DB$_2$绞车是一种新型交流变频控制的单轴齿轮绞车，它主要由交流变频电动机、减速箱、液压盘刹、滚筒轴、绞车架、自动送钻装置、空气系统、润滑系统等单元部件组成。

8. JC－70DB$_2$绞车具有哪些特点？

（1）绞车为单滚筒轴结构，滚筒为开槽式，绞车整体体积小，质量轻。

（2）绞车动力由两台功率 700kW、转速 2800r/min、YJ13 型交流变频电机驱动，功率大，变频调速范围宽。

（3）绞车为无级变速，无需专门的换挡机构，绞车输入转速在 0～2800r/min 范围内可无级调速。

（4）绞车主刹车为液压盘式刹车，配双刹车盘，刹车力矩大，工作安全可靠。

（5）绞车取消了传统的辅助刹车机构，辅助刹车功能由主电机能耗制动实现。

（6）绞车传动采用齿轮传动形式，齿轮采用大模数齿轮，齿轮及轴承润滑采用强制润滑方式。

（7）绞车配置了自动送钻装置，由 37kW 交流变频电机提供动力经摆线减速机减速来实现自动送钻。

（8）绞车电机、减速箱、滚筒轴及刹车系统等均安装在一个底座上，可构成一个独立的运输单元。

（9）绞车的所有控制（电、气、液）均集中在司钻控制房内，操作方便、灵活。

9. JC-70DB$_2$绞车由哪几部分组成？

JC-70DB$_2$绞车为交流变频调速、墙板式、齿轮传动，全密闭式结构绞车，绞车整体尺寸小、结构紧凑、质量轻、性能先进。

（1）JC-70DB$_2$绞车从功能看，主要由以下几个部分组成，如图10-4所示。

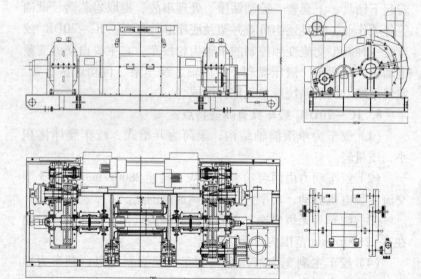

图10-4　JC-70DB$_2$绞车结构图

① 传动部分。

引入并传递动力。主要包括联轴器、减速箱输入轴、中间轴、滚筒轴总成、传动齿轮、自动送钻装置等。

② 提升部分。

担负着起放井架、起下钻具、下套管及起吊重物等任务。主

332

要部件为滚筒轴总成。

③ 控制部分。

用于控制绞车运转及调速。主要包括液压盘式刹车、伊顿 CH1640 离合器、ATD327 推盘离合器及电气路阀件、管线等。

④ 润滑部分。

用于绞车各运转部位轴承、齿轮等件的润滑。整台绞车分机油润滑和黄油润滑两个部分，主要包括电动油泵、滤油器、油杯、油路及管线等。

⑤ 支承部分。

担负着绞车各传动件等的定位和安装任务。主要包括绞车支架、绞车底座、齿轮箱、护罩等。

（2）JC – 70DB$_2$ 绞车按部件划分，主要包括绞车架、滚筒轴、齿轮减速箱、电动机、自动送钻装置、离合器、液压盘式刹车、电气控制系统和润滑系统等。

10. JC – 70DB$_2$ 绞车传动原理是什么？

JC – 70DB$_2$ 绞车传动流程如图 10 – 5 所示。由图可知：该绞车传动分为两大体系，即由两台 700kW 主电机为动力的主传动系统和由 37kW 小电机为动力的自动送钻系统。

（1）主传动系统原理

绞车由两台 700kW 的交流变频电动机经联轴器同步将动力输入左、右齿轮减速箱输入轴，经二级齿轮减速后传给滚筒轴，绞车整个变速过程完全由主电机交流变频控制系统操作实现。

（2）自动送钻系统传动原理

绞车自动送钻由一台 37kW 的小交流变频电机驱动，经传动比为 182 的摆线减速机和推盘离合器后，将动力传入右箱体输入轴端，再经齿轮箱一级减速后带动滚筒轴完成自动送钻过程。

11. JC – 70DB$_2$ 绞车的绞车架结构特点是什么？

JC – 70DB$_2$ 绞车架为墙板式焊接结构，能准确定位并支撑电动机、滚筒轴、齿轮减速箱等。绞车架可分为绞车架主体和底座

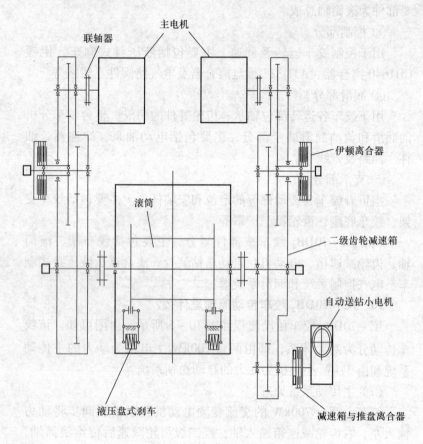

图 10-5　JC-70DB₂ 绞车动力传动流程图

两大部分。

　　绞车架主体为型钢组焊框架式外封板结构，墙板内侧用槽钢等组焊成整体骨架，外主墙板选用了 26mm 厚钢板，后墙板为 16mm 厚钢板，与型钢骨架组焊一体，其结构合理、整体刚性强、稳定性好。另外，为便于滚筒整体安装，绞车架两侧主墙板与滚筒支承轴承连接处均开有豁口，可以使滚筒轴安装省时省力。

　　绞车底座主梁均采用了整体焊接式工字钢结构。滚筒体下方用钢板封底，避免油污等滴漏，底座四周设有绞车起吊用的吊耳，底座右侧正后方设有油箱，用于储存左、右齿轮减速箱润滑机油等。另外，考虑到绞车整体的美观性，各气控管线和油水管线均在底座内部布置，在需要检修处均设有活盖板，同时为了方便底座上行人，底座走道上铺设了防滑钢板等。

12. JC-70DB₂绞车的滚筒轴结构特点是什么？

滚筒轴总成是绞车的关键部件，它由滚筒体、轮毂、刹车鼓、轴承座、轴和水气仪表装置、水气葫芦等件组成。

工作时，滚筒上缠有游动系统的钻井钢丝绳，通过控制轴的正反转使钢丝绳在滚筒体上缠绳或退绳，以实现钻具起升或下放等目的。

滚筒轴的转向和转速大小取决于两台主电机或 37kW 小电机的转向和控制速度，执行主电机或小电机动作依赖于两个 CH1640 离合器和 ATD327 推盘离合器挂合与摘开，如果 ATD327 推盘离合器摘开，两 CH1640 离合器挂合，则执行的是主电机输送的信号。相反，则执行的是小电机输送的信号。

滚筒轴总成通过左轴承座和右轴承座用 16 条 M36 的螺栓固紧在主墙板上，滚筒轴两端装有水气仪表装置和水气葫芦，它们均通过螺栓连接在滚筒轴轴端上，其主要功能是测取滚筒运转信号及供刹车盘冷却水的进出。

滚筒体为铸焊式结构。筒体表面设有绳槽，可以使钢丝绳缠绕时排绳整齐，避免了相互间的挤压，能有效延长钢丝绳的使用寿命。滚筒右侧设有绳窝，快绳绳卡就放置在绳窝内，能够很方便的拆卸。

13. JC-70DB₂绞车的齿轮减速箱结构特点是什么？

齿轮减速箱分左、右两体，左、右箱体除右箱体增添了一根自动送钻用的连接轴及齿轮外，其余部分对称布局。整个减速箱由输入轴、中间轴、箱体、箱盖及传动齿轮等组成。

齿轮减速箱的箱体、箱盖均采用整体铸造结构，各齿轮均采用大模数硬面齿轮，齿轮及轴承润滑采用强制润滑形式，能有效保证轴承等润滑充分。

14. JC–70DB₂绞车的齿轮减速箱基本参数有哪些？

JC–70DB₂绞车的齿轮减速箱基本参数如表10–2所示。

表10–2 JC–70DB₂绞车的齿轮减速箱基本参数

序号	名　　　称	技　术　参　数
1	齿轮总传动比	$I = 9.3532$
2	额定输入转速/(r/min)	$n = 661$
3	工作最大转速/(r/min)	$n_{max} = 2800$
4	额定输入扭矩/N·m	$T = 10180$
5	最大输入扭矩/N·m	$T_{max} = 15000$
6	质量/kg	左箱体7000，右箱体7500

15. JC–70DB₂绞车的齿轮减速箱安装吊运步骤是什么？

减速箱箱体在大组装前应首先将输入轴、中间轴、输出轴、自动送轴总成等按要求分别组装到箱体上，调整齿轮位置，检查啮合情况及润滑油路、喷油嘴位置等，并将箱体、箱盖和箱面清理干净后合上箱盖，固紧合箱螺栓并整体起吊减速箱至绞车底座安装位置即可。

16. JC–70DB₂齿轮减速箱在安装使用时注意事项是什么？

（1）齿轮箱在安装时一般要求环境温度在0~35℃范围内，最佳温度范围为15~25℃之间。

（2）箱体、箱盖和箱面之间及各轴承盖贴合面在组装时均涂有密封乐泰胶，若需打开，则在二次组装时必须清理其密封面，同时周边涂上乐泰密封胶即可，以防漏油。

（3）齿轮箱输入轴在安装鼓型联轴器时，允许采用热胀冷缩等方法，但不许强行重击；同理在组装箱体下方与底座之间单支承连接销时，应用铜棒等轻轻敲击，安装到位，以防损坏。

（4）齿轮箱在合箱前，应注意检查设置于箱体、箱盖内部的润滑油管喷嘴是否对准相应齿轮啮合面，同时检查箱体内外部油管接头与相应轴承座等处是否连接牢固。

（5）首次启动齿轮箱时，如有可能应让其空载转动，如果没有异常现象，待空运转一段时间后再逐级增加载荷，同时对齿轮箱在各段转速及各载荷等情况下进行连续地观察。

（6）减速箱随绞车运转过程中，应经常检查减速箱各连接处、密封处是否牢固，噪声、振动、温升等是否正常，如有异常应及时排除。

（7）齿轮箱上的滤清器，一经发现其上有一层灰尘，就应进行清洗，但无论如何，应至少3个月清洗一次。清洗时，需卸下过滤器用石油醚或类似溶剂冲洗，然后把过滤器晾干，或用压缩空气吹干。

17. 自动送钻装置由哪几部分组成？

（1）自动送钻装置的组成

JC－70DB$_2$绞车的自动送钻装置主要由37kW交流变频电机、摆线减速机、推盘离合器等部件组成。

（2）自动送钻装置的作用

自动送钻装置在绞车中的功能主要有两个方面。一是当主系统发生故障时，该系统可进行应急操作，能提升最大钻柱重量；二是送钻时由数字化变频拖动系统设定恒扭矩，反拖滚筒，自动调速和保护，可达恒压稳速送钻的目的。

18. JC－70DB$_2$主刹车机构由哪几部分组成？

JC－70DB$_2$主刹车机构采用液压盘式刹车。如图10－6所示。

液压盘式刹车系统由液压控制部分（简称液控部分）和液压制动钳（简称制动钳）两部分组成。液控部分由液压泵站和操纵台组成，它是动力源和动力控制机构，为制动钳提供必需的液压。制动钳是动力执行机构，为主机提供大小可调节的正压力，从而达到刹车目的。制动钳分为工作钳和安全钳。

液压盘式刹车与传统的带刹车相比较，具有刹车力矩容量大、制动效能稳定、刹车副动作惯性小、刹车力可调性好、刹车

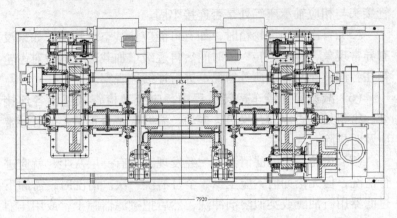

图 10 - 6　JC - 70DB₂ 主刹车机构

准确灵敏、操作轻便、调整维修方便的特点。液压系统结构简
单、紧凑，布局合理，性能可靠，使用安全。

19. JC - 70DB₂ 主刹车机构的技术参数有哪些?

(1)液控系统的技术参数如表 10 - 3 所示。

表 10 - 3　液控系统的技术参数

序号	名　称	技　术　参　数
1	系统额定工作压力/MPa	7.5
2	工作介质液压油	冬季用低温抗磨液压油 L - HM20, 夏季用 N46
3	系统单泵额定流量/(L/min)	18
4	油箱容积/L	80
5	电机功率/kW	22.2
6	蓄能器容量/L	46.3
7	电加热功率/kW	1
8	冷却水流量/(m²/h)	2
9	体积(长×宽×高)/(mm×mm×mm)	1500×2000×1700
10	质量/kg	850

（2）常开式工作钳的技术参数如表 10 - 4 所示。

表 10 - 4　常开式工作钳的技术参数

序号	名　称	技 术 参 数
1	单边最大正压力/kN	$N = 75$
2	活塞有效工作面积/mm²	$A = 12271.8$
3	外形尺寸（外径长度）/m	$\phi 165380$（max）
4	质量/kg	210

（3）常闭式安全钳的技术参数如表 10 - 5 所示。

表 10 - 5　常闭式安全钳的技术参数

序号	名　称	技 术 参 数
1	（1）单边最大正压力/kN	$N = 75$
2	（2）刹车块最大工作间隙/mm	$\delta \leq 1$
3	（3）活塞有效工作面积/m²	$A = 12644.9$
4	（4）外形尺寸（外径长度）/mm	$\phi 230420$（max）
5	（5）质量/kg	235

20. JC - 70DB₂ 主刹车机构有何特点？

JC - 70DB₂ 绞车主刹车采用液压盘式刹车，刹车盘分左、右两件，由钢板等焊接组成，刹车盘外径为 $\phi 1520$mm，厚度 76mm。刹车盘内设水冷却套，盘刹工作时，冷却水从滚筒轴左端水葫芦通过经刹车盘内部环流后，将刹车盘工作中的热量经滚筒轴右端出水孔及水葫芦带到水箱，不断循环冷却刹车盘，保证了刹车盘使用寿命及制动效果。

JC - 70DB₂ 绞车液压盘刹共设有常开、常闭 8 副刹车钳，常开钳与常闭钳形成安全互锁并互为备份。其中安全钳为可调节式油缸，不但可以调节刹车副间隙，提高刹车块的利用率，延长更换周期，还使拆装、维修安全、方便，刹车钳采用浮动油缸结构，有自动补偿作用，液压系统采用双油源双回路加蓄能器供气系具有多重保护功能，提高了可靠性和安全性。

21. JC –70DB₂ 防碰天车装置有何特点?

防碰装置的作用：当游车系统上升到限定位置时，通过限位装置作用，紧急刹车，使游动系统停止上升，防止碰天车，确保安全。JC –70DB₂ 钻机的防碰装置采用三保险防碰系统。一种是安装在井架上段上限制游车上升装置的钢丝绳防碰装置；其次是绞车防碰过圈阀装置；另一种是电子式防碰。

JC –70DB₂ 绞车采用气控过圈阀装置，过圈阀安装在滚筒上方，可沿轴向左右调整，过圈阀拨杆的长度依游车上升到极限高度时钢丝绳在滚筒上缠绳量来调整(游车上升距天车梁下平面6~7m处)。当游车上升处于极限高度时，快绳触角碰拨杆，盘刹闭式钳进行紧急刹车，将滚筒刹死。

注意：每班交接班前，应先将过卷阀顶杆扳一下，试验过圈阀是否正常工作。每次使用后，滚筒挂合前必须按防碰释放阀，放掉闭式钳缸的压缩空气，并将过圈阀顶杆扳至垂直位置。

22. JC –70DB₂ 润滑系统有何特点?

JC –70DB₂ 绞车润滑系统除滚筒体两侧支承轴承和减速箱中间轴离合器内侧空套轴承采用油脂润滑外，其余轴承和全部齿轮均采用强制润滑，转盘驱动箱链条采用浸油润滑，轴承采用油脂润滑。

(1) 机油润滑

绞车左、右齿轮箱内共有 5 副齿轮和 18 副轴承，齿轮和轴承润滑方式除离合器内侧 4 副空套轴承外，均采用机油润滑。

机油润滑系统主要组成有 XBZ1 – 200 型电动齿轮油泵、NJU – 800X180FY 型吸油过滤器、阀组总成、吸油、回油管线及各种管线接头等，电动齿轮油泵安装在绞车底座上平面上。该泵通过吸入绞车底座内部油箱中的润滑油送至左、右齿轮箱各润滑部位。

为保证油路系统内部压力恒定(压力可自由调定)，管路上设有压力表和节流阀以及压力传感器和二次仪表，通常情况下，压力设置调定在 0.25 ~ 0.35MPa 范围，在系统压力低于该范围时，通过系统压力传感器和二次仪表控制主刹车系统使主刹车制动，以免压力过低而导致减速箱因缺油而损坏。

绞车底座油箱及转盘驱动箱体上均设有油标，绞车在开始使用及使用过程中应注意油标的观察，油量低于下限时应及时补充润滑油，以防造成轴承烧坏等不良事故。

绞车油箱内所加油品：

夏季在 0~50℃时推荐使用 L-CKC220 重载荷（高极压）工业齿轮油；

冬季在 -30~0℃时推荐使用 L-CKC150 重载荷（高极压）工业齿轮油。

（2）黄油润滑

绞车主要黄油润滑部位包括滚筒两侧滚筒轴支承轴承，左、右齿轮减速箱中间轴离合器内侧空套轴承，连接电机与齿轮箱齿式联轴器，滚筒轴两端水气仪表装置、水气葫芦轴承及齿轮等部位；转盘驱动装置主要为黄油润滑，其部位有万向轴的轴承（按照润滑表牌）及电动机轴承（按照电动机说明书）。

各黄油润滑点除滚筒轴支承轴承加注黄油部位设在滚筒体正前方底座表面外，其余各润滑点均设在需要润滑的部位。加注黄油时，应注意对于中间有接铜管的油腔加注口，应先将油杯拆下，接上干油站的接头后通过干油站注入黄油；对油杯直接连接黄油腔的油杯，可直接使用黄油枪加注黄油，也用干油站加注。

绞车各黄油润滑点及黄油加注要求请按绞车主墙板上的黄油润滑铭牌图示及要求执行。

黄油油品为：

夏季在 0~50℃时使用 ZL-2 锂基润滑脂；

冬季在 -30~0℃时使用 ZL-1 锂基润滑脂。

23. JC-70DB₂ 气控系统由哪几部分组成？

JC-70DB₂ 绞车的气控系统主要包括滚筒离合控制、自动送钻离合控制以及过圈防碰控制。绞车的气源由钻机空气处理装置提供，压力为 0.7~0.9MPa，洁净压缩空气经绞车底座下方的储气罐，再进入绞车控制元件和执行元件。

24. JC-70DB₂绞车各部件安装步骤是什么？

JC-70DB₂绞车的各部件在进行大组装前，应全面清理所装部件是否齐全，各部件中的零件是否安装到位，油箱内部、绞车架各安装部位是否干净等，待检查结束后方可进行绞车大组装。

（1）滚筒轴的安装

绞车滚筒轴的安装方式有两种。一种是先将左、右减速箱箱体（箱体内暂不安装输入轴、中间轴等）旋转在绞车底座相应位置上，并将箱体沿滚筒轴正下方工字钢大梁前沿顺时针旋转一定角度后支承定位，再将预先安装就位的滚筒轴总成（包括滚筒体、刹车盘、墙板支承轴承、减速箱安装轴承、齿轮等）整体向绞车架吊装，吊装至墙板安装孔位之前，应注意将滚筒轴左、右轴承座的扁圆形方位与机架左、右墙板豁口对正，同时观察滚筒轴安装齿轮与已倾斜定位的左、右箱体之间的关系。在保证能顺利进入箱体后，方可将滚筒轴从机架前上方慢慢送入机架安装孔内，待轴中心和孔中心重合后，将轴承座旋转90°，并在调整好滚筒轴左、右位置的前提下固紧相应的连接螺栓。另一种是将滚筒轴与左、右减速箱预先安装好后整体装配，装配的方法是将滚筒轴连同左、右箱体一同吊放在绞车底座上，滚筒轴位于机架正前方放置，左、右减速箱尾部与滚筒轴位置保持水平挂好，待吊绳挂好后，一起起吊滚筒轴及左右减速箱，并慢慢向机架连接孔位置靠近，待调整好滚筒轴左、右轴承座扁圆形方位后，最后将滚筒轴连同左、右减速箱一起安装在绞车架上。以上两种装配方式，可根据现场实际情况选择。

另外，更换或二次拆装滚筒轴时，应保证滚筒轴输出齿轮中心线相对绞车主墙板位置与初始位置相同。

（2）减速箱的安装

根据上述滚筒轴的安装方式，如果滚筒轴选择第一种安装方法，待滚筒轴安装就位后，拆去左、右箱体上的支承，将箱体旋转回位，并分别将中间轴、输入轴总成等安放在箱体上，调整位

342

置合上箱盖，最后将左、右减速箱箱体后下方连接耳座插入支承座总成双耳板内，安上连接销，上紧螺母即可。如果滚筒轴选择第二种安装方式，则需预先将左、右减速箱各轴总成与滚筒轴安装好，待滚筒轴放入机架并固紧后再将左、右减速箱箱体后下方的连接耳座与支承座双耳板连接定位方算结束。在此需特别提醒的是中间轴在安装 CH1640 离合器时，应注意进气孔的位置及密封圈，千万不可漏装或不装此密封圈，以防离合器漏气造成损失。

（3）主电机的安装

两台主电机（700kW）的安装在左、右减速箱安装定位后进行，安装步骤是首先将齿式联轴器左、右外齿套分别与电机轴伸和减速箱轴伸连接好，将电动机放置到绞车底座相应位置后，分别测量减速箱输入轴中心和电动机输出轴中心至底座上平面距离，并根据测量结果对电动机加调整垫调整，要求减速箱输入轴与电机输出轴的同轴度应保证在 0.2mm 范围内，最后将齿式联轴器内齿圈及电机分别用螺栓固紧即可。

（4）自动送钻装置的安装

将摆线减速机（含电机）放置在绞车底座相应的安装位置上，事先将推盘离合器、离合器连接盘、压板、压板螺栓等分别固紧在相应的轴头上，测量齿轮减速箱轴伸中心至底座上平面的距离，并以此距离为依据加调整垫并调解摆线减速机的高度，直至两轴中心处于同一水平线为止。最后将连接盘与离合器连接在一起，并将摆线减速机底座与绞车底座固联在一起。

（5）液压盘式刹车的安装

安装液压盘刹时除保证各液压油路连接正确，刹车钳安装可靠之外，应合理调解刹车块与刹车盘之间的间隙，保证间隙均匀，正常情况下应在 3mm 范围内。

（6）其他部件的安装

其他部件的安装包括油、水、气管线，护罩，水气仪表装置等，这些部件的安装比较简单，但在油、水、气管线连接时一定要按相应的流程进行，同时要求连接牢固、密封可靠，以免造成漏油、漏水、漏气及其他不必要的麻烦等。

25. JC－70DB$_2$绞车在钻机上的安装步骤是什么？

先将绞车主体放置在ZJ70DB钻机底座平面上，并根据钻机出厂前已配焊好的定位块定位后，用螺栓固紧到钻机底座上。

26. JC－70DB$_2$绞车在运输时有何要求？

绞车可作为一个独立的运输单元进行运输。运输时可将左右电机上方的通风罩拆掉，这样绞车的运输尺寸为（长×宽×高）7920mm×3208mm×2683mm。

27. JC－70DB$_2$绞车的操作规程是什么？

（1）JC－70DB$_2$绞车动力由两台YJ13电机或一台37kW小电机提供，电机运转前应检查电机连接防护等是否完善。

（2）JC－70DB$_2$绞车没有专门的换挡机构，完全靠电机调速控制。正常起升钻具或钻进时，应控制电机给出合理的转速，并应挂合减速箱中间轴上的两个CH1640型离合器，使ATD327推盘离合器摘开后方可工作；如果要启用自动送钻系统，则应挂合ATD327推盘离合器，同时摘开两个CH1640离合器后再行操作。

（3）在钻具提升过程中，如需要刹车，则必须先摘开绞车所有离合器，然后迅速将刹车刹住。

（4）在钻具下放过程中，特别是高速重载时，严禁长期半刹车（似刹非刹）的状态下控制下放速度，以避免刹车块与刹车盘的先期损坏。

（5）下放钻具超过700m时，必须启用主电机能耗制动系统。

（6）每次下钻前检查循环水道，达到畅通无阻，无渗漏现象。

（7）刹车盘（毂）在高热时严禁急淋冷水，以免产生骤冷龟裂。下钻前要开动水泵进行冷却水循环，直到下钻完毕时持续循环10～15min后才能关闭水泵。

（8）严禁油类或硬物进入刹车盘与刹车块之间，以免打滑或

344

损坏刹车盘(毂)。

（9）每班必须仔细检查一次油路，保证润滑管线在畅通、良好的条件下工作。润滑油压应在 0.3 ~ 0.5MPa 之间，若油压超过或低于这个范围，应及时找出原因并排除。

（10）绞车在运转过程中，护罩必须紧固，窗盖装牢，严禁在运转过程中加注润滑脂或润滑油，以免发生人身事故。

28. JC – 70DB₂ 绞车每班检查项目有哪些？

（1）绞车同底座连接螺栓是否齐全不松动。

（2）快绳的绳卡压板螺栓是否齐全不松动。

（3）刹车机构固定螺栓是否齐全不松动，轴承转动是否灵活，各连接销、垫圈、开口销是否齐全。

（4）刹车盘(毂)磨损是否严重，有无裂痕。

（5）油池油面是否在刻度范围内。

（6）齿轮油泵压力是否在 0.3 ~ 0.5MPa 之间。

（7）各齿轮是否润滑良好，有无齿面损坏现象。

（8）每个轴端轴承温升情况。

（9）每个轴端、轴承盖及箱盖等处是否漏油。

（10）气胎离合器最低气压 0.7MPa。

（11）各种气阀、气管线、接头等是否漏气。

（12）润滑管线是否漏油，各喷嘴有无堵塞，喷嘴方向是否正确。

（13）各传动处是否有异常现象。

29. JC – 70DB₂ 绞车其他检查项目有哪些？

（1）机油更换周期，在油池油品含杂质量极少及油品无严重变质，且能正常循环情况下，机油更换周期为 1500h 或更长时间。

（2）在停机时，要检查调整，紧固各传动连接件，检查齿轮箱内齿轮密封圈等表面是否有损坏迹象。

（3）随时注意检查离合器，刹车摩擦片的磨损情况，及时调节或更换。

（4）在一般情况下，每半年要检查一次轴承、齿轮、密封圈等件磨损情况，同时应检查润滑系统、气路软管是否老化或损坏，各处连接、紧固件是否松动等，必要时应及时给予更换和调整。

（5）未列入检查项目内容，也应在巡回检查和观察中予以注意，随时消除设备隐患，维持设备正常运转。

30. TC$_7$-450 天车有何特点？

TC$_7$-450 天车是钻机的重要配套部件，是为海洋春晓项目钻机配套而设计的，它配套安装在钻机井架上，用以和游动滑车、绞车、大钩等一起完成起下钻和下套管作业。TC$_7$-450 天车的设计符合 API SPEC 4F 和 API SPEC 8A 规范。

天车是安装在井架顶部的定滑轮组，与游车用钢丝绳连接组成一套滑轮系统，它承受最大钩载和快绳、死绳的拉力，并把这些载荷传递到井架和底座上。在最大钩载一定的情况下游动系统绳数越多，快绳的拉力越小，从而可减轻钻机绞车在钻井各种作业（起下钻、下套管、钻进、悬挂钻具）中的负荷并减少发动机组的配备功率。天车架采用优质结构钢板焊接而成，其设计和天车主轴的设计均符合 API SPEC4F 规范的要求，天车的主滑轮及轴承符合 API SPEC8A 规范的要求。

31. TC$_7$-450 天车的组成有哪些？

TC$_7$-450 天车主要由天车架、主滑轮总成、导向轮总成、捞砂轮总成、辅助滑轮总成、起重架、防碰装置及挡绳架、围栏等部件组成。图 10-7 为 TC$_7$-450 天车示意图。

（1）天车架

天车架采用整体焊接结构。上部用螺栓分别与主滑轮轴座及导向滑轮轴座、捞砂轮总成连接，下部用 M30 的螺栓与井架相连。

（2）主滑轮总成

主滑轮总成由主轴、支座、6 个滑轮、轴承等组成。每个滑轮内均装有一副轴承，轴端设有给每个滑轮加注润滑脂的

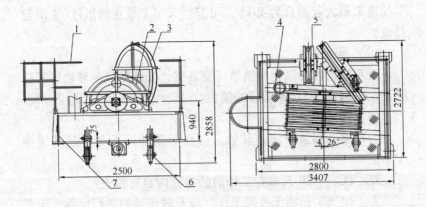

图 10 - 7 TC₇ - 450 天车

1—围栏；2—主滑轮总成；3—导向轮总成；
4—起重架；5—捞砂轮总成；6—辅助滑轮；7—天车架

M10×1润滑脂嘴，可方便地向轴承内加注润滑脂。在滑轮外缘装有挡绳架，可防止钢丝绳从滑轮槽内脱出，并给主滑轮总成安有护罩。

（3）导向滑轮总成

导向滑轮总成由轮轴、支座、滑轮、轴承等组成。轴端装有一个 M10×1 润滑脂嘴，可方便地向轴承内加注润滑脂。在滑轮架上装有销轴，可防止钢丝绳脱出滑轮槽。

（4）捞砂轮总成

捞砂轮总成由轮轴、支座、滑轮、轴承等组成。轴端装有一个 M10×1 润滑脂嘴，可方便地向轴承内加注润滑脂。在滑轮架上装有销轴，可防止钢丝绳脱出滑轮槽。

（5）辅助滑轮总成

天车上装有 4 组辅助滑轮，滑轮轴端均装有 M10×1 黄油嘴。辅助滑轮总成可分别用于两台气动绞车起吊重物、钻杆及悬吊液气大钳。

（6）天车起重架

天车起重架供维修天车用，天车架为桁架式结构。桁架式天车起重架最大起重量为 49kN，可起吊天车上最重的组件(主滑轮总成)。

（7）顶驱吊耳

天车架上设有顶驱导轨吊耳安装梁，安装的顶驱导轨吊耳适用于 VarcoTDS – 11SA 型号的顶驱。

（8）防碰装置

天车梁下部装有防碰装置，可在游车冲撞天车时起到缓冲作用。

32. TC$_7$ –450 天车在工作前的检查内容有哪些？

为了使天车长期无故障工作，应及时正确的进行保养。天车安装前如果有不正常的情况必须排除。天车在工作前应进行以下检查：

（1）所有连接必须固定牢靠，不得有松动现象。

（2）各滑轮的转动应灵活，无阻滞现象。当转动一个滑轮时，其相邻滑轮不应随着转动。

（3）各滑轮轴承应定期加注润滑脂，并检查润滑脂嘴和油道是否通畅。各滑轮轴承每周加注 ZL – 3 锂基润滑脂(SY1412 – 75)两次。

（4）各滑轮轴承温升不得大于 40℃，最高温度不超过 70℃，且运转正常，应无任何异常噪声。

（5）各挡绳架是否有碰坏、弯曲现象。

33. TC$_7$ –450 天车在运行中的维护内容有哪些？

（1）根据润滑保养规定，按期加注润滑脂。

（2）当轴承发热温升超过环境温度 40℃ 时，应查找原因，更换润滑脂。

（3）在长期使用中，特别是在润滑不好的情况下，滑轮的轴承因磨损导致间隙增大，轴承会发出噪声及滑轮抖动，抖动会降低钢丝绳的寿命，为了避免事故，应及时更换磨损了的轴承。

（4）滑轮有裂痕或轮缘缺损时，严禁继续使用，应及时更换。

（5）经常检查滑轮槽的磨损情况，如表 10 - 6 所示。滑轮槽的形状对钢丝绳寿命有很大影响，应定期用专用样板进行检验，样板的制作与使用可参照 API Spec 8A 规范。

表 10 - 6　修复的滑轮槽底半径　　　　　　mm

钢丝绳公称直径	槽底样板尺寸		
	最小槽底半径	最大槽底半径	磨损滑轮槽的最小半径
38(1 1/2″)	20.19	20.96	19.53

34. TC₇ - 450 天车的安装有何技术要求？

（1）天车与游车之间的钢丝绳采用顺穿法安装。

（2）天车架与井架用 M30 的螺栓连接。

（3）为了保证天车工作和运转正常，天车架底面应保持水平，且使天车中心与井架中心对正，然后用螺栓安装好。

35. TC₇ - 450 天车的运输和保存有何技术要求？

（1）运输

① 天车整体裸装发运，起重架、辅助滑轮等拆下后在天车架上捆绑牢固，起重架销轴、别针等装箱。

② 吊装时用起重机吊挂天车梁上四个吊耳。

注意：天车在运输时严禁在地面上直接拖拉！

（2）保存

① 天车保存时，应将产品表面清洗干净，滑轮槽处涂润滑脂，各轴承加注润滑脂。并用防水油布把整个天车遮盖起来。

② 天车应存放在干燥通风、无腐蚀的仓库内。

36. YC - 450 游动滑车由哪几部分组成？

YC - 450 游动滑车主要是由吊梁（1）、滑轮（6）、滑轮轴（7）、左侧板组（3）、右侧板组（8）、侧护板（2）、提环（9）、提环销（10）等组成，如图 10 - 8 所示。

吊梁通过吊梁销连接在侧板组的上部，吊梁上有一吊装孔，用于游动滑车的整体起吊。

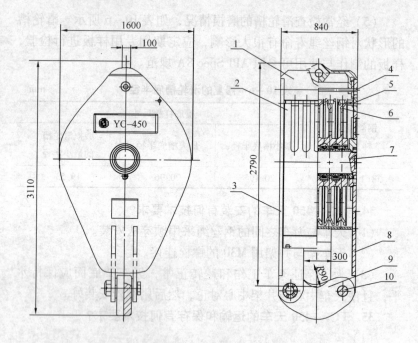

图 10 - 8   YC - 450 游动滑车

1—吊梁；2—侧护板；3—左侧板组；4—吊梁销；5—护罩销；
6—滑轮；7—轴；8—右侧板组；9—提环；10—提环销

滑轮由双列圆锥滚子轴承支承在滑轮轴上，每个轴承都有单独的润滑油道，可通过安装在滑轮轴两端的油杯分别进行润滑，滑轮槽是按照 API 规范加工制造的。为最大限度地抵抗磨损，滑轮槽都进行了表面热处理。

为防止泥浆等污物进入游动滑车内部，在游动滑车两侧装有侧护板。侧护板通过护罩销及丝堵与侧板连接起来。

为防止钢丝绳跳绳，在侧板组上还焊有下护板，保证钢丝绳安全工作。

提环由两个提环销牢固地连接在两侧板组上。提环与大钩连接部分的接触表面半径符合 API 规范。提环销的一端用开槽螺母及开口销固定着，当摘挂大钩时，可以拆掉游动滑车的任何一个或两个提环销。

37. YC－450 游动滑车在使用时要注意什么?

游动滑车在工作期间应经常仔细检查以下各项。

（1）轴承在使用前及工作期间是否按规定加注好润滑脂。

（2）轴承应运转正常，无任何异常噪声。轴承温升不得大于40℃，最高温度不超过70℃。

（3）在使用过程中，轴承发出噪声及由不平稳运动造成的滑轮抖动，是双列圆锥滚子轴承间隙增大的结果。轴承润滑不当会导致磨损的加剧。滑轮不稳和抖动会降低钢丝绳的寿命。为了避免事故，应及时更换磨损了的轴承。

（4）滑轮转动是否灵活，有无阻滞现象。

（5）如果侧护板变形会影响滑轮的正常转动，应按要求校正侧护板的形状。

（6）如果滑轮边缘破损，钢丝绳就可能跳出滑轮槽发生剧烈跳动，损坏钢丝绳，所以在这种情况下应及时更换滑轮。

（7）滑轮槽表面如果产生波纹状的沟槽，则当滑轮组启动或制动时，会对钢丝绳起挫削作用而造成严重磨损。发现这种危险迹象时，应将轮槽重新车光或更换滑轮。在更换滑轮时，应落实新滑轮的材质是否能承受预定负荷足够的强度。

（8）滑轮槽形状对钢丝绳寿命有很大影响，故应定期用量规对滑轮槽进行严格测量，所用量规的制作与使用可参照 API RP 9B 的规定。轮槽直径不应小于样板尺寸，否则钢丝绳的寿命就要降低，样板的尺寸如表 10－7 所示。

表 10－7　规定的滑轮槽底半径　　　　　　　m

钢丝绳公称直径	新的和修复的滑轮槽底半径		允许磨损滑轮槽底最小半径
	最小槽底半径	最大槽底半径	
38(11/2″)	20.19	20.96	19.28

38. YC－450 游动滑车的保养要求是什么?

轴承润滑是通过滑轮两端的 6 个油杯用油枪注入 NGLI2 号

极压锂基润滑脂，每周一次。

39. YC－450 游动滑车在运输和保存时应该注意什么？

（1）游动滑车整体裸装发运。吊装时用起重机吊挂游动滑车吊梁上的吊装孔，严禁直接在地面上拖拉。

（2）保存时，应将产品表面清洗干净，滑轮绳槽处涂抹润滑脂，各轴承加注润滑脂。

（3）游动滑车应存放在干燥、通风、无腐蚀的仓库内，严禁日晒、雨淋。

40. DG－450 大钩由哪几部分组成？

DG－450 大钩的钩身、吊环、吊环座是由特种合金钢铸造而成。筒体、钩杆是由合金锻钢制成，因此该大钩具有较高的负荷能力。如图 10－9 所示，大钩吊环与吊环座用吊环销轴连接，筒体与钩身用左旋螺纹连接，并用止动块防止螺纹松动，钩身和筒体可沿钩杆上下运动，筒体和弹簧座内装有青铜衬套，以减少钩杆的磨损。

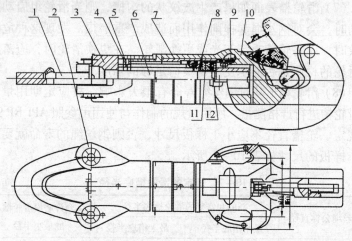

图 10－9　DG450 大钩

1—大钩吊环；2—吊环销轴；3—吊环座；4—定位盘；5—青铜衬套；6—钩杆；
7—筒体；8—青铜衬套；9—制动装置；10—钩身；11—弹簧座；12—润滑轴承

筒体内装的两个内、外弹簧，起钻并能使立根松扣后向上弹起。轴承采用推力滚子轴承。

DG－450大钩是完全按照 API SPEC8A 规范设计制造的。大钩装配好后开有液流通道的弹簧座把钩身和筒体内的空腔分为两部分。当筒体内装有润滑油后，可借助缓冲机构消除钩身上下运动时产生的轴向冲击，防止卸扣时钻杆的反弹振动及对钻杆接头螺纹的损坏，润滑油亦同时润滑轴承、制动装置及其他零件。

筒体上部装有安全定位装置，该定位装置由安装在筒体上端的6个弹簧和由弹簧推动的定位盘组成，当提升空吊卡时，定位盘与吊环座的环形面相接触，借助弹簧在环形面之间产生的摩擦力，来阻止钩身的转动，这样可避免吊卡转位，便于操作吊卡。当悬挂有钻杆柱时，定位盘与吊环座脱开，不起定位作用。钩身就可任意转动，就不会有转动游动滑车的倾向。

41. SL－450 水龙头由哪几部分组成？

SL－450 水龙头是由旋转部分、固定部分、密封部分和旋扣部分组成（其主要结构如图 10－10 所示），旋转部分由中心管和接头组成，固定部分由壳体、上盖、下盖、鹅颈管、提环和提环销六部分组成。旋转部分由主轴承、防跳（扶正）轴承和下扶正轴承组成。密封部分由冲管总成和上下油封组成。旋扣部分由气马达、齿轮、单向式气控磨擦离合器等组成。

42. DZ450/10.5－S₉ 底座的结构及特点是什么？

（1）结构

DZ450/10.5－S₉ 底座为升举式结构。底座由左右基座、前后立柱、斜立柱、左右上座、立根盒、绞车梁及转盘梁等主要构件组成，DZ450/10.5－S₉ 底座结构如图10－11所示。

（2）特点

① 底座设计采用平行四边形机构的运动原理，从而实现了高台面设备的低位安装。

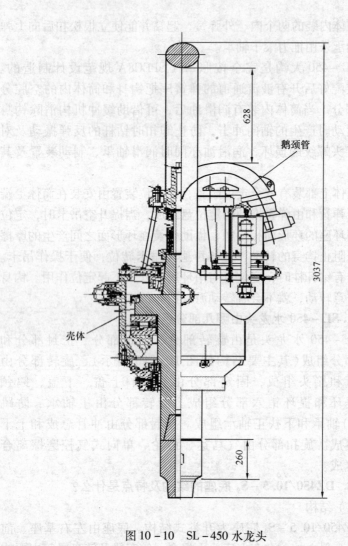

鹅颈管

壳体

628

3037

260

图 10－10　SL－450 水龙头

② 采用绞车动力，利用大钩通过绳系使底座从低位整体起升到工作位置。

③ 底座、井架采用同一根起升大绳，无需二次穿绳，无需倒绳。

354

④ 井架支脚生根在底座基座上，增加了井架、底座的整体稳定性。

⑤ 底座采用了高台面、大空间的结构，从而满足了深井钻机对井口安装防喷器高度的要求，并可使泥浆回流管有足够的回流高度。

⑥ 根据高钻台的特点，底座配置了安全滑梯，钻井作业过程有紧急情况时保证操作人员能迅速撤离钻台。

⑦ 底座配置有液压升降梯，从而使小型钻井工具上、下钻台方便迅速。

⑧ 在转盘梁下设有井口起吊装置，方便井口装置的安装与拆卸。

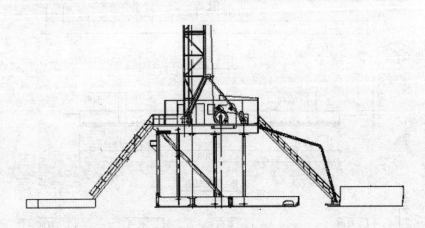

图 10－11　DZ450/10.5－S₉ 底座

43. DZ450/10.5－S₉ 底座的基础有何要求?

（1）DZ450/10.5－S₉ 底座基础在钻井作业中承受最大压力为 10MN（1000tf），要求建造钢筋混凝土基础。底座基础如图 10－12所示。

（2）基坑应设置在场地的挖方上，如设置在填方上要进行技

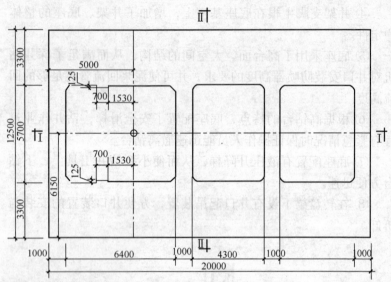

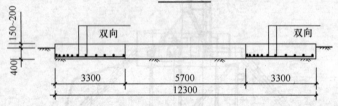

I—I 剖面图

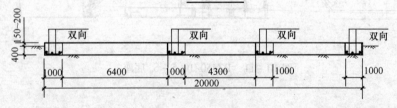

II—II 剖面图

图 10 – 12 底座基础图

说明：

1. 基础做法仅供参考，地基承载力 R 大于 180kPa；

2. φ 表示 I 级钢筋，保护层厚度 70，强度 C30，基础底层原土夯实或铺 200 ~ 250mm 厚砾砂；

3. 做好地面排水，防止雨水浸泡。当地基承载力不能满足要求时，地基处理可选用压(夯)实、堆载预压、换填土或复合地基等方法；

4. 未标注的尺寸单位均为 mm。

356

术处理，基坑耐压强度应不小于 0.18MPa，基础平面度允差不大于 3mm。

（3）在跨越霜冻季节的情况下，基础应延伸到土壤霜冻线以下，使混凝土的基脚延伸到干燥土壤里，然后回填夯实。

（4）基础周围应留出一定宽度的排水沟，使积水及时排掉。

（5）大雨或阴雨后，对基础要进行检查，如有基础下沉或塌陷情况，必须及时修补和加强，并对底座和井架重新进行校正。

44. DZ450/10.5 – S$_9$ 底座在安装前应做哪些检查？

（1）底座安装按 DZ450/10.5 – S$_9$ 底座总装图（AT41129 – SM01）进行。底座安装前应对各构件进行检查。对受损的构件，如焊缝开裂、材料有裂纹或锈蚀严重的构件应按制造厂的有关要求修复合格后才能安装在底座上。

（2）各导绳滑轮应在其润滑点加注 7011# 低温极压润滑脂，滑轮用手转动应灵活，无卡阻和异响声。

（3）组装前先清除底座各构件销孔中的油漆等杂物，涂润滑脂，以利于销轴的安装并防止销轴锈蚀。

45. DZ450/10.5 – S$_9$ 底座的安装步骤是什么？

（1）摆放基座前，检查摆放底座的基础平面度是否超差，钻台区域内基础平面度误差不大于 3mm，否则应采取措施保证平面度要求。

（2）根据井口中心位置按左、右前基座上井口中心标志位置，先摆放左前基座和右前基座，再安装左后基座和右后基座并穿上销轴 $\phi130 \times 410$ 和别针 8×180，然后安装连接梁、连接架、斜撑杆并穿上销轴 $\phi70 \times 250$、销轴 $\phi60 \times 170$ 和别针 6×120。

注意：前后基座间的连接销轴，锥头方向必须由内侧穿向外侧。

（3）安装前立柱下端穿上销轴 $\phi130 \times 640$ 和别针 8×160，安装左、右后立柱下端穿上销轴 $\phi130 \times 640$ 和别针 8×180，安装斜立柱下端穿上销轴 $\phi100 \times 410$ 和别针 8×180。

注意：加强杆为运输时使用，安装前立柱之前，必须将加强杆拆下。

（4）安装左、右上座，首先安装缓冲装置，然后将上座与基座用销轴 $\phi100 \times 390$ 和别针连接，再将前立柱的上端用销轴 $\phi130 \times 640$ 和别针与左、右上座相连，最后将左、右后立柱上端用销轴 $\phi130 \times 640$ 和别针与左、右上座相连。

注意：上座上的连接架，在底座起升之前，必须拆下。

（5）安装起升装置中的斜梯。

（6）安装立根台用销轴 $\phi130 \times 410$、$\phi100 \times 330$ 和别针与左、右上座相连。

（7）安装绞车梁用销轴 $\phi100 \times 330$ 和别针与左、右上座相连。

（8）安装气罐支架用销轴 $\phi70 \times 250$ 和别针 6×120 与左右上座相连（支架上座连接前先将储气罐装进支架中）。

（9）安装连接梁用销轴 $\phi70 \times 250$ 和别针分别与绞车前梁和气罐支架相连。

（10）安装转盘驱动装置。

（11）将斜立柱的上端用销轴 $\phi100 \times 410$ 和别针分别与立根台和绞车前梁相连。

（12）安装导轨和防喷器移动装置。

（13）将起升大绳的绳头安装在底座上座的耳板上，穿起升大绳。

（14）安装支房架。

（15）安装支架。

（16）按 DZ450/10.5 - S$_9$ 底座缓冲装置（AI41129 - SM03）图安装缓冲液缸和控制管线。

（17）待绞车、转盘和司钻偏房安装完之后，安装铺台、栏杆总成中的部分栏杆，拆下起升装置中的斜梯，安装带滚轮的梯子，至此底座低位安装已经完成。

46. DZ450/10.5 - S$_9$ 底座起升操作步骤是什么？

（1）待井架起升完成后即可按以下要求进行底座的起升准备

工作：

① 检查各个构件的连接是否牢靠，销轴是否穿上别针，紧固件是否拧紧；

② 检查参加起升旋转的构件有无卡阻现象；

③ 检查参加起升旋转的各构件销轴是否涂上润滑脂。

（2）起升底座时，先打掉上座与基座间的连接销轴，直接利用井架的起升大绳，采用绞车最低挡，用切实可行的最低速度。

（3）当上座刚离开基座约100mm时，刹车并进行以下检查：

① 确认起升大绳穿绳正确无误，且均在滑轮绳槽内。钢丝绳无扭结、断丝、压扁等影响强度的缺陷。起升灌锌的绳头无滑移现象。

② 起升人字架前、后腿支脚，支座，起升滑轮等无变形焊缝开裂等现象。如发现问题，必须及时排除。

（4）底座起升整个过程要求起升速度缓慢平稳，而且随时注意指重表的变化，如果在起升中间指重表读数突然增加或底座构件出现干涉等异常现象，应停止起升并将底座放下，仔细检查排除故障后再起升。

（5）在底座起升过程中，将缓冲油缸活塞杆伸出约600mm，可使底座平稳就位。

（6）当底座起升到工作位置时，在井架人字架上端与底座上座间穿入销轴和别针固定。

（7）上述工作完成后即可安装铺台、安全滑梯、斜梯及坡道、栏杆总成中的部分栏杆，至此底座的安装已全部完成。

47. DZ450/10.5 – S₉ 底座下放操作步骤是什么？

（1）下放底座前井架应直立在底座上，但应先拆掉滑梯、斜梯及坡道，并拆掉前台上两个铺台。

（2）将井架人字架上端与左、右上座间的别针和销轴拆掉。

（3）利用缓冲油缸将底座推至偏离重心位置，然后靠自重缓慢下放。

（4）用绞车刹车和辅助刹车控制底座下放速度，尽可能缓慢、匀速，并注意指重表的变化和底座各构件间有无干涉等异常现象，如发现问题应将底座起升到工作位置后再排除故障。

（5）底座上座下放到低位初始位置后将上座和基座间用销轴 $\phi 100 \times 390$ 和别针连接。如果要下放井架、则应按井架使用说明书的有关要求进行。

48. DZ450/10.5 – S₉ 底座的使用要求是什么？

（1）底座的基础应坚实可靠，应高出地面至少 150 ~ 200mm，以防底座浸泡水中。使用中应注意保持底座基础的稳定，尽可能减少地面水渗到基础周围的土层中，基础周围的地面应有适当的坡度，使地面水向外排出。在使用中如发现基础有不均匀下沉时，应及时采取措施补救。

（2）在可能的情况下，应避免骤加载荷，防止产生过大的冲击负荷。特别是在较大的大钩载荷时（如钻最大井深、下技术套管以及处理井下卡钻等事故），应缓慢加载和卸载，尽量避免突然加载和紧急刹车。

（3）底座承受载荷时，不能拆卸其主体上任何一个承重的构件和连接件。

（4）操作者（或指定代表）应对使用的底座按计划定期进行现场外观检查，并报告结果。一般每个钻井月检查一次，完钻搬迁时再检查一次。在日常钻井中如发现螺栓松动，别针脱落、构件损坏等异常应及时采取措施，避免发生意外事故。

（5）为方便使用者，底座现场外观检查报告的格式、检查程序、范围、具体项目和缺陷等以同天车、井架的检验合为同一个现场外观检查报告，放在与其配套的 JJ450/45 – K₅ 井架使用说明书的附录 A 中。如果底座在其极限条件下使用，或结构处于影响到其安全性能的临界条件下，可考虑定期按更详细和要求更高的补充程序进行检查。

49. DZ450/10.5 – S₉ 底座的维护保养要求是什么？

（1）使用中注意底座基础的稳定，尽量减少地面水渗漏到基础周围的土层中，如果发现基础有不均匀下沉时，应采取措施补救。

（2）未经专门管理机构的允许，不得在底座主体主要受力构件上钻孔、割孔及焊接。

（3）底座在使用过程中应经常检查构件的连接螺栓是否松动，销轴的别针是否带上，以保证底座正确使用。

（4）如果需要对底座进行修理和修改，要和制造厂协商，以取得对底座原材料及修改方法的确认，在没有取得制造厂同意的情况下，其操作人员及维修施工工艺需经机械责任工程师的批准，方可进行修理或修改工作。

（5）底座各结构件出厂前已进行除锈并油漆。底座在正常使用期间，每年均应进行全面保养。使用中如发现漆膜脱落应及时补刷油漆，以减少锈蚀、延长构件的使用寿命。与地面接触的底座左、右基座等应每半年进行一次除锈防腐处理。遭受钻井液、饱和盐水、硫化氢等浸蚀而腐蚀严重的部位，应在每口井完钻和搬家前彻底进行一次除锈并进行防腐处理。

（6）在吊装和运输中严防构件损坏，如发现构件碰坏或弯曲，应及时更换或校直。

50. DZ450/10.5－S₉ 底座在运输和保存时有何要求？

（1）运输

① 钻机打完井后需要拆卸。当远距离搬迁时，底座各构件之间必须拆除完销轴、螺栓、螺母等连接件。

② 底座在拆装运输中，应注意销轴和螺栓等紧固连接件的保管，防止丢失和损坏。各构件的销孔、螺栓孔等裸露金属加工表面处应涂黄油防腐。

③ 底座上座、基座等大型构件均设有专用的吊耳，起吊时应将起吊绳挂在吊耳上，缓缓起吊并小心轻放，应防止构件相互碰撞以致变形，如发现损坏或碰弯的构件应及时予以更换和校直。构件不应在地面上拖拉，以免损坏油漆面和构件。

注意：底座在运输时严禁在地面上直接拖拉！

④ 拆卸搬迁时如发现漆膜脱落，出现锈蚀应及时进行防锈补漆等防腐处理，以减锈蚀，延长构件使用寿命。

（2）保存

① 如底座构件需存放，则应摆放整齐，应在构件下加垫枕木，使构件高出地面100mm以上，以防止积水长期浸泡。

② 底座小构件如销轴、别针、螺栓、螺母、垫圈等表面应涂黄油，并分类装入木箱，以防生锈丢失。

51. F－1300/1600 钻井泵的总体尺寸有哪些？

F－1300/1600 钻井泵的总体尺寸如图 10－13 所示。

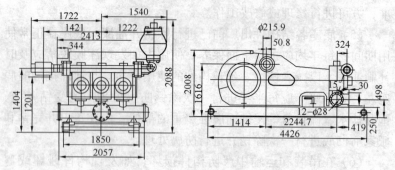

图 10－13　F－1300/1600 钻井泵的总体尺寸

F－1300/1600 机泵组，具有结构紧凑、使用可靠、维修方便等特点。适用于石油天然气勘探开发等钻井作业，是钻井液循环系统的核心设备。

52. F－1600 钻井泵配套的交流变频电机的基本参数有哪些？

F－1600 钻井泵配套的交流变频电机的基本参数如表 10－8 所示。

表 10－8　F－1600 钻井泵配套的交流变频电机的基本参数

序号	名　　称	技术参数
1	型号	YJ31A
2	额定功率/kW	1100

序号	名　　称	技术参数
3	额定转速/(r/min)	1000
4	最高恒功率转速/(r/min)	1984
5	钻井泵最高恒功率转速/(r/min)	1200

特别提示：本泵组可配最大功率为 1200kW，转速为 1200r/min 以下各种型号规格的交、直流电机。

53. F-1600 钻井泵配套皮带的基本参数有哪些？

F-1600 钻井泵配套皮带的基本参数如表 10-9 所示。

表 10-9　F-1600 钻井泵配套皮带的基本参数

序　号	名　　称	技术参数
1	带泵皮带	4×5ZV25J-8000
2	带泵皮带轮直径	$\phi530/\phi1250$

54. F-1300/1600 钻井泵组的结构特征是什么？

该泵组主要由 F-1300/1600 泵、YJ31A 交流变频电机、球笼式万向轴、联组窄 V 皮带轮组、底座等部件组成。传动装置上的小皮带轮轴用两副双列向心球面滚子轴承（22226C/W33）支承，通过球笼式万向轴与电机相连，钻井泵通过固定螺栓固定在大底座上，传动底座与大底座也由螺栓固定，联组窄 V 带的松紧度是由固定装置调节的。

该泵组采用交流变频电机、万向轴、传动轴带动钻井泵，其传动路径为：电动机→万向轴→带泵轴皮带轮→联组窄 V 带→ F-1300/1600 钻井泵。如图 10-14 所示。

55. F-1300/1600 钻井泵传动装置的安装调整内容是什么？

传动装置是泵组的核心部分，安装调整精度的高低，直接影响泵组的使用性能和寿命。安装时先将小皮带轮轴、轴承、轴承座等组装在一起，此时将轴总成吊装到传动底座上，并与电机用万向轴连接起来。需通过调整轴承座与底座间的垫片，保证万向

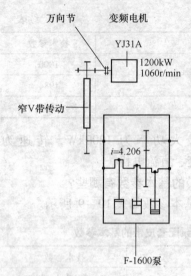

万向节　　变频电机

YJ31A

1200kW
1060r/min

窄V带传动

$i=4.206$

F-1600泵

图 10 - 14　钻井泵动力
传动流程图

轴的两端处于水平，用定位销定位后再用连接螺栓紧固即可，最后将传动装置吊放在大底座上，并用螺栓固定。

注意：装配轴承和球笼式万向轴前先将滚动轴承在清洁的煤油中清洗干净，轴承座腔体内注入 NGLI 2#（0～50℃）或 NGLI0#（－30～5℃）极压锂基润滑脂，以填满轴承及轴承盖空间的 1/3～1/2 为宜。

56. F－1300/1600 钻井泵皮带轮对中性能的调整内容是什么？

安装皮带时，需要对皮带轮的对中性进行调整。调整方法是用两根细钢丝沿两个皮带轮的一个平面张紧，一根在中心线之上，一根在中心线之下，然后移动任一皮带轮直至两根钢丝和皮带轮四个点接触（不同面误差应小于 2.5mm）时，可以确定两个皮带轮已对中，再将各部定位牢靠。

57. F－1300/1600 钻井泵每天的维护保养内容是什么？

（1）待油面稳定时检查动力端油位，至少每天检查一次，如果采用链条传动，还应检查链条箱的油位。

（2）观察缸套与活塞工作情况。有少量泥浆由活塞拖带出来，是正常情况。如果发生刺漏情况，及时更换活塞并详细检查缸套内孔磨损情况，如磨损量较大，缸套也应及时更换。

（3）检查机架的缸套腔，若有大量泥浆、油污沉淀，应加以清理。

（4）检查喷淋泵水箱，水量不足时应补充，水质污染时应更换，同时还需清理水箱。

364

（5）检查空气包的充气压力，是否符合操作条件要求。

（6）检查安全阀的可靠性，必要时应予以更换。

（7）检查润滑油泵压力表的变化情况。如发现压力很小（低于0.035MPa）或无压力，应及时检查吸入和排出滤网有无堵塞现象。

（8）每天把活塞杆卡箍松开，检查卡箍锥面及活塞杆、中间拉杆连接面处是否干净，并将活塞杆转动四分之一圈上紧。这样做的目的是使活塞的磨损面均匀分布，以延长活塞和缸套的使用寿命。

（9）在上紧缸盖和阀盖前，先在其丝扣表面涂润滑脂，且在每4h时间内检查一次是否有松动现象出现。

（10）经常观察阀盖密封、缸盖密封、缸套密封（含耐磨盘与液缸间的密封）报警孔，如有泥浆排出，就应及时更换相应的密封圈。

58. F‑1300/1600钻井泵每周的维护保养内容是什么？

（1）每周拆卸阀盖、缸套一次，除去污泥，清洗干净。涂上二硫化钼复合钙基润滑脂。检查阀杆导向器的内套，如已明显磨损（阀导向杆与导向器间的间隙超过3mm）应将其换掉，以免导向器失去正确导向阀体运动的作用，加速阀的磨损。

（2）检查阀及阀座的使用情况，把磨损严重或刺坏了的阀体、阀胶皮、阀座换掉（更换阀座时应注意同时更换阀体），检查阀弹簧，把折断或丧失弹力的阀弹簧也换掉。

（3）检查活塞锁紧螺母，若遇腐蚀或损坏应换掉（因为一般上紧三次以后的螺母，镶在其内的密封圈已失去锁紧能力）。

（4）从排污法兰的丝堵处放一次水，直至见油为止。

（5）检查并清洗润滑油泵管线中的滤网一次。

59. F‑1300/1600钻井泵每月的维护保养内容是什么？

（1）检查液力端的所有双头螺栓和螺母，例如缸盖法兰螺母，液缸与机架连接的螺母，吸入管汇、排出管汇的连接螺栓、螺母等，如果出现松动，须按规定扭矩值上紧。

（2）检查中间拉杆填料盒内的密封圈，若已磨损须更换，一般每三个月至少换一次，更换时应注意油封方位。

（3）拆卸和清洗装在排出管汇里的滤筒。

（4）每六个月换掉动力端油池和十字头沉淀油槽内的脏油，并同时清理这些油槽。

60. F－1300/1600 钻井泵每年的维护保养内容是什么？

（1）检查十字头导板是否松动，十字头运转间隙是否符合规定要求。可在导板下加垫片来调整，也可将十字头旋转180°再进行使用（为了方便操作，这时可调换十字头位置）。

（2）推荐每隔两年或三年对整个泵进行一次全面检查。检查主轴承、连杆轴承、十字头轴承、输入轴轴承是否磨损或磨坏，若不能继续使用，则须换新的。

（3）检查齿轮的磨损情况，若磨损严重，须将被动轴和主动轴同时调头安装。利用齿面未磨损的一面。

为了便于查阅，现将上述维护保养的检查点用表 10－10 表示，请认真执行。

表 10－10　F－1300/1600 钻井泵维护保养检查点

序号	检查周期	检查内容
1	每天	停泵检查油位，油位太低时应增加到需要的高度
2	每天	润滑油泵压力表读数是否正常，如压力太低应及时检查原因
3	每天	检查吸入包的工作是否正常
4	每天	喷淋泵水箱的冷却润滑液不足时应加满，变质时应更换
5	每天	检查缸套机架腔，有大量泥浆、油污沉淀时需清理
6	每天	缸盖每 4h 检查一次是否松动，上紧时丝扣涂润滑脂
7	每天	观察活塞、缸套有无刺漏现象，严重时应更换
8	每天	每天松开活塞杆卡箍一次，将活塞杆转动四分之一圈后上紧卡箍
9	每天	阀盖每 4h 检查一次是否松动，上紧时丝扣涂润滑油

序号	检查周期	检查内容
10	每天	检查安全阀是否可靠
11	每天	在停泵时检查排出空气包的预充压力是否正常
12	每天	观察报警孔,如有泥浆排出,就应及时更换相应的密封圈(共3处)
13	每周	拆卸缸盖、阀盖,除去泥污,涂上二硫化钼复合钙基润滑脂
14	每周	检查阀导向器的内套,如磨损超过要求,需更换
15	每周	检查吸入、排出阀体、阀座、阀胶皮。凡损坏者,需更换
16	每周	检查活塞锁紧螺母是否腐蚀或损坏。若损坏需要更换(一般用三次)
17	每周	检查润滑系统滤网是否堵塞。若堵塞,需清理
18	每周	旋下排污法兰上的丝堵,排放聚积在油池里的污物及水
19	每月	检查液力端各螺栓是否松退或损坏,如有,应按规定上紧或更换
20	每月	检查盘根盒内的密封圈,若已磨损需更换,至少三个月更换一次
21	每月	检查排出管内的滤筒是否被堵塞,若堵塞需清理
22	每月	每六个月换掉动力端油池和十字头沉淀油槽内的脏油并清理
23	每年	检查十字头表面磨损情况,必要时,可将十字头旋转180°
24	每年	检查导板是否松动,十字头间隙是否符合要求,否则须进行检查和调整
25	每年	检查小齿轮轴,曲轴表面磨损情况,必要时调面使用
26	每年	检查小齿轮轴,曲轴总成各部是否完好,如有异常现象须采取措施
27	每年	检查动力端各轴承有无损坏现象,如损坏,须更换
28	每年	检查后盖、曲轴端盖等处密封,如起不到良好的密封效果时应换掉

61. F－1300/1600 钻井泵须注意的其他事项有哪些?

（1）上中间拉杆与活塞杆的卡箍前，必须将配合的锥面擦干净。

（2）换缸套时，必须将缸套密封圈一起换掉。

（3）冬季停泵后，或临时停泵超过 10 天，必须将阀腔及缸套内的泥浆放尽并冲洗干净。

（4）各检查窗孔应注意盖好，以防灰砂混入润滑油内。

（5）排出空气包只能充以氮气等惰性气体或空气，严禁充入易燃易爆气体，如氧气、氢气等气体。

62. F－1300/1600 钻井泵可能发生的故障和排除方法是什么?

钻井泵在运转时，如发生了故障，应及时查出原因并予以排除，否则，会损坏机件，影响钻井工作的正常进行。故障及排除方法如表 10－11 所示。

表 10－11　F－1300/1600 钻井泵发生故障的原因及排除方法

序号	故障	原因	排除方法
1	压力表的压力下降、排量减小或完全不排泥浆	（1）上水管线密封不严密，使空气进入泵内 （2）吸入滤网堵死	（1）拧紧上水管线法兰螺栓或更换垫片 （2）停泵，清除吸入滤网杂物
2	液体排出不均匀，有忽大忽小的冲击。压力表指针摆动幅度大。上水管线发出"呼呼"声	（1）一个活塞或一个阀磨损严重或者已经损坏 （2）泵缸内进空气	（1）更换已损坏活塞检查阀有无损坏及卡死现象 （2）检查上水管线及阀盖是否严密
3	缸套处有剧烈的敲击声	（1）活塞螺母松动 （2）缸套压盖松动 （3）吸入不良，产生水击	（1）拧紧活塞螺母 （2）拧紧缸套压盖 （3）检查吸入不良的原因

序号	故障	原因	排除方法
4	阀盖、缸盖及缸套密封处报警孔漏泥浆	（1）阀盖、缸盖未上紧 （2）密封圈损坏	（1）上紧阀盖、缸盖 （2）更换密封圈
5	排出空气包充不进气或充气后很快泄漏	（1）充气接头堵死 （2）空气包内胶囊已破碎 （3）针形阀密封不严	（1）清除接头内的杂物 （2）更换胶囊 （3）修理或更换针形阀
6	柴油机负荷大	排出滤筒堵塞	拆下滤筒，清除杂物
7	动力端轴承、十字头等运动摩擦部位温度异常	（1）油管或油孔堵死 （2）润滑油太脏或变质 （3）滚动轴承磨损或损坏 （4）润滑油过多或过少	（1）清理油管及油孔 （2）更换新油 （3）修理或更换轴承 （4）使润滑油适量
8	动力端、轴承、十字头等处有异常响声	（1）十字头导板已严重磨损 （2）轴承磨损 （3）导板松动 （4）液力端有水击现象	（1）调整间隙或更换已磨损的导板 （2）更换轴承 （3）上紧导板螺栓 （4）改善吸入性能

注：除以上估计可能出现的故障之外，如发现其他异常现象时，应根据故障发生的地点仔细寻找原因，直到原因查明并进行排除后钻井泵方能正常运转。

63. F－1300/1600 钻井泵封存时注意事项有哪些？

（1）钻井泵长期不使用时，应进行封存。

（2）封存前应认真清除污物，将液力端各部放空，并用清水清洗，擦试干净。

（3）排尽动力端齿轮箱底的润滑油，清除底部的沉积污物。

（4）所有轴承、十字头、齿轮、活塞杆、中间拉杆等零部件加工表面涂抹稠油。

（5）液力端各零部件加工表面涂抹润滑脂。

（6）吸入口及排出口均应用盲板盖住。

64. 司钻控制房设计特点是什么？

司钻操作设计为坐式，统一布局司钻控制操纵台。摆放位置安全、视野开阔。并在易于观察处标定井架、底座起升负荷的最大限定值。

（1）司钻的人身安全。

采用杠杆式门锁，既方便钻工的正常操作，又方便在紧急情况下司钻的防护与逃生。

（2）便于观察。

能方便地观察二层台、转盘、绞车、仪表及整个钻台。

（3）便于工作。

便于检查维护各操作箱，在坐姿下能方便地进行操作。

（4）合理布置。

设施的接口考虑气控操作箱、电控操作箱、顶驱操作箱、钻井参数显示仪、液压系统操纵、液压猫头操纵、电子数控防碰装置、工业监控系统的安装位置和进线接口。

（5）搬迁方便，坚固耐用。

65. 司钻控制房的材料及设施有哪些？

（1）材料

钢板保温结构。操作面板为不锈钢板、夹胶、钢化玻璃（考虑运输防护罩）及房顶防护网。

（2）设施

转椅、防爆电器（灯）、1P 防爆单制窗式空调、喊话器、雨刮器等。

66. 转盘驱动装置的技术参数有哪些？

转盘驱动装置的技术参数如表 10 – 12 所示。

表 10 – 12　转盘驱动装置的技术参数

序　号	名　称	技术参数
1	转盘型号	ZP – 375
2	电机型号及功率/kW	YJ23，600
3	外形尺寸/（mm × mm × mm）	4010 × 2820 × 1403
4	质量/kg	14960

67. 转盘驱动装置由哪几部分组成？

Z70/4500DB$_5$ 钻机转盘驱动装置主要由 ZP – 375 转盘、YJ23 交流变频电机、联轴器、链条箱、润滑系统、铺台等部件组成，转盘驱动装置如图 10 – 15 所示。ZJ70/4500DB$_5$ 钻机转盘传动采用独立驱动方式。

（1）链条箱

其箱体采用型钢与钢板焊接而成，所有连接尺寸及定位尺寸均靠机加工保证。输出轴的一端设有转盘惯刹。该驱动箱采用链条（11/2in—4 排）传动，传动可靠，便于维护保养。

（2）润滑系统

驱动箱中链条采用机油强制润滑，各轴承采用黄油润滑。

驱动装置的润滑装置为电动润滑系统，电动润滑系统是由 1 台独立的电机驱动油泵，将油池中的润滑油吸出，通过喷淋系统对各链条和轴承进行润滑。电动油泵的控制与转盘电机的控制实施联动：即启动上述之一时，润滑油泵首先工作。同时润滑油泵的电机也可单独启动：即不启动转盘电机时也可启动润滑油泵。油池吸油口处设有滤油器（LXZ – 100 × 180L – Y），应经常检查，发现油污堵后及时清洗。油路中设有溢流阀，当系统压力过高时，可用于调控系统压力。司钻箱上设有转盘润滑压力表，用于监控该润滑系统压力。当压力过低时，应停机检查，待故障排除后方可工作。润滑系统工作压力为 0.15 ~ 0.4MPa。

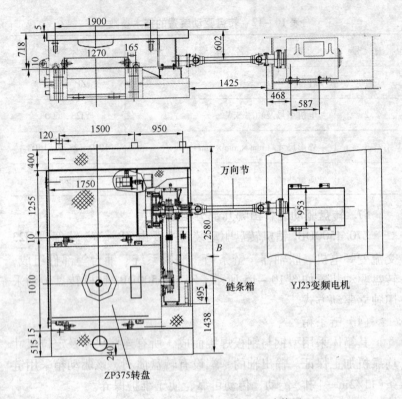

万向节

链条箱

YJ23变频电机

ZP375转盘

图 10 – 15 ZJ70DB₅钻机转盘驱动装置

油池内所加油品：夏季 0 ~ 50℃时为 L – AN100 汽润滑油，冬季 – 30 ~ 0℃时为 L – AN46 汽润滑油，液面应居于油尺两刻度线之间。

68. ZP – 375 转盘的结构由哪几部分组成？

ZP – 375 转盘的结构如图 10 – 16 所示。

转盘主要是由转台装置、铸焊底座、快速轴总成、锁紧装置、主补心装置、上盖等零部件组成。铸焊底座是铸焊组合件，由铸钢底座与金属结构件组焊而成。铸钢底座也是润滑伞齿轮副和轴承的油池。转台（3 – 2）是一个铸钢件，它的通孔直径用于通过钻具和套管柱，为了旋转钻杆柱，在转台的下部有两个凹槽，主补心装置下部的两个凸出部分放在凹槽内，在转台的上部

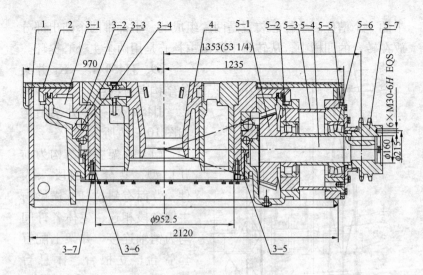

图 10 – 16　ZP – 375 转盘的结构

1—铸焊底座；2—上盖；3—转台装置；4—主补心
装置；5—快速轴总成（水平轴总成）

用螺栓(3 –7)固定上座圈(3 –5)转台装置是从在主副组合轴承(3 –3)，通过轴承的中圈把它支承在底座上，组合轴承的中圈上部起主轴承的作用，它承受钻杆柱和套管柱的全部负荷，中圈下部起副轴承的作用，它通过下座圈(3 –5)安装在转台的下部，用来承受来自井下的同步跳动，副轴承的轴向间隙的调整是用转台和下座圈间的垫片(3 –6)来实现的。

转台是用一对伞齿轮副来传动的。大齿圈(3 –1)安装在转台上。小伞齿轮(5 –1)装在轴(5 –4)的一端，轴则支承于装在轴承座(5 –3)内的两个轴承(5 –2)(5 –6)上，这两个轴承一个是向心短圆柱滚子轴承，另一个是向心球面滚子轴承，在轴的另一端装有链轮(5 –7)，组成一个快速轴总成。

一对伞齿轮副的啮合间隙的调整，是由主副组合轴承的中圈下面的垫片(3 –4)和轴承套法兰上的垫片(5 –5)来实现的。

在转盘的顶部装有制动转台向左和向右方向转动的锁紧装置，当制动转台时，左右掣子之一被操纵杆送入转台 28 个槽位

373

中的一个槽位。主补心装置是两瓣组成的，上部带两个凸出部分放在转台的凹槽中，从转台中取出主补心是用两个主补心提环。

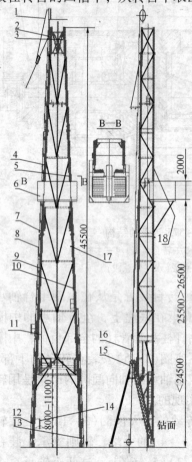

图 10 - 17　JJ450/45 - K₅ 井架

1—蹬梯助力机构；2—左上段；3—右上段；4—左中上段；5—右中上段；6—二层平台；7—大钳平衡重；8—直梯；9—左中下段；10—右中下段；11—套管台；12—左下段；13—右下段；14—司钻伞；15—人字架；16—起升装置；17—死绳固定器；18—逃生装置

69. JJ450/45 - K₅ 井架的结构有何特点？

JJ450/45 - K₅ 井架结构如图 10 - 17 所示。

（1）井架主体结构为前开口型，共分为四段八大件，背面有斜拉杆、横梁与主体各段相连，主体各件间均为销轴连接。井架上配有套管台、立根台、休息台等，同时配有通往二层台、天车台的梯子及登梯助力机构。为满足钻井需要还配有 2 个起重为 3t 的高悬猫头滑轮，死绳稳定器，2 副起重量为 2.5t、可旋转 270° 的悬吊扒杆，大钳平衡重及滑轮。

（2）二层台由台体、操作台及内外栏杆组成。二层台内栏杆高 1m，外栏杆高 2m，三周设有挡风板。为了增强井架工操作安全性，在台体边缘均设有挡脚板。操作台可向上翻起，避免了非起下钻工况时与游动系统碰撞的可能性。在台体指梁上设有靠放钻铤的卡板，钻杆挡杆设有安全链。二层台上还配有 2 台钻工助力器(0.5t 风动绞车) 用于排放钻铤、钻杆，并设有紧急逃生装置。

(3) 人字架是由左、右两部分组成，用来起放和支靠井架。如图 10 – 18 所示。

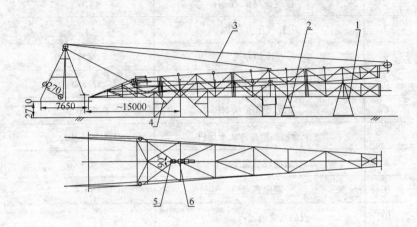

图 10 – 18　井架起升简图
1—梯助力机构；2—井架主体；3—二层平台；
4—人字架；5—大钩；6—游车

(4) 起升装置

JJ450/45 – K₅ 井架采用人字架起升方式。在起升装置中配有高低支架、起升大绳及平衡滑轮。为了能够使井架平稳的靠放在人字架上，同时又能使井架重心前移从而依靠井架本身自重下落，设有液压缓冲装置，通过液缸的伸缩实现。

70. ZJ70/4500DB₅ 钻机空气系统的作用是什么?

ZJ70/4500DB₅ 钻机空气系统是钻机压缩空气的供气、空气处理、配气以及控制的完整系统，用以控制钻机各部的开关、变速、制动、限位等。

71. ZJ70/4500DB₅ 电动螺杆压缩机组的技术参数有哪些?

电动螺杆压缩机组的技术参数如表 10 – 13 所示。

375

表 10 – 13　电动螺杆压缩机组的技术参数

序号	名　称	技术参数
1	型号	SA – 37A
2	排气量/(m^3/min)	5.6
3	排气压力/MPa	1
4	冷却方式	风冷
5	电动机型号(kW/V)	37/380
6	系统工作压力/MPa	0.7~0.9
7	干燥机类型冷冻式干燥机	ADH 6/10
8	适应环境温度/℃	– 40~60
9	额定露点/℃	5℃
10	成品气含油量/(mg/m^3)	≤5
11	成品气含尘量/(mg/m^3)	≤5
12	冷启动压风机型号(电动/手动型)/ (m^3/min)	排气量 0.8
13	储气罐容积/m^3	2.5 +4(设在钻机底座上)

72. 钻机的空气系统工作流程是什么？

ZJ70/4500DB₅ 钻机空气系统及主要流程如图 10 – 19 所示。

气源由 2 台电动螺杆压缩机组提供，2 台机组通过单向阀实现并车，工作时一台运转，一台备用，或 2 台交替使用，或 2 台同时工作。输出的压缩空气经微加热式干燥机处理后进入 2.5m^3 的储气罐。气罐有 2 个出气接口，上部接口通过气管线将压缩空气输送到柴油机气马达，用于启动柴油机；侧部接口通过气管线将压缩空气输送到各用气设备上。钻机主机用气储存在设在底座上的 4m^3 储气罐，主要供气给绞车、旋扣器、风动绞车、液气大钳等设备。

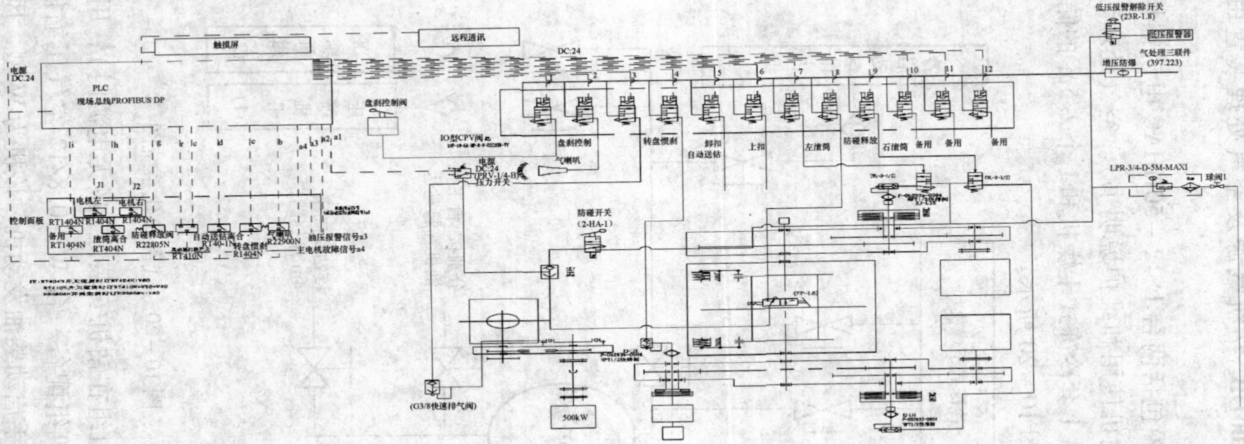

图 10－19　空气系统原理图

377

73. ZJ70/4500DB₅钻机气源及空气处理装置由哪几部分组成？

气源净化装置包括两台 LS12－50HHAC 电动螺杆压缩机组（详细内容见压缩机使用和维护说明书）。空气处理装置由一台冷启动压缩机组，1 套冷冻式干燥机和 1 个 2.5m³ 的储气罐组成。气源净化系统如图 10－20 所示。

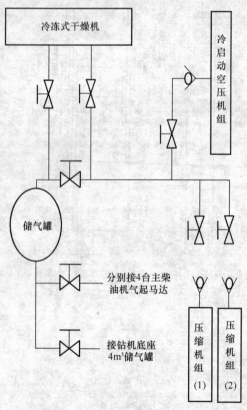

图 10－20　气源净化系统图

冷启动压缩机组在钻机安装之初（无电源时），用于启动柴油发电机组。该机组配备一台 W－0.8/12 空气压缩机的机头，原动机选用 S195 手启动柴油发动机。该机为 W 型，风冷，单作

378

用活塞式，二级压缩，额定排气压力 1.2MPa，公称容积流量 0.8m³/min，活塞行程 80mm，润滑油夏季 N100 号，冬季 N68 号，使用 500h 后需更换新油，油耗量 ≤16g/h，外形尺寸（长 × 宽 × 高）为 1650mm × 530mm × 860mm。

微加热吸附式压缩空气干燥机是利用具有吸附性能的吸附剂吸附压缩空气中水蒸气的一种空气净化装置。其吸附剂的再生方法为加热再生。他有两个干燥塔，其工作的基本原理为：一个塔进行气流上升循环，干燥剂吸附水蒸气使压缩空气干燥供给气动系统使用，而另一个塔则气流下降，压缩空气压力降低，干燥剂析出水分让压缩空气排空，使干燥剂得以再生。两个干燥塔交替工作（工作周期一般为 5 ~ 10min），这样就可以得到连续输出的干燥压缩空气。在正常情况下，干燥后压缩空气的露点可以达到 −40℃，可以使压缩空气达到良好的除湿效果。

74. ZJ70/4500DB₅ 钻机的 2.5m³ 储气罐有何作用？

2.5m³ 储气罐如图 10 − 21 所示。

气体由 2.5m³ 储气罐上输出接口通过主气管分送到 4 台柴油机气马达处，主气路采用硬管从房子上部走线，房子之间采用软管连接。各柴油机供气管线上均设有球阀。启动柴油机时，打开球阀，即可供气启动。

75. ZJ70/4500DB₅ 钻机的 4m³ 储气罐有何作用？

该储气罐安装在钻机底座后部，其上设有进气口、加酒精漏斗、安全阀、压力表、排污口和备用供气口。正常使用时接左、右 2 路供气口，临时用气可接备用供气口，每个供气口处均设有阀门。用气时，打开阀门即可。储气罐的供气管线从气源净化装置上的 2.5m³ 储气罐引出，经固定在折叠式管线槽上的气管线接到储气罐上。

76. ZJ70/4500DB₅ 钻机的空气系统控制有哪两种方法？

ZJ70/4500DB₅ 钻机的空气系统控制分面板控制和触摸屏控制两种控制方法，面板控制和触摸屏控制两者功能完全相同。它们都与 PLC 连接，通过一系列逻辑来控制 10 型 CPV 阀岛和绞车内继气器，以实现钻机的各种功能。钻机的空气系统的 PLC 控

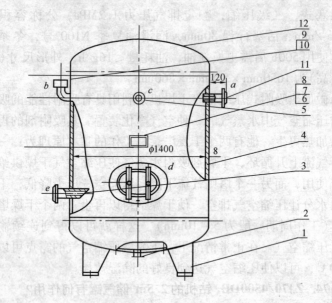

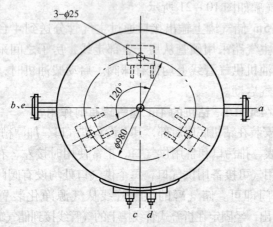

图 10 – 21　储气罐结构示意图

1—支座；2—排污接头 G 1″；3—进气接管 φ57×5；4—筒体；
5—压力表接头 M33×2；6—标牌；7—标牌座；8—标牌钉 φ3
×6；9—弯管 φ57×3.5；10—安全阀接头 G 1 1/2；11—排气
管接头 φ57×5；12—上下封头

制原理如图 10 - 19 所示。

77. ZJ70/4500DB₅ 钻机的盘刹控制过程是什么？

ZJ70/4500DB₅ 钻机的盘刹控制原理如图 10 - 19 所示。

该钻机采用北石所液压盘刹，当 a1、a2、a3 和 a4 无信号时，PLC 给阀岛阀 1 电信号，阀 1 打开给盘刹供气，盘刹释放可操作。当井架防碰开关阀打开或防碰过圈阀打开，它们都提供气信号，经梭阀（OS - 1/4 - B）到压力开关（PEV - 1/4 - B），压力开关接收气信号后发出电信号 a1 给 PLC，PLC 则断开阀岛阀 1 信号，阀 1 关闭排气，盘刹刹车，同时 PLC 断开阀岛阀 4、7、9 电信号实现滚筒离合摘离和自动送钻离合摘离；当游车上升到紧急高度时，智能高度指示仪发生一个电信号 a2 到 PLC，PLC 则断开阀岛阀 1 电信号，阀 1 闭排气，盘刹刹车，同时 PLC 断开阀岛阀 4、阀 7 和阀 9 电信号，实现滚筒离合摘离和自动送钻离合摘离；当油压过低或电机风压过低时，电机控制系统发生一个电信号 a3 到 PLC，PLC 则打开阀岛阀 1 电信号，阀 1 打开给盘刹供气，盘刹刹车，同时 PLC 断开阀岛阀 5、阀 8 和阀 9 电信号实现滚筒离合摘离和自动送钻离合摘离，再控制主电机停机；另当主电机出现故障时，电机控制系统发生一个电信号 a4 到 PLC，PLC 则打开阀岛阀 1 电信号，阀 1 打开给盘刹供气，盘刹刹车，同时 PLC 断开阀岛阀 8 和阀 9 电信号实现滚筒离合摘离，再控制主电机停机，待故障排出后，故障信号消失再重新启动电机。

78. ZJ70/4500DB₅ 钻机的风动旋扣器控制过程是什么？

ZJ70/4500DB₅ 钻机的风动旋扣器控制原理如图 10 - 19 所示。

（1）风动上扣，当风动旋扣器面板控制开关（RT410N）旋转至上扣位置时，开关发出信号 f 到 PLC，PLC 则给阀岛阀 6 输出电信号，阀 6 开启输出气信号打开井架上风动旋扣继气器 K23JK - F40，风动旋扣器启动上扣。

（2）风动卸扣，当面板风动旋扣器开关旋转至卸扣位置时，输出电信号 e 到 PLC，PLC 则给阀岛阀 5 电信号，阀 5 打开，延时 2s(可调)给阀岛阀 6 信号，阀 6 打开，阀 5 和阀 6 分别控制风动旋扣器换向阀(K24Q – L40A)和继气器(K23JK – F40)实现风动卸扣。

(3)风动上扣和风动卸扣功能互锁。

79. ZJ70/4500DB₅ 钻机的转盘惯刹控制过程是什么？

ZJ70/4500DB₅ 钻机的转盘惯刹控制原理如图 10 – 19 所示。

当转盘惯刹开关(P22805N)处于刹车位置时，输出电信号 c 到 PLC，PLC 给阀岛阀 3 电信号，阀 3 打开，输出气信号到转盘惯刹离合器，同时输出信号给转盘电机控制转盘电机停转，以实现转盘刹车，转盘惯刹开关可复位，只有当开关复位后，电机才可再次启动。

80. ZJ70/4500DB₅ 钻机的自动送钻离合控制过程是什么？

ZJ70/4500DB₅ 钻机的自动送钻离合控制原理如图 10 – 19 所示。

当司钻房面板自动送钻离合开关(RT404N)处于离合位置时，开关输出电信号 d 给 PLC，PLC 则给阀岛阀 4 电信号，阀 4 打开输出气信号，打开绞车内自动送钻离合器继气器(VL – 3 – 1/4)，气源经过继气器给自动送钻离合器供气，实现自动送钻挂合，同时 PLC 断开阀岛阀 7、阀 9 电信号，使阀 7、阀 9 关闭排气，滚筒离合器摘离，自动送钻离合与滚筒离合互锁。即电信号 e 和电信号 d、h 同时存在时，PLC 则输出电信号断开阀岛阀 1。阀 1 停止给盘刹供气，盘刹刹车，同时 PLC 断开阀岛阀 4、阀 7 和阀 9 电信号，实现滚筒离合摘离和自动送钻离合摘离。

81. ZJ70/4500DB₅ 钻机的防碰天车气控过卷阀的控制过程是什么？

ZJ70/4500DB₅ 钻机的防碰天车气控过卷阀的控制原理如图 10 – 19 所示。

当游车上升到紧急高度时，盘刹刹车，若要让游车下放，此时要按下面板上防碰释放开关(P22805N)输出电信号 g 给 PLC，PLC 给阀岛阀 8 电信号，阀 8 打开排气，PLC 给阀岛阀电信号，信号 a1、a2 对 PLC 不起作用（电信号 a1、a2 在信号 f 消失后，仍对 PLC 起作用），阀岛阀 1 开启，盘刹可操作，司钻则通过防碰释放阀和盘刹控制手柄慢慢下放游车。防碰释放开关可复位。当游车下放到安全高度，将防碰开关阀复位，钻机正常使用。

82. ZJ70/4500DB₅ 钻机的气喇叭开关控制过程是什么？

ZJ70/4500DB₅ 钻机的气喇叭开关控制原理如图 10 - 19 所示。

当司钻需要提醒井队工作人员注意时，按下面板上气喇叭开关（P22805N），开关输出电信号 b 到 PLC，PLC 则给阀岛阀 2 电信号，阀 2 打开，供气给气喇叭，气喇叭鸣叫，松开手后 b 信号消失，气喇叭停止鸣叫。

83. ZJ70/4500DB₅ 钻机的滚筒离合控制过程是什么？

ZJ70/4500DB₅ 钻机的滚筒离合控制原理如图 10 - 19 所示。

由于钻机绞车有两个动力电机，分别从两侧通过传动箱和两个气胎离合器输入动力，所以对于滚筒离合的控制方法有三种。

（1）只选择滚筒左离合，即只用滚筒左侧电机动力输入。先将滚筒左电机控制开关至打开位置，再打开滚筒离合开关（RT404N），当电机控制开关和滚筒离合开关都打开后，输出电信号 j1 给 PLC，PLC 接电信号 j1 则给阀岛阀 7 电信号，阀 7 打开输出气信号打开绞车内继气器（VL - 3 - 1/2），气源经继气器（VL - 3 - 1/2）给滚筒左离合器充气，滚筒左离合器挂合，此时通过速度控制手柄调节电机速度，实现滚筒动力从左侧电机输入。

（2）只选择滚筒右离合，即只用滚筒右侧电机动力输入，先将滚筒右电机控制开关至打开位置，再打开滚筒离合开关（RT404N），当电机右控制开关和滚筒离合开关都打开后，输出电信号 j2、h 给 PLC，PLC 接电信号后，输出电信号给阀岛阀 9，阀 9 打开输出信号给绞车内滚筒右离合器继气器（VL - 3 - 1/2）。继气器打开供气源给滚筒右离合器，实现滚筒右离合器挂合，再通过速度控制手柄调节电机速度，实现滚筒动力从右侧电机输入。

（3）选择左、右两侧动力同时输入。先将左、右电机控制开关都至打开位置，再打开滚筒离合开关（RT404N），当左右电机控制开关和滚筒离合开关（RT404N）都打开后，输出电信号 j1、j2、h 给 PLC，PLC 则给阀岛 7、阀 9 电信号使阀 7、阀 9 打开，阀 7、阀 9 分别打开绞车滚筒左右离合继气器，实现滚筒离合器充气挂合，再通过速度控制手柄调节两电机速度，实现两侧动力同时输入。

上述三种方法中，操作中也可以先将电机控制开关打开，通过电机速度控制手柄调节电机为某一值，再打开滚筒离合开关，只要当电机控制开关和滚筒离合开关都打开后，就会输出电信号 h 或 c 给 PLC，PLC 则相应给阀岛阀 8 或阀 9 电信号，再打开滚筒离合器继气器，气源经继气器充气给滚筒离合器，实现滚筒挂合，实现动力的三种形式输入。

当需要钻机实现其他功能时，可打开备用开关（RT404N）输出电信号 i 给 PLC，PLC 则给阀岛阀 10、阀 11、阀 12 电信号，阀 10、阀 11、阀 12 打开，另外，当阀岛阀 1~9 某阀件有问题时，可用阀 10、阀 11、阀 12 取代。

自动送钻离合与滚筒离合互锁。即当信号 d 和信号 h 同时存在时，PLC 则打开阀岛阀 1 电信号，阀 1 打开给盘刹供气，盘刹刹车，同时 PLC 断开阀岛阀 4、阀 7 和阀 9 电信号实现滚筒离合摘离和自动送钻离合摘离。

触摸屏控制与面板控制类似，触摸屏通过程序设有与面板相同功能的按键，经过程序控制，实现与面板控制相同的功能。

在 PLC 有故障时，为了保证钻机仍能正常工作，PLC 单元设有旁路来保证面板控制的功能不丧失。

84. ZJ70/4500DB$_5$ 钻机的仪表系统作用是什么？

ZJ70/4500DB$_5$ 钻机的仪表能监测大钩悬重，钻压，转盘转速，转盘扭矩，吊钳扭钳，1#、2#、3#泵的冲立管压力，井口泥浆返出量，井深，泥浆池（含泥浆补偿罐）体积各参数，并可进行各参数超常报警。全套仪表的传感器、显示表头、接插件、数据采集系统均为本质安全型。仪表显示表台采用不锈钢板制作，安装在司钻操作房内，与司钻控制台总体设计一致。仪表的传感器安装在钻机的相关部位，数据采集箱 DAQ 安装在司钻操作房内。参数的记录、存储采用工业用计算机，安装在钻井工程师工作室内。能实时以数字和曲线方式记录钻井过程中各钻井参数的变化，并能存储和打印各参数，还能进行各参数的历史回放和打印。派生参数如机械钻速、大钩位置、累计泵冲、总泵速、钢丝绳吨公里能在计算机上显示。

85. ZJ70/4500DB₅钻机电传动控制系统特点是什么？

（1）系统的设计制造依据"性能先进、安全可靠、运移方便、运行经济、满足 HSE 要求"的原则，整机性能和制造质量达到国际水平。

（2）系统的动力控制系统、输出特性和各种保护功能、互锁功能等均能满足 7000m 钻机的工作需要和钻井工艺的要求。

（3）其控制回路中具有游车系统防冲顶自动控制保护功能。

（4）各种电线和电缆连接安全可靠，走向规范，设备接地接零。

（5）整套系统应采用正确可靠的防爆、防震、防潮、防水措施，符合安全操作要求。

（6）系统在环境温度 −20~50℃ 下能可靠、稳定运行。

（7）系统内各设备铭牌为中文、英文对照，仪表表盘读数为公、英制。

86. ZJ70/4500DB₅钻机的安装及调试工作有哪些？

（1）钻机安装前的准备工作

钻机的安装质量直接关系到钻机能否正常工作和钻机部件的使用寿命，所以一定要严把质量关，高质量地完成安装工作。

（2）技术准备

钻机安装及操作人员应先仔细阅读使用说明书，明确要求和规定，熟悉钻机总体、配套及各部件结构特性、质量尺寸等，做好前期的各项准备工作。

（3）安装工具

安装钻机时需准备的测量工具：钢卷尺、水平尺、百分表、线绳、铅垂等。钻机随机携带有一套钻机安装和调试用的工具，如撬杠、搬手、管钳、大锤、手锤、干油站及吊装用绳索等。

（4）装车、卸车和吊装

钻机的超重、超长的大部件，如绞车、钻井泵组、VFD 房、油水罐、井架底座等，在装车、卸车和安装时，应该使用专用的吊装绳索，这些部件均设有专用吊耳，起吊时应将吊绳挂在吊耳上，吊绳长度应适合，吊绳过短会挤压设备和部件，造成对设备和部件的损坏。

（5）钻机基础

按照基础图的要求建造钢筋混凝土基础。

钻机主要设备的基坑应设置在场地的挖方上，若设置在填方上要进行技术处理。基坑耐压强度应不小于 0.2MPa，基础平面度误差不大于 3mm。

87. ZJ70/4500DB$_5$ 钻机使用注意事项有哪些？

（1）钻井时，绞车两台交流变频电机应并车使用。

（2）特殊情况下如果仅使用一台电机，在电机转速小于660r/min（对应钩速小于 0.3m/s）情况下，单电机绞车设计能力可起升最大钻柱重量。

（3）在钻井作业中，应根据负荷情况合理调整速度，充分提高功率利用率，可参考钻机提升曲线进行，如图 10-22 所示。

（4）在下钻作业时，应首先给刹车盘通冷却水。

（5）绞车/转盘在工作前，应首先检查油箱润滑油油位并启动绞车/转盘驱动箱润滑油泵正常工作。

88. ZJ70/4500DB$_5$ 钻机的操作与维护保养规程是什么？

（1）钻井队应配备或指定机械、电气、仪表专业人员，指导钻机的常规使用与维护。

（2）钻机出现不正常情况时应停止使用并及时处理。

（3）严禁钻机超速、超温、超压运转和违反规程操作。

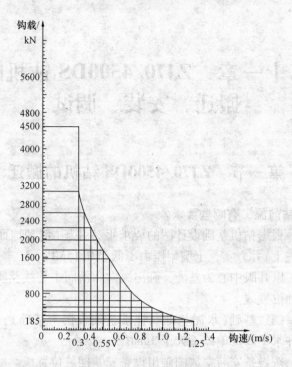

图 10-22　钻机提升曲线

（4）根据钻机的技术状况和运行情况，应进行周期性的维护管理。周期性维护分班维护、周维护、月维护。详见 ZJ70/4500DB$_5$ 钻机维护保养手册。

89. ZJ70/4500DB$_5$ 钻机在高寒期的操作与维护应注意什么？

（1）循环系统

①钻井泵启动前应检查阀腔、循环管汇，不应结冰。

②当钻井泵停止工作时，应排净钻井泵液力端、水龙头及高低压管汇内的钻井液。

（2）提升系统

①下完钻，应排尽刹车毂内的冷却液。

②防止水龙头提环下部放水孔结冰。

第十一章　ZJ70/4500DS钻机的搬迁、安装、调试

第一节　ZJ70/4500DS钻机的搬迁

1. 钻前施工有哪些要求?

(1) 根据钻机基础设计图的要求平整井场(清理地面植物生长层的表土)并夯实，土壤耐压力不低于0.15MPa。

(2) 以井眼中心为基准，画出纵向和横向中心线及所有地面设备基础位置线。

(3) 摆放基础(水泥基础或管排基础或钢木基础)，基础上平面允许水平高度偏差不大于3mm。

(4) 按设备安装摆放图画出设备安装摆放位置线。

2. 搬迁前有哪些准备工作要做?

(1) 召开全队职工大会，进行合理分工，明确任务和质量要求，交代注意事项及要求。

(2) 准备好吊装设备的绳套、绑车的铁丝或绳索及其他用具。

(3) 零散物件归类放入材料房或爬犁，并固定牢靠。

(4) 宿舍内物品应收藏好，需固定的固定，关闭总电源开关。

3. 钻机的搬迁顺序是什么?

(1) 吊车到井场后，根据所要吊设备的质量停放在合理位置，按规定打好千斤顶。

(2) 按照分工，每台吊车为一组，吊装设备及营房等；重设备吊装需两台吊车时，要视吊车吨位配合吊装。

（3）钻机吊装顺序：

底座—起放底座人字架—绞车前、后梁—转盘梁—绞车—转盘—钻台铺板—井口机械化工具—司钻偏房—起放井架人字梁—井架—天车—钻井泵—循环罐—高压管汇—柴油发电机组—SCR（MCC）房—油罐—爬犁—材料房—值班房—野营房。

4. 钻机的搬迁安全要求是什么？

（1）吊装、卸车时必须根据设备质量、尺寸选择安全系数高的压制绳套，绳套必须挂牢，起吊时设备上、下，起重臂吊装旋转范围内严禁站人。

（2）吊装、卸车时必须有专人指挥，严禁蛮干和违章作业。

（3）易滚、易滑设备装车时要垫防滚防滑物，并捆绑牢靠。

（4）超宽、超长、超高设备运输中应采取相应的安全防范措施并做安全标志。

（5）拉运设备的货车车厢内严禁乘坐人员。

第二节　ZJ70/4500DS 钻机的安装

5. 安装前的准备工作有哪些？

钻机的安装质量直接关系到钻机能否正常工作和钻机部件的使用寿命，所以一定要严把质量关，高质量地完成安装工作。

（1）技术准备

钻机安装及操作人员应先仔细阅读使用说明书，明确要求和规定，熟悉钻机总体、配套及各部件结构特性、质量、尺寸等，做好前期的各项准备工作。

（2）安装工具准备

安装钻机时需准备的测量工具：钢卷尺、水平尺、百分表、线绳、铅锤等。

6. 钻机的安装要求是什么？

安装质量应达到"七字"标准和"五不漏"要求。

（1）"七字"标准：平、稳、正、全、牢、灵、通。

（2）五不漏：不漏油、不漏气、不漏水、不漏电、不漏钻井液。

7. 钻机的安装顺序是什么？

底座—绞车与转盘—井架—天车—游车—大钩—穿大绳—起升井架—柴油发电机组—SCR（MCC）房—钻井泵—起升底座—坡道—猫头—滑道—提升机—固控循环系统—油罐—爬犁—材料房—值班房—野营房—其他。

8. 底座的安装顺序是什么？

（1）安装前先清除掉底座、各构件销孔中的尘土等杂物，涂上黄油。

（2）基础铺设经检验合格后，应依据已画好的基座安装摆放位置线和井口位置线，按左、右前基座上井口中心标志摆放左、右前基座后，再安装左、右后基座。

（3）安装左、右基座之间的连接架，连接梁及斜撑杆。

（4）安装前、后立柱及斜立柱下端。

（5）安装左、右起升底座人字架和安装台。

（6）安装左、右上座。首先安装缓冲装置，然后将前、后立柱上端与左、右上座相连。

（7）安装绞车、转盘、钻台铺板、钻台偏房、栏杆等。

注意：除后台梯子外，坡道、梯子、紧急滑道及上固控罐梯子等均在底座起升后安装。

9. 转盘驱动装置和绞车传动安装顺序是什么？

（1）安装转盘。

在转盘梁的前后左右 4 个方位均打有洋铣眼指示井眼中心位置，同时转盘的四周装有八个调节丝杠，以此来调节并夹紧转盘，可根据实际需要采取进一步紧固措施。转盘驱动装置出厂安装时已找正，现场安装时，首先将电动机安装在钻机底座右上座内，之后将转盘梁与绞车梁和立根台用销轴连接，最后完成万向轴连接。安装时应保证万向轴两法兰端面平行，误差小于或等于1mm，万向轴倾斜角度小于或等于3°～5°。

（2）安装并找正绞车。

绞车的底座梁上有一个三角箭头标明绞车滚筒中心线位置，绞车按此就位，并用卷尺核对与井眼中心的相对位置然后放下转盘链条箱找正，使转盘驱动轴与转盘的输入轴同轴；两轴头法兰应平行，在相差 90°的四点测量其尺寸误差应小于 1mm，最后用螺栓、压板和定位块将绞车固定。

（3）安装转盘扭矩传感器和转数传感器。

（4）安装万向轴，并拧紧两端的连接螺栓，且要防松、可靠。

10. 井架的安装顺序是什么？

（1）安装前需对井架构件进行外观检查，对受损的构件，如焊缝开裂、材料裂纹或锈蚀严重的构件应按制造厂有关要求修复合格或更换后才能安装。各导绳滑轮用手转动应灵活，无卡阻和异常响声。

（2）各导绳滑轮处应在其润滑点加注 7011#低温极压润滑脂，滑轮用手转动应灵活，无卡阻和异常响声。因井架起升力很大，滑轮轴套与轴之间的压力也很大，必须加注耐极压的润滑脂，才能形成很好的油膜。

（3）人字架前腿上的调节丝杠应转动灵活，并加注锂基润滑脂。人字架横梁上的快绳导轮轴应光滑无锈蚀。导向滑轮应能在轴上自由转动和轴向滑动，并加注锂基润滑脂。

（4）井架体上所有穿销轴的孔内应涂润滑脂以利于销轴的打入和防止销轴锈蚀。

（5）根据标记牌及发送清单判明所有的零部件后，使井架左右 I 至 V 段主腿就位，然后依次打入 φ150 大腿销子、φ25mm 抗剪销、φ30mm 别针、φ65mm 段与段连接双锥销、φ15mm 抗剪销、φ30 别针，使其成为左右大腿，并用小支架支护好。然后依次低位安装背扇钢架、钢架、斜拉杆、天车、立管操作台、大钳平衡重装置、起升大绳等部件。

（6）按照说明书附图所示安装天车，天车和井架之间连接靠

两个 $\phi40\text{mm}$ 的定位销定位后，用12个螺栓固定在井架上。天车滑轮起重架在地面按图所示完成装配，并用销子连接在天车上，装好天车下部的方木，并固定牢靠。天车的附件应安装齐全。

（7）安装游车、大钩，穿好起升大绳和天车与游车的钻井绳（穿绳方式为顺穿），并挂好平衡滑轮。

（8）将井架从天车一端吊起，将高支架放在起升装置所规定的位置，然后安装二层台及附件。

（9）用小支架将底座的坡道按附图所示位置支为水平，并将游钩及平衡三角架放置于坡道上，然后将起升大绳穿好，并安装在平衡三角架上；其次把平衡三角架挂牢在游钩上，特别要安装好安全销及别针。

（10）在人字架上安装井架液压缓冲液缸及管路和各种控制阀，并接通液压源（根据井架缓冲装置系统使用说明书）。

（11）井架装好后，在二层台及井架 V 段右前大腿上装上死绳护绳器，防止死绳甩打井架。

11. 井架安装前的检查内容是什么？

（1）井架安装前应检查地基不平度（允差 ±3mm），井架大腿支座在同一水平面上，左、右销孔应同轴（允许1mm）。

（2）检查起升大绳及销子、耳板，不得有影响承载能力的缺陷。

12. 司钻偏房安装顺序是什么？

（1）在安装井架以前，先将液压大钳液压源放置在钻台右侧的工具房内，以免干涉井架的起升与下放。

（2）将司钻偏房 I 吊装到底座左支房架上，将司钻偏房 II 吊装到底座右支房架上。

（3）安装遮阳棚及支承扛柱。

13. 井口机械化装置安装顺序是什么？

（1）将液压站吊装到司钻偏房 I 的前部，液压套管钳亦放置在该处备用。

（2）钻杆动力钳固定在井架下方位置。

（3）分别将上、卸螺纹液压猫头与底座的支架连接好。

（4）按照要求连接液压管线，应保证紧固、牢靠。

14. 动力及控制区部分安装顺序是什么？

（1）按照要求摆放 1#柴油发电机房。

（2）依次摆放 2#和 3#柴油发电机房，并连接机组之间柴油机进、回油管线，供气管线和气源净化设备之间的连接管线。

（3）安装柴油机消声器，将房子之间的防雨板搭接好。

（4）将 SCR 房与 1#柴油发电机房对齐垂直摆放。

（5）将折叠式管线槽一端与 SCR 房摆好，另一端与钻机底座连接好。

15. 泵房区的安装顺序是什么？

（1）按总体布置和钻井泵装置说明书要求安装钻井泵装置，安放钻井泵空气包充气压缩机。

（2）按 4in×35MPa 钻井液高压管汇说明书安装高压管汇。

16. 固控区的安装顺序是什么？

（1）按照钻井液固控系统说明书要求安装各钻井液罐，连接管线及其附件，钻井泵吸入法兰口必须对准钻井液罐的排出口。

（2）安装 50m³ 强制水冷却装置及管线。

17. 油罐区的安装顺序是什么？

按照要求的位置，将柴油罐、三油品罐安装就位。

18. 油、水、电的连接顺序是什么？

（1）油、水管线的连接。

安装管线槽，电缆槽，接好油、水、气、钻井液管线和蒸汽管线，各管线必须清洗干净，保证内孔畅通，无污物，各种管线安装好后，应密封无渗漏。折叠式管线槽安装、拆卸时最好采用两部吊车，采用一部吊车时，要用一根钢丝绳挂住折叠管线槽中间部分上部的吊装杠；另一根吊住上部管线槽靠近钻台面的吊杠，并且这一根钢丝绳要短些，防止发生事故。

（2）井场交流防爆供电系统参照其安装图安装。

（3）电气传动控制系统参照其安装图安装。

19. 在井架、底座起升后安装的部分有哪些?

（1）排绳器。

（2）井控装置。

（3）紧急滑道。

（4）液压提升机。

（5）坡道梯子。

（6）猫道、爬犁与钻杆排放架。

（7）钻井液导管。

（8）上固控罐梯子。

（9）水龙头、水龙带。

20. 安装后的检查内容有哪些?

（1）应严格按照钻机井场布置要求的位置和尺寸摆放组装。

（2）三台柴油发电机房就位后应形成一个整体机房，机房之间搭接严密、整齐。水、油气、电连接管线排列整齐，固定牢靠。

（3）SCR(MCC)房就位后，进管线槽的电缆及连接发电机组的电缆应整齐、美观、牢固、可靠。

（4）所有管线应排列整齐、连接正确。

（5）电气系统全部安装就位后，对线路应进行全面检查，应安全、美观、整齐。电线、开关和灯具应固定牢靠。

（6）供油、供水、供气管线应走向合理、整齐。

（7）井架、底座销子和别针应齐全，栏杆与插座应安装可靠。

第三节　ZJ70/4500DS 钻机的调试

21. 钻机调试前的准备工作有哪些?

（1）各润滑点按规定加注足够的润滑油。

（2）各设备按规定加注润滑油、燃油、液压油及冷却水。

（3）清理设备附近的杂物，检查管线连接、电缆密封等是否正确。

（4）按各设备使用说明书要求进行运转前的检查。

22. 柴油发电机组调试内容有哪些？

（1）检查柴油机供气管线及发电机组与SCR（MCC）房动力、控制电缆连接，正确无误后方可启动气源净化装置冷启动空压机组，储气罐压力应达到0.8MPa。

（2）启动1#柴油发电机组，检查柴油发电机组运转情况并调试到工作状态（50Hz，600V）。

（3）待电动螺杆压缩机组调试运行正常后，分别启动2#和3#柴油发电机组并调试到工作状态。

（4）机组并网调试。

23. SCR（MCC）的调试内容有哪些？

（1）检查SCR（MCC）房与直流电动机、司钻电控箱、脚踏开关、电磁刹车、照明系统、固控系统等用电设备动力、控制电缆连接，各开关均应处在断开位置。

（2）柴油发电机组向SCR（MCC）房送电，按其说明书要求，调试各功能开关、显示表，确保指示、显示正确，参数符合要求。

（3）分区供电。

① 向司钻电控台及绞车直流电动机送电。检查各指示灯、开关，分别启动绞车直流电动机与直流电动机检查转向及运转情况。

② 向钻井泵直流电动机送电，按上述要求逐项检查。

③ 向气源净化装置电动螺杆压缩机组送电，检查各指示灯、开关情况。

④ 向各照明点送电，检查照明灯具工作情况。

⑤ 向电磁涡流刹车系统送电并启动冷却风机，检查转向及运转情况。

⑥ 向井口机械化工具液压站送电并启动电动机，检查转向及运转情况。

⑦ 向固控系统送电，检查转向及运转情况。

⑧ 向油、水罐送电，检查转向及运转情况。

⑨ 向其他各用电设备送电，检查工作情况。

24. 气源净化设备的调试内容有哪些？

（1）分别启动 1#和 2#电动螺杆压缩机组并按其说明书要求调试到工作状态。

（2）检查气源净化设备工作情况，不得有漏气、漏油现象。

25. 电磁涡流刹车的调试内容有哪些？

（1）检查并确保各电缆连接正确、可靠。

（2）按"电磁涡流刹车使用说明书"要求调试到规定的工作状态。

26. 绞车调试内容有哪些？

（1）检查并确保护罩装配齐全，管线连接正确、牢靠。各润滑点应加注足量的润滑油。

（2）打开底座储气罐上的球阀给绞车供气。

（3）分别操作司钻台上的各控制阀件 5~10 次。检查阀件逻辑关系是否正确，各动作是否准确，刹车是否灵活、可靠。重点检查以下各项。

① 换挡的灵活性。

② 惯刹的进、排气情况。

③ 各离合器的进、排气情况。

④ 防碰过卷阀动作的准确性。

⑤ 锁挡的可靠性。

⑥ 刹车的灵活性、可靠性。

（4）挡位为空档调试。

① 启动 A 电动机（低速），检查运转方向。

② 启动 B 电动机（低速），检查运转方向。

③ 启动 A 电动机，速度调到 970r/min，调整润滑油润滑压力到 0.25~0.35 MPa。检查各供油点情况，调整各供油点节流阀，保证润滑充分，油量合适。

④ A、B电动机同时运转，分别用手轮和脚踏开关进行电动机加、减速调节，检查供油、运行情况。A、B电动机断电，检查惯刹效果。

（5）挡位为Ⅰ挡调试。

启动电动机，速度调到970r/min，技术要求如下。

① 绞车运转无磨、碰、蹭、干涉等现象。

② 润滑油压力应稳定、润滑应良好。

③ 分别挂合滚筒高、低速、转盘离合器，检查运转及刹车情况。

（6）挡位为2挡调试。

重复上述内容。

（7）绞车调整要求如下。

① 各操作准确、灵活。

② 各部位密封良好，不得有渗、漏油现象，润滑油压稳定，润滑点油量适宜。

③ 运转平稳，无异常振动和响声。

④ 各部位轴承温升正常。

27. 钻井泵组的调试内容有哪些？

（1）启动直流电动机。

（2）按"钻井泵使用说明书"要求调试到工作状态。

28. 井口机械化工具的调试内容有哪些？

（1）检查并确保管线连接正确、牢靠。

（2）分别按液压猫头、钻杆钳、套管钳说明书的要求进行调试，确保动作准确、灵活。

29. 钻井仪表的调试内容有哪些？

（1）检查传感器安装是否合适，电缆、管线连接是否正确。

（2）按说明书要求和规定对各显示器、指示表进行调校。

第四节 ZJ70/4500DS钻机井架及底座的起放

30. 井架起升前的准备工作有哪些？

（1）检查气路密封无泄漏、畅通无堵塞；检查各气控阀、各气动执行元件动作是否正常；检查各阀件操作手柄是否在正常位置；检查绞车及辅助刹车冷却水路是否正常。

（2）两台发电机组并机，开启压缩机，压力为0.8~1MPa。检查柴油机运转及带负荷能力是否正常。

（3）启动绞车电动机风机后，在确定风机风向正确后确保电动机的动力系统处于正常工作状态。

（4）井架起升前高支架必须支在最高位置上。

（5）检查绞车，先挂合总离合器，使绞车传动轴运转，待油压以及润滑、密封均正常后，再挂合低速离合器，使绞车滚筒轴低速运转，应正常无杂音。启动电动机。

（6）检查起放井架专用钢丝绳。

井架起放专用钢丝绳允许起、放井架次数10次，超过规定次数，起放井架之前需经公司安全主管部门鉴定许可后使用。钻井队每次起、放井架前须对大绳做仔细检查，出现有断丝、断股、压扁、锈蚀等异常情况，无论使用次数是否达到规定标准，都必须经公司安全主管部门鉴定和处理。

（7）检查起、放井架用的各导向滑轮是否灵活，润滑是否充分，各滑轮的保养应是每起升或下放一次井架注一次润滑脂，如起放间隔时间过长（超过两个月），应增加保养注油次数。各导向滑轮要保证用手转动灵活。

（8）将活绳穿入滚筒上紧活绳头卡子，绳头余量不少于200mm，卡牢防滑短节，紧固活绳压板。

（9）滚筒排绳标准。

钻机滚筒两层排满另排15圈，确保井架起升后，将游车大钩放至钻台面(大钩底部与钻台面接触时),绞车滚筒要有足够的单层缠绳量(一般至少有30圈)。

(10)检查指重表安装及连接是否正常;检查大绳在死绳固定器上的缠绕及压板压紧情况,死绳端加一段相同规格的钻机大绳,并用三个与大绳规格相应的绳卡卡牢,上齐绳槽挡杆。

(11)将起放井架的平衡滑轮及大绳挂在大钩上,用Ⅰ挡低速慢慢将起放井架大绳及死绳拉直,上好死绳护绳器。

(12)井架工全面检查井架所有构件之间的连接销、别针及各种绳索的安装是否正确,清理井架上一切与起升无关的异物,以免在起升时落物。

(13)检查井架照明设施及线路是否正常。

(14)试运行液压站,检查液压连接管线有无漏油,缓冲液缸工作是否正常;挂合操作手柄,使缓冲液缸伸出缩回自如至少一次后,使缓冲液缸的活塞完全伸出。

(15)认真检查绞车的带式刹车以及电磁辅助刹车必须工作正常、安全可靠,刹车手柄使用灵活且工作正常。

(16)检查套装井架的限位防碰装置是否灵活好用。

(17)组织开好起井架前的检查与准备会,明确人员分工、安全操作注意事项以及相关要求。

(18)井架的试起。

绞车用Ⅰ挡间歇挂合低速离合器,逐渐拉紧钻井钢丝绳,使游车离开支撑面100~200mm后刹住,指重表显示的参数与本钻机正常起井架负荷相符;检查钻机大绳穿法是否正确,钻井用索具、钻机大绳的死绳、水龙带等有无挂拉、缠绕现象;再一次检查绞车的刹车情况。经检查无误后,继续起升,当井架离开支架200~300mm时,将绞车刹住,对井架起升钢丝绳绳端的固定、钻机大绳死绳的固定、钻机配重、前后台底座、井架应力集中部位的焊缝、连接销子、起升三角架、井架起放专用钢丝绳灌铅连接部位等关键部位进行承载检查,对天车固定连接件进行重新紧固。停留时间约10min左右。缓慢下放井架到支架上,在发现问题的部位进行整改后一次挂合低速离合器，将井架拉起离开支架100～200mm后，将绞车刹住，使井架在此位置停留约5min左右，再次检查有无隐患和问题：若有，继续整改，直至达到要求为止。

（19）起升井架，钻台刹把处操作人员必要时可安排三人，以满足刹把、缓冲液缸以及协助刹车的操作。

（20）井架起升在指挥员（队干部、司钻大班）统一指挥下进行，指挥员的站位必须在刹把操作人员能直接看到且安全的地方。试起升完毕后，除机房留守人员、钻台操作人员、关键部位观察人员、现场指挥员外，其他人员和所有施工车辆必须撤到安全区（正前方距井口不少于70m，两边距井架两侧20m以外为安全区）。

（21）井架起升时，二层台舌台应翻起，并固定牢靠。

31. 井架起升顺序是什么?

（1）全部准备完备后，绞车一次挂合低速离合器，以最低绳速将井架匀速拉起，中途无特殊情况不得刹车。当井架起升到即将与缓冲液缸伸缩杆接触时，刹把操作人员要适度操作，配合缓冲液缸收缩，使井架缓慢平稳就位。

（2）井架起升到位后，将井架I段上的耳座与人字架之间用4个M42的U形螺栓紧固好，先将井架与底座左右支架之间的连接紧固好（U形卡子连接好）。

（3）将起升大绳和平衡三角架一起悬挂在起升大绳悬挂器上，并捆绑在钢架上，严禁盘放在井架底座上，防止起、放专用钢丝绳和灌铅连接头被钻井夜浸蚀，并定期涂抹适量的防腐油，以防锈蚀失效。

（4）用经纬仪校正井架的正面和侧面，应保持天车中心对转盘中心偏移小于10mm，或者在游车大钩上吊挂方钻杆，使方钻杆中心对准转盘中心，偏移也应小于10mm。

（5）井架起升前先找平大腿支座并装上一半调节垫片，当需调整井架左、右方向的不平度时，可先将井架左、右大腿与底座连接的支座螺栓放松（不可将螺母完全松脱，并且注意最好不要将两个支座的螺母同时松开），然后将工具油缸放入适当的位置，用高压油枪使井架左腿或右腿顶起，然后根据需要加减垫片，调整好后再将螺栓紧固。

（6）井架前后方向对井眼中心有较大偏差时，可调节人字架后支座上偏心轴的螺母来对正井眼。

32. 底座起升准备工作有哪些？

（1）井架就位后，将其游动系统下放到台面，把底座起升大绳的平衡架挂到大钩上。

注意：不能用起升井架的平衡架起升底座。

（2）向起升系统的各滑轮内加注 7011#低温极压润滑脂，直到油脂从滑轮端溢出。

（3）检查起升时旋转的构件有无卡阻现象。

（4）检查各起升杆件（前立柱、后立柱、斜立柱）两端连接应牢靠，旋转的构件销轴是否涂 7011#低温极压润滑脂。

（5）检查起放底座专用钢丝绳

起升大绳无明显缺陷，无打扭现象，穿绳正确，挡绳装置齐全。专用钢丝绳允许起、放井架次数 10 次，超过规定次数，起放底座之前需经公司安全主管部门鉴定许可后使用。钻井队每次起、放底座前需对大绳作仔细检查，出现有断丝、断股、压扁、锈蚀等异常情况，无论使用次数是否达到规定标准，都必须经公司安全主管部门鉴定和处理。

（6）绞车工作正常，刹车机构灵活、可靠。

（7）底座的液压系统工作正常。

（8）准备起升底座。

切记取消顶层与底层连接的 12 个 $\phi80mm$ 的销子。

33. 底座起升顺序是什么？

（1）在确认检查结果良好后，即可用绞车 I 挡缓慢起升底座，起升速度应均匀，不得忽快忽慢，不得随意刹车。

（2）起升底座到离开安装位置 0.2m 左右时，应至少停留5min，并检查下列部位。

① 各起升大绳是否有异常现象、绳头连接是否牢靠。

② 主要受力部位的销子、耳板是否工作正常，是否有裂纹。

③ 主要受力部位的耳板焊缝是否有裂纹。

④ 钢丝绳在绞车滚筒上排列是否整齐。

⑤ 在确认检查结果良好后，将底座放回到安装位置，随后正式起升底座，在底座起升过程中使缓冲油缸活塞杆伸出约600mm 长。起升到位后，将顶层左、右上座和立支架上端用四个 φ80mm 销子连接。

底座起升时要求速度缓慢平稳，并应随时注意指重表的变化。如果在起升中间指重表读数突然增加或底座构件间出现干涉等异常现象，应停止起升，将底座放下，仔细检查排除故障方可再次起升。

34. 井架下放前准备工作有哪些？

（1）拆除高架槽、高压立管与平管的连接、井架内外辅板及飘台等与下放井架有关设备或部件。

（2）将二层台的操作台翻起固定，将有关的绳索及工具固定牢靠。

（3）检查绞车刹车系统以及辅助刹车是否工作正常。

（4）检查井架起放专用钢丝绳及导向滑轮。

（5）连接好缓冲液压缸液压管线，试运行液压站。

（6）井架前方合适位置放好高支架。

（7）将起、放井架的平衡滑轮挂在游车大钩上，上提游车，拉直起放井架大绳及钻机大绳。

（8）卸掉井架与底座的连接螺栓销子或 U 形卡子等。

（9）检查指重表和套装井架限位防碰装置是否灵活、可靠。

35. 底座下放顺序是什么？

（1）下放底座前也必须作严格检查，检查项目与起升底座前的检查项目相同。

（2）将起升平衡架挂在大钩的主钩上，两根起升大绳活端与起升平衡架连接，用绞车 I 挡将起升大绳轻轻拉紧。

注意：取掉顶层左、右上座和起升装置的立支架上端连接的四个 ϕ80mm 销子。

（3）利用底座下放装置，开启液压控制系统的手动换向阀，使左、右两个液压缸的活塞杆同时顶住立支架上端的单耳板，同时放松绞车的刹把，使大钩缓缓下放，活塞杆走完最大行程后即停止工作（但应立即收回活塞杆），然后利用绞车的刹车装置，靠底座自重使底座缓慢下放。

（4）底座在完全下放后，切记穿上底层与顶层的 8 个 ϕ80mm 销子，然后才能下放井架。

警告：底座起升、下放用钢丝绳必须严格按图纸或说明书所规定的钢丝绳型号及规格选用。

36. 井架下放顺序是什么？

（1）安排好井架下放操作及指挥人员。

（2）缓慢顶出缓冲油缸的活塞杆，根据活塞杆伸出速度平稳操作刹把，将井架缓缓顶过死点后，使井架平稳匀速下落，直至放在摆放好的高支架上。

（3）放松大绳，卸掉死活绳头，抽出大绳，将井架起、放专用钢丝绳经保养，妥善存放。

（4）井架拆卸顺序与安装顺序相反，一般后安装的应先拆卸。

37. 起、放井架的自然条件是什么？

（1）起、放井架必须在白天进行。

（2）起、放井架尽量安排在较好的天气条件下作业，起升井架时，最大风速不超过 30km/h，气温在 4℃ 以上；当气温低于 4℃ 时，应按 API – 4E 低温作业的推荐作法进行操作。

注意：严禁在下雨和风力超过 6 级的天气下起放井架作业。

38. 钻机底座的维护内容是什么？

（1）使用中注意底座基础的稳定，尽量减少地面水渗漏到基础周围的土层中，如果发现基础有不均匀下沉时，应采取措施补救。

（2）底座在使用过程中应经常检查螺栓是否松动、销轴别针是否脱落、主要受力部位的焊缝有无开裂、耳板有无挤压变形、构件有无变形等，发现异常情况应及时采取措施。

（3）未经专门管理机构的允许，不得在底座主体主要受力构件上钻孔、割孔及焊接。

（4）底座每次起放前，起升系统的滑轮内及转动杆件的销子必须涂 7011 低温极压润滑脂。

（5）在底座吊装和运输中应严格防止构件碰坏甚至变形，如发现构件损坏，应及时予以校正或更换。底座在拆装运输中，各构件的销孔、螺栓孔等裸露金属加工表面应涂润滑脂防腐。

（6）底座在正常使用期间，每年均应进行全面保养。如除去锈蚀，进行涂漆等防腐处理，与地面接触的底座左、右基座等应每半年进行一次除锈防腐处理。遭受钻井液、饱和盐水、硫化氢等浸蚀而腐蚀严重的部位，应在每口井完钻和搬家前彻底进行一次除锈并进行防腐处理。

（7）使用过程中，如发现油漆脱落应及时补刷油漆。

（8）应按 SY/T 6408—2004《钻井和修井井架、底座的检查、维护、修理与使用》定期对底座进行现场外观检查，并报告结果。

第十二章　海洋石油钻井设备

第一节　海洋石油钻井平台概述

1. 海洋石油钻井平台与陆地钻机的区别是什么?

总的来说海洋钻井平台与陆地钻机基本相同,大部分设备可通用,但是特殊的地方有:

(1) 驱动形式不同

陆地钻机以柴油机联合机械驱动方式为主;而海洋钻井平台基本上采用电驱动方式。

(2) 转盘开口直径不同

因为要装大直径的水下器具,所以海洋钻井平台要用开口直径大的转盘。

(3) 设备要求高

由于许多设备在海洋环境中工作,而海洋环境的腐蚀比陆地腐蚀要大得多,因此海洋钻井平台要采取严格的防腐措施。如井架要进行防腐热镀锌处理,防喷器也要进行防腐处理等。由于空间条件的限制,设备布置更紧凑。

(4) 设备先进

由于海洋钻井比陆地钻井成本要高得多,为了提高钻井效率,海洋钻井用的设备比较先进。例如比常规转盘钻机效率高得多的顶部驱动钻井系统在海洋钻井中用得很多,但在陆地钻井中却用得少。

2. 海洋石油钻井的特点是什么?

海洋钻井是海上石油勘探和开发的重要环节。海洋钻井工艺方法和陆上钻井工艺方法基本相同。但由于海洋自然条件不同于陆地，因此，形成了海洋钻井的独特特点：

（1）需要建立海洋井场，即海洋钻井平台，以便安装钻机、储备器材和进行钻井施工。

（2）要有特殊的井口装置，以便隔离海水，引导钻具入井和控制井下情况。

（3）由于海上风速大，波浪高，对海上装置的固定问题、稳定问题和钻井工艺有特殊的要求。

（4）在海上，金属的腐蚀要比陆地上严重的多，对所用的设备、工具等要采取有效的防腐措施。

因此说，海洋钻井是一项难度大、投资高、风险性也大的技术密集型工程。它需要综合运用海洋工程、船舶系统、机械、电力和电子装备等各种高新技术。由于技术和经济的原因，到目前为止，人们对海洋石油的勘探和开发只限于大陆架和大陆坡范围内。

3. 海洋石油钻井平台由哪几部分组成？

（1）动力设备

①钻井用动力设备。如柴油机、直流发电机、直流电动机等。

②船用航行动力设备。如浮动钻井船用的柴油机等，一般称为轮机。

③浮船定位用动力设备。如动力定位钻井平台定位螺旋桨用的柴油机等。

④桩脚升降用动力设备。如自升式钻井平台升降船体时所用的电动机等。

⑤其他辅助工作动力设备。如锚泊、照明、起重等用的电动机、发电机等。

（2）钻井设备

海洋钻井用绞车、转盘、钻井泵、井架等与陆上钻机基本相同，此外，特殊设备主要有如下几种。

①升沉补偿装置。

它用来解决平台随波浪升沉运动的钻压补偿问题。

②钻井水下设备。

用以隔绝海水，并形成自平台到海底井口装置间的通道。对于采用水下井口的钻井平台或钻井船，均需配备一套钻井水下设备。

③钻杆排放装置。

在钻井平台和钻井船上多采用卧式钻杆排放装置，主要包括立根移送机构、钻杆排放架和控制台。

（3）固井设备

为了进行固井作业，需要配备一套完善的固井设备。成套固井设备包括：柴油动力机组、注水泥机组、控制及计量设备、气动下灰装置、水泥搅拌设备和供水设备。

（4）试油设备

为了独立地在海上进行试油、钻井平台需配备有成套的试油设备。主要包括：分离器、加热装置、试油罐、燃烧器和测量仪表等。

（5）起重与锚泊设备

①起重设备。

主要有甲板上的起重机以及管类器材储存场和其他辅助工作用的起重机。

②锚泊设备。

钻井平台或钻井船工作时需要抛锚定位，故应加设锚迫设备。主要有大抓力锚、锚架、绞车、链条、锚缆绳、绞盘或缆桩等。

（6）平台与船体结构

主要有固定平台的桩柱、桁架结构；移动平台的船体、甲板桩脚、沉垫浮箱、支柱桁架；浮式钻井船的船体、甲板等。

（7）其他设备

如潜水作业用设备，直升机等运输设备，救生艇等安全、防火设备，还有吸取海水、供应淡水、海水淡化装置等其他生活辅助设备。

4. 固定式钻井平台是如何分类的？

固定式钻井平台是在海上安装定位后，不能移运的钻井平台。

（1）按照固定平台自给程度（设备布置情况）不同分为

自容型海洋钻井平台（不带辅助船）和带辅助船的小型钻井平台两类。前者型体尺寸较大，能容纳全部钻井设备和一切辅助设施。后者则将部分设备和材料放在辅助船上，以减小平台尺寸。如图 12 - 1 所示。

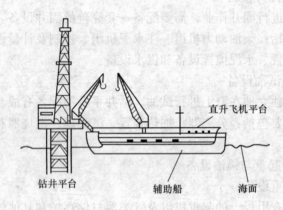

直升飞机平台

钻井平台　　　　辅助船　　　海面

图 12 - 1　带辅助船的固定平台

（2）按照固定式钻井平台与海底的固定形式不同分为

桩基式、重力式、张力式和绷绳塔式四类。如图 12 - 2 所示。

重力式平台适用的水深较浅，桩基式平台适用的水深较深，张力式和绷绳塔式平台则可在较深的水域使用。

（3）按照固定式钻井平台制造材料不同分为

钢制导管架固定平台及钢和混凝土混合建造的混合式平台两种，两者的结构基本一致。

408

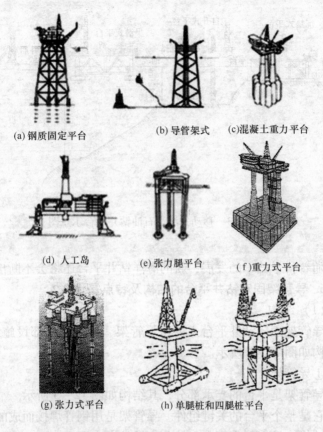

(a) 钢质固定平台　　(b) 导管架式　(c)混凝土重力平台

(d) 人工岛　　(e) 张力腿平台　　(f)重力式平台

(g) 张力式平台　　(h) 单腿桩和四腿桩平台

图 12 – 2　固定式海洋石油钻井平台

5. 移动式钻井平台是如何分类的?

移动式钻井平台是指在完成钻井作业后可以移走的平台。

根据水深不同移动式钻井平台可分为: 坐底式钻井平台、自升式钻井平台、半潜式钻井平台、步行式钻井平台、气垫式钻井平台和浮式钻井船等, 如图 12 –3 所示。

在水深小于 10m 的海滩和浅海地区, 可以沉箱围堰, 然后在堤内填土压实建立人工岛, 再在岛上安装钻井设备进行钻井。在人工岛上钻井, 除器材运输需要用驳船外, 其余与陆上钻井并无差别。我国大港油田曾在浅海区建立了人工岛、钻丛式定

409

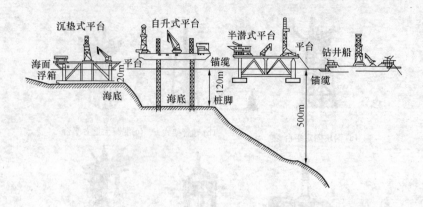

图 12 - 3　移动式海洋石油钻井平台示意图

向井。

随着科学技术的发展，新的海洋钻井平台还将会不断出现。

6. 导管架固定钻井平台的结构及特点是什么？

（1）结构

导管架固定钻井平台主要由导管架、桩柱和顶部设施组成，其结构如图 12 - 4 所示。

①导管架。

导管架是平台的支承部分，其结构如图 12 - 5 所示。

它是整个平台的关键组件。导管架是用钢管焊接而成的空间钢架结构。导管架高度大于钻井水域的海水深度。

②桩柱。

桩柱的作用是将导管架与海底固定在一起。它实际上是空心的钢圆柱。导管架放在海底后，将桩柱从桩柱导套与桩柱套筒中打入海底，入土的深度取决于海底的地质条件和海洋环境条件，有的深度达百米以上。打完桩后，在桩柱套筒和桩柱之间的环形空间灌上水泥，这样平台和海底就固定在一起了。

③顶部设施。

顶部设施简称为甲板。它主要由甲板构架、甲板模块组成。其作用是安放钻井模块、采油模块和生活模块等。

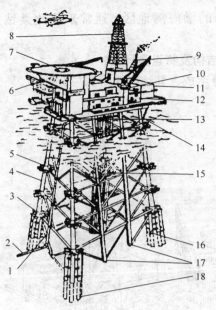

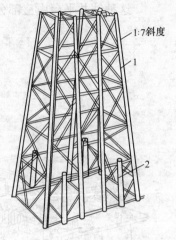

图 12－4　导管架固定钻井平台

1—立管；2—海底管线；3—瓶形桩腿；
4—导管架；5—桩柱导套；6—生活模
块；7—直升飞机甲板；8—井架；
9—火炬；10—起重机；11—钻井模块；
12—采油模块；13—救生艇；14—支撑
框架；15—钻井导管的导套；16—桩柱
套筒；17—水下承辊；18—桩柱

图 12－5　导管架结构图

1—导管架；2—桩柱套筒

　　导管架都是在工厂建造好后，用船运到需打井的地点，再用浮吊吊起放入海中，在现场安装的。

　　导管架安装好后，再安装平台甲板模块。

　　（2）特点

　　由于导管架平台与海底固定在一起，其优点是：稳定性好，抗风浪能力强；适应的工作水深一般小于150m，为了避免海浪打到平台底层上，平台的下表面应高出静海面6～10m。而缺点是：不能运移、造价高、适用水深有限，其成本随水深的增加而急剧增加。

411

在我国水深 20m 左右的渤海湾地区，通常采用此类钻井平台。

7. 坐底式钻井平台的结构及特点是什么？

这种钻井平台由三部分组成，其结构如图 12 - 6 所示。

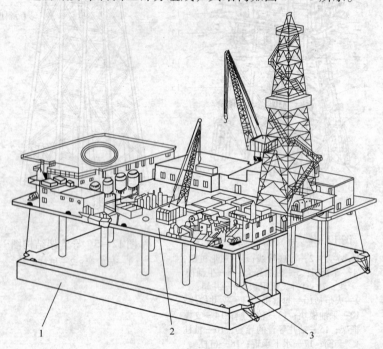

图 12 - 6　沉垫型坐底式钻井平台
1—沉垫；2—工作平台；3—中间支承

（1）沉垫

沉垫又称浮箱，其中装有充水和排水的水泵，利用充水排气和排水充气的沉浮原理来控制工作平台的沉、浮或上升。

钻井时，沉垫中注入海水，平台下降，沉垫坐到海底。完井后，沉垫排出海水充气，便可上浮拖航。

（2）工作平台

工作平台用于安放钻井机械设备。其横截面形状有正方形、长方形、三角形等形式。一边开口，以便于完井后移运；另一边安置吊梯或起重机，以便从辅助船上搬运器材。

（3）中间支承

中间支承一般采用金属桁架结构，它的高度随水深而定，大致在 20 ~ 30m，若在 4 个角柱处增添大直径的钢瓶或浮箱，则适用水深可略增，稳定性可提高，升降速度也可加快。

坐底式钻井平台的优点是稳定性好、并可移动。其缺点是工作平台高度恒定不能调节，工作平台面积不能过大，浮箱上的立柱不能太高，以免拖航时因重心太高而容易倾覆。浮箱面积大，沉淀时要求海底比较平整，坡度很小，以免平台倾斜失稳。因此，这种平台只能用于海底比较平整、水深在 5 ~ 30m 的浅海水域。

除上述三种坐底式平台外，在我国还有一种步行式坐底式平台，也属于沉垫型坐底平台。这是我国著名石油机械专家顾心则院士领导的研究室设计并由我国自行建造的，也是世界上独一无二的。这种平台在深水区可以拖航，在浅水区、海滩或海岸上，则可以自己步行移动。

8. 坐底式钻井平台的基础部分有哪几种形式？

坐底式钻井平台的基础部分有三种形式：浮筒型（是我国 1963 年自己设计建造的第一个移动式平台，如图 12 – 7 所示，由于在下沉和起浮过程中稳定性差，易翻倒，已被淘汰）；钢瓶型（我国设计建造的"海五井"坐底式平台，如图 12 – 8 所示，也因其下沉和上浮时稳定性差，趋于淘汰）和沉垫型（沉垫型坐底式平台是目前应用最为广泛的坐底式钻井平台，如图 12 – 6 所示）。

9. 步行式钻井平台的结构是什么？

步行式钻井平台如图 12 – 9 所示，属两栖钻井平台。步行时步长为 12m，是专为我国极浅海和滩海地区的石油勘探而设计的，它是我国工程技术人员智慧的结晶。整个平台（包括沉垫和上层建筑）被分成中心块和环形块两大部分，主要由以下几

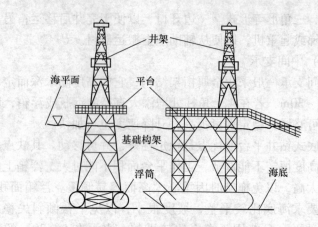

图 12 - 7 浮筒型坐底式钻井平台

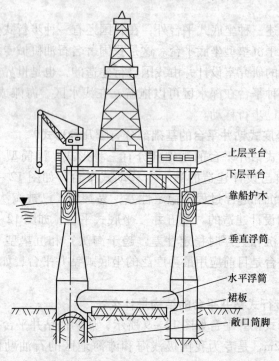

图 12 - 8 钢瓶型坐底式钻井平台

个部分组成，如图 12 – 10 所示。

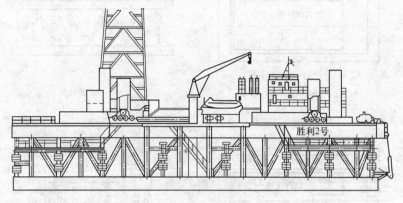

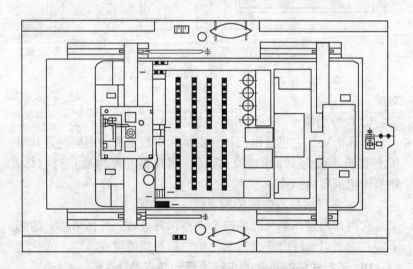

图 12 – 9　步行式钻井平台主、俯视图

（1）内船体

即中心块，它由沉垫、支承以及甲板组成。沉垫为中空的箱形结构，漂浮时提供浮力，行走或坐底作业时起支承作用；支承由立柱和斜承构成，它连接甲板和沉垫；甲板用以安装钻井设备，为工作人员提供工作和生活场所。内船体有四座强大的悬臂

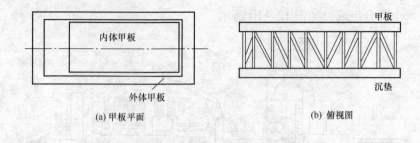

（a）甲板平面　　　　　　　　　（b）俯视图

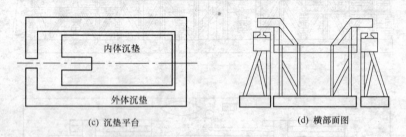

（c）沉垫平台　　　　　　　　　（d）横部面图

图 12 - 10　步行式钻井平台的结构

支架。

（2）外船体

即环形块，它也是由沉垫、支承和甲板组成。不同的是其甲板上有四条长为 15m 的步行轨道，用来提升外体或顶升内体，外船体包围着内船体。

（3）步行机械与液压控制系统

它由在内外体结合部的四个大型顶升油缸、外体甲板上的两个特长型牵引油缸以及运行车轮组与运行轨道组成。

10. 步行式钻井平台的步行原理和特点是什么？

步行式钻井平台的步行原理如图 12 - 11 所示。

（1）步行工作原理

平台要行走须有两只脚，中心块部分被称为内脚即内船体，环形块部分被称为外脚即外船体。外船体坐于海底，支承整个平台，四个顶升油缸将内船体顶起，由两个牵引油缸拉着内船体沿着外船体上的轨道运行一个步长。接着，内船体坐于海底，四个

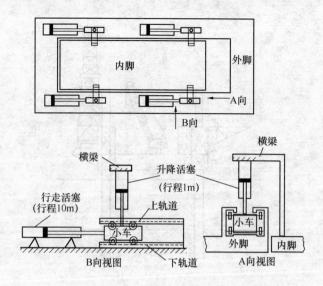

图 12 – 11　步行式钻井平台步行原理

顶升油缸将外船体顶起，由两个牵引油缸拉着外船体沿着内船体的轨道运行一个步长。内脚、外脚交替抬起、前移、落地，如此循环往复，实现步行。

（2）特点

适用于水深为 0～6.8m 的浅水及潮间带；运移性能好，既能自行又能拖行；步行速度为 50～60m/h，速度较慢；其使用受作业区地质条件的限制，作业区的海底应为泥砂质软土，坡度小于 1/2000；结构较复杂。

11. 自升式钻井平台的结构及特点是什么？

自升式钻井平台又称为桩腿式钻井平台，是目前国内外应用最为广泛的钻井平台。这种平台具有自行升降桩腿，并靠桩腿插入海底而稳定地坐于海底，其结构如图 12 – 12 所示，由两部分组成：

（1）桩腿

桩腿的作用是在钻井过程中，使整个钻井平台支承于海底，并使平台离开海面，免受海水运动的影响。搬迁时将它从海底提

417

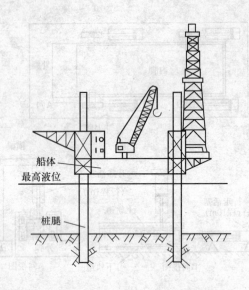

图 12 – 12   自升式钻井平台简图

起，桩腿上有升降机构。

桩腿分为插入式（图 12 – 13）和底垫式（图 12 – 14）两种。插入式桩腿要插入海底一定深度，底垫式桩腿作业时底垫坐于海底。桩腿的类型很多，有圆柱形的，有桁架结构的。一个平台桩腿的个数最少为三个，有的多达十几个。桩腿的长度少则50～60m，多则100m 有余，海水深度一般为30～150m。桩腿发

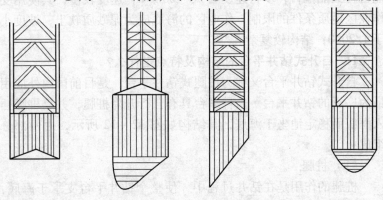

图 12 – 13   插入式桩腿形状

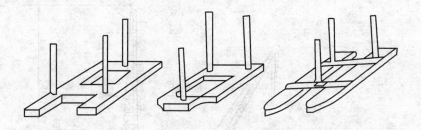

图 12 - 14 底垫式桩腿形状

展的总趋势是：由圆柱形截面发展为桁架结构，尺寸由小向大发展。

（2）工作平台

工作平台本身是一个驳船甲板，用以安放钻井设备，并为工作人员提供工作和休息的场所。搬迁时，靠它的浮力使平台浮在水面上。

自升式钻井平台的优点是不受海底地形和土质的限制，可在坡度较大和各种土质的海底插桩举升平台，对水深适应性强，稳定性好。

缺点是工作水深受腿长的限制，桩腿太长易失稳，不适合于深水，在拖航时易受风暴袭击而受到破坏。故其工作水深一般不超过 150m。如渤海 2 号自升式钻井平台就是在搬运时受风暴袭击而翻沉的，造成了人员和财产的巨大损失。

12. 半潜式钻井平台的结构及特点是什么？

半潜式钻井平台是目前应用最多的浮式钻井装置，其结构类似于坐底式钻井平台，如图 12 - 15 所示。当水深较浅时，半潜式平台的沉垫（浮箱）直接坐于海底，这时，将它用作坐底式钻井平台。当工作水深大于 30m 时，平台漂浮于海水中，相当于钻井浮船，其结构由三部分组成。

（1）下部浮体

又称沉垫、浮箱，制成船形，内有供沉浮用的压载舱，有进水和排水水泵，为整个平台提供浮力。

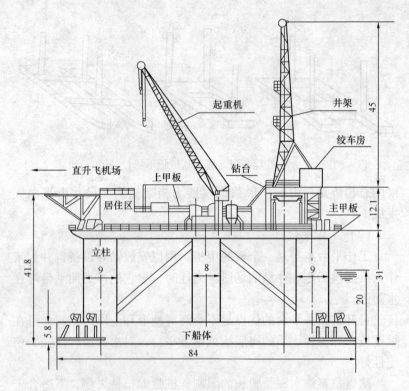

图 12-15　半潜式钻井平台

（2）上部平台

上部平台用以安装钻井设备并为工作人员提供工作和休息场所。它一般是用钢材或混凝土制造，开有缺口或做成"V"形，以便钻完井后拖运时不受水下井口装置的阻碍。

（3）中间立柱

中间立柱用以连接上部平台和下部浮体，起到支承平台的作用。它用钢管制成，支柱间用较小的钢管相连，以增加刚度和强度。

半潜式钻井平台的优点是在钻井过程中，抵抗风浪的能力较大，稳定性较好，移运灵活，适用水深较深，可超过 300m。缺点是平台结构复杂，造价较高，自持能力稍差，自航速度低，有的甚至不能自航而需要拖航。

420

13. 自升式气垫组合钻井平台的结构及特点是什么？

自升式气垫组合钻井平台的结构类似于自升式平台，但增加了气垫系统。它是根据气体垫升原理，专为在工程地质条件恶劣的滩海地区钻井而设计的。气垫式平台在国外的滩海石油开发中已得到广泛应用，可以自航也可以拖航。如图 12-16 所示，它由四个部分组成。

图 12-16 "港海 1 号" 自升式气垫组合钻井平台

（1）平台本体

平台本体用于安放钻井设备、辅助设备、垫升设备、动力设备等，还为工作人员提供工作场所。它由呈箱形的中空的主体和轻型钢结构组成。主体可分隔成压载水舱、燃油舱、淡水舱、化学品库等。

（2）动力系统

为气垫平台垫升提供动力。由柴油机串接发电机，通过离合器带动风机垫升平台，在不垫升时直接带动发电机。

（3）升船桩机构

平台到井位后，升船桩插入海底，平台沿桩升起。平台的升降由升降船机构控制。

（4）移船设施

移船设施由气垫垫升系统、抛锚及绞滩设施组成。气垫垫升系统由风机机组、气道和围裙组成。压力空气经气道进入围裙，形成气垫将平台垫离地面和水面，使平台具有两栖性能。抛锚及绞滩设施由绞车、大抓力锚、锚索和缆桩构成，用以将没有自航能力的平台拉到指定的位置。

这种平台的特点是具有两栖性，既可在陆地也可在水中运行；适合于滩海，对海底地质条件要求不高；技术成熟，投资低；由于采用自升式结构，避免了海流对平台的直接冲蚀和掏空。

14. 浮式钻井船的结构及特点是什么？

浮式钻井船如图 12-17 所示。它利用改装的普通轮船或专

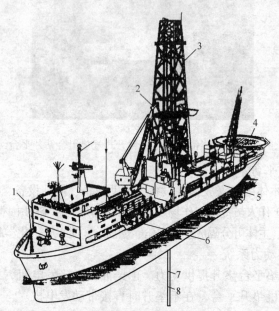

图 12-17 钻井船

1—驾驶室宿舍楼；2—甲板吊；3—井架；4—直升机平台；

5—船体；6—钻具；7—钻杆；8—钻头

门设计的船体作为工作平台。船体主要用钢材制成，也有用钢筋混凝土制成的。后者节约金属且耐腐蚀，但要用预应力钢筋混凝土，以保证其强度、抗冲击及抗震能力。浮式钻井船由两部分组成。

（1）船体

船体用以安装钻井和航行动力设备，为工作人员提供工作和生活场所。

（2）定位设备

浮式钻井船到达井位后要定位，定位设备使钻井船保持在一定的位置内。钻井时特别是在风浪作用下，浮式钻井船船身产生上下升沉及前后左右摆动。因此，在钻井船上，应合理布置机械设备，增设升沉补偿装置、减摇设备、自动动力定位设备等来保持船体定位。

浮式钻井船的优点是移运灵活、停泊简单、适用水深大。而缺点是稳定性差、受海上气象影响大。

15. 海洋石油钻井平台选择的原则是什么？

（1）水深

水深是选择钻井平台最重要的依据，不同的平台适用于不同的水深。钢制导管架固定平台的工作水深为 12~300m；坐底式平台的工作水深为 5~30m；自升式平台的工作水深为 12~90m；半潜式平台的工作水深为 30~2400m；浮式钻井船的工作水深为 30~2400m；步行式平台和气垫式平台的工作水深为 0~6.8m 的潮间带。

海洋钻井的工作深度受经济、技术等条件的多种限制，这也是工业界现在还没有去深海勘探石油的原因之一。目前，海洋石油钻井的最大水深的纪录为 2087m。

（2）海洋环境条件

海洋环境条件主要是指风、浪、流、地震和冬季的雪、海冰等。这些资料不仅对选择钻井平台有用，还对海洋平台的动力计算、海洋结构的强度计算、定位方式的选择等方面具有重要作用。特别重要的是：由于海洋环境条件的不可预知性，选择时所依据的海洋环境条件不应是其当时的条件，而应是一定重现期内（如50年或100年）的最恶劣条件。因此，这些资料只能从气象部门获得。

（3）钻井类型

由于海洋平台建造的巨额投资，在未知勘探区域油气资源前景的情况下，钻勘探井时，最好用移动式钻井平台。因为勘探的油气结果不理想，可将移动式平台移走，用固定式平台则会造成巨大的损失。

（4）后勤条件

在选择钻井平台时，还必须考虑到后期保障问题。钻井区域有的离岸很近，很快就到了；有的很远，坐船要几十个甚至上百个小时才到。选择平台要考虑消耗品的供应频率、平台离供应点的距离、平台上能容纳的人和物、备用零部件的供应来源和恶劣气象条件造成的供应船延期到达等因素。

16. 海洋石油钻井平台选择的方法是什么？

（1）根据水深、海洋环境条件、钻井类型和后勤条件初步选定钻井平台。

（2）滩海地区海床较平坦，淤泥不厚的地方，宜选用步行式钻井平台。淤泥很多的软海床区域宜用气垫式钻井平台。如果该处的油气资源较丰富，可采用建人工岛的方法，即在海中人工建造一个岛，使它与陆地一样，再在它上面钻井和采油。

（3）已探明或已进入开发阶段的浅水区域，宜采用固定式钻井平台。钻完井后，可将它作为采油平台继续使用。

（4）水深在20～30m以内，风浪不大，海底平坦而柔软，且海流无冲刷和海底土壤不液化的区域，宜用坐底式钻井平台。

（5）水深在60m以内，风浪较大时，钻勘探井可选用自升式钻井平台，钻生产井宜选用固定式钻井平台。

（6）水深在100m以上时，可选用半潜式钻井平台、浮式钻井船、固定式平台。

（7）水深在 300m 以上时，可选用半潜式钻井平台或浮式钻井船。

第二节　海洋石油钻井平台的主要设备

17. 海洋石油钻井平台为什么要定位？

如果选用的是半潜式钻井平台、浮式钻井船等浮式钻井平台，那么由于平台在海中处于漂浮状态，受到风、海浪和海流的影响，它的纵荡和横荡运动（在海平面上的两个直线运动）很大，无法保证平台上的钻井设备对井口的定位，也无法确保钻井工作的顺利进行。为此，必须对平台进行定位，即将钻井平台限制在一定位置上，以控制钻井平台的纵荡和横荡运动。

目前，常用的定位系统有锚泊定位系统和动力定位两种。

18. 锚泊定位系统由哪几部分组成？

锚泊定位就是用锚抓住海底，再通过锚链或锚缆拉住平台将其定位。锚泊定位的最大工作水深可达 1200m。锚泊定位所用的设备即锚泊定位装置，由以下部分构成。

（1）锚机

锚机的作用是收放锚链。主要由起锚机、止链器、导缆器等组成，如图 12－18 所示。起锚机相当于一个单轴绞车，它由动力驱动装置和链轮轴总成构成，用于下放或提起锚及锚缆。止链器用于在布完锚缆及收好锚缆后锁紧锚链。导缆器用于改变锚缆的运动方向。

（2）锚

锚是锚泊系统的主要抓力件，浮式钻井平台最常用的锚称为动力锚。锚的作用是依靠其巨大的重力和特殊结构，使锚爪牢牢插入海底，在一定拉力范围内，拉力越大抓力也越大。当与锚连接的锚缆与水平成 6°角时，锚的抓力只有微量减少，如果角度增大到 12°时，锚的抓力就减少的相当多。锚的最大抓力随锚重而变化。锚的选择主要取决于需要的锚抓力的大小和海底土质。

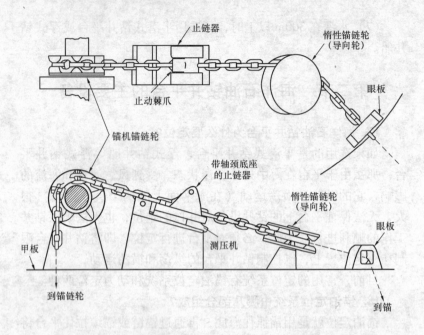

图 12 – 18　锚机结构

选用时应作锚抓力试验。所以，在锚缆预张紧后必须将足够长的锚缆放出导缆器，使锚揽在锚位前就与海底相切。锚的预加载至少要到锚缆额定抗拉强度的 1/3。动力锚的结构如图 12 – 19 所示。

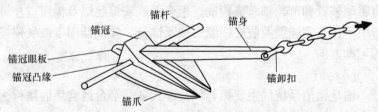

图 12 – 19　动力锚结构

（3）锚链

主要作用是把锚和锚机连接起来，将锚的抓力传递到锚机并作用到钻井平台上。锚链是由连环组成，连环与连环之间环环相

426

扣，形成长的链条。如图 12-20 所示。

（4）锚缆

在深水钻井中，往往需要锚缆与锚链相结合使用。锚缆都是用钢丝绳制成的，如图 12-21 所示。常用的锚缆钢丝绳是 6×19+1（钢丝绳由 6 股拧成，每股由 19 根钢丝拧成，再加 1 根绳芯），6×25+1，6×37+1。选择何种锚缆要取决于锚缆载荷、水深、锚机、舱位大小等。钢丝绳的复位力大于锚链的复位力。和锚一样，锚缆也必须预张紧。

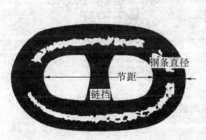

图 12-20　锚链结构

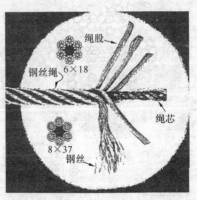

图 12-21　锚缆钢丝绳结构

对于锚泊装置，要考虑以下一些重要问题：锚链或锚缆一定要能经受住最大风暴期间的负荷；锚链或锚缆要有足够的长度，以满足作业点水深的要求；平台上要有监测锚链或锚缆所受张力的仪器设备；平台上要有足够大的锚链舱，能够存放所需的全部锚系设备。

19. 锚泊定位系统用钢丝绳有哪几种结构类型？

系泊用钢丝绳的结构类型如图 12-22 所示。

20. 锚泊定位方式有哪几种？

根据钻井平台的形状和海况条件的不同，可以采用以下 6 种系泊方式，如图 12-23 所示。

采用适当的锚泊方式，对于减小锚缆、锚链载荷，改善定位

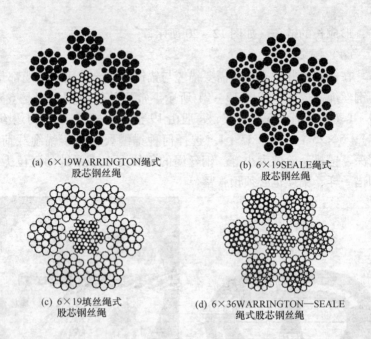

(a) 6×19WARRINGTON绳式
股芯钢丝绳

(b) 6×19SEALE绳式
股芯钢丝绳

(c) 6×19填丝绳式
股芯钢丝绳

(d) 6×36WARRINGTON—SEALE
绳式股芯钢丝绳

图 12 - 22　系泊钢丝绳结构类型

性能具有重要作用。

锚泊定位的定位精度通常在水深的 5% ~6% 之间，好的设计可达到 2% ~3%，完全能够满足钻井作业的要求。

21. 锚缆和锚是如何布放的？

抛锚作业是一项较为复杂的海上作业，大多数浮式钻井装置都不能自己把所需的锚和锚缆布放好。因此，在布放锚和锚缆时，要依靠布锚和拖锚船。图 12 - 24 为锚和锚缆布放的过程。锚缆从平台的锚缆舱放出，越过锚缆轮，穿过下导缆器（A 点），下到海底的 B 点，但不许在该点堆积起来，否则会使锚缆打结或成一大捆。拖锚船将锚缆从 B 点沿海底拖到 C 点，再将锚拉到拖锚船上（D 点）。

布完所需长度的锚缆后，锚就从 D 点沿弧线摆到 E 点，并开始由布锚船进行初步抛锚。用一条与锚相连的短索把锚下放到海底，下放时要尽可能轻，以免损坏锚或缠住锚索。锚缆布放完

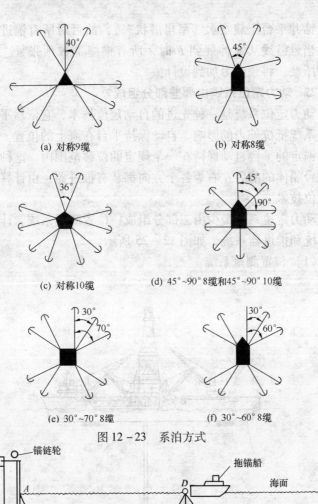

(a) 对称9缆　　　　　　　　(b) 对称8缆

(c) 对称10缆　　　(d) 45°~90° 8缆和45°~90° 10缆

(e) 30°~70° 8缆　　　　　　(f) 30°~60° 8缆

图 12-23　系泊方式

图 12-24　锚和锚缆的布放过程

后，钻井平台压载吃水（呈半潜状态），然后对所有锚进行预加载，当悬链线从 A 伸展到 F 时，所有锚缆都被预张紧。可通过控制压载，将预张力加到设计值。

22. 动力定位系统由哪些部分组成？

动力定位系统是一种先进的自动定位技术，它依靠平台上的动力系统抵抗外力的影响，自动保持平台在海上的位置。使浮动的未锚定的平台自动保持在一个规定的位移范围内。这种装置是在平台船体的前后左右等各个方向都装有推进器，由计算机控制的定位技术。

动力定位系统最少由三部分组成：位置测量系统、计算机控制系统和推进器系统，如图 12 - 25 所示。

（1）位置测量系统

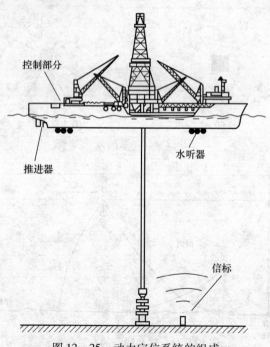

图 12 - 25　动力定位系统的组成

430

它的作用是测平台相对于海底井口的位置的变化，然后将测得的数据传给计算机处理，是一个连续测量，不断提供平台方位的系统。现场常用声纳系统进行测量，声纳系统包括设在海底的声波信标、设在平台上的水听器等。水下信标以有规律的时间间隔向水听器阵发出声脉冲，当平台正好在信标（或井眼）上方时，声脉冲同时到达所有的水听器。当钻井平台偏离井眼时，最近的水听器先接收到声脉冲信号，最远的水听器后收到声脉冲信号。根据声音在水中的传播速度和各水听器接收到声音的时间长短，可以很容易地得出平台相对于信标的位置。测量系统的布置如图12-26所示。

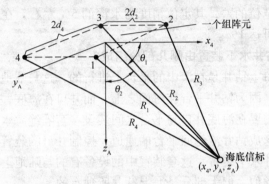

图12-26 测量系统的布置

（2）计算机控制系统

它根据测量系统提供的数据，计算并确定推进器的工作方案，向执行机构发出指令。

（3）推进器系统

是动力定位系统的执行机构，它根据计算机发出的指令，产生一定的推力，使平台恢复到定位的位置上。产生推力的方法有两种：一是水力喷射式，可产生约5kN的推力；另一种是螺旋桨式，可产生约10~15kN的推力。

23. 动力定位系统的原理与特点是什么？

（1）工作原理

动力定位是通过声波等先进的测量技术，测出平台在某个时刻的位置，通过计算机比较该时刻的平台位置与基准位置的偏差，并根据当时的海况，通过计算机计算出恢复平台位置所需的力的大小和方向，发信号给动力装置（推进器），使推进器产生推力（力矩），从而将平台推回原来的位置，达到定位的目的。

（2）特点

动力定位是比较先进的一种定位方法。它的优点是调整迅速、工作水深大，目前它的定位能力已超过 3000m 水深。缺点是不能用于浅水、设备成本高、燃油消耗大，对于非自航的平台，需配备专门的推进设备，设备利用率低。动力定位的定位精度比锚泊定位的差，其定位精度为水深的 5% 左右，在风平浪静的情况下可达 1%。

24. 钻井水下装置由哪几部分组成？

由于海上钻井是在海中的平台上进行的，这与陆地钻井有很大的不同。因为钻井平台在海面之上，而井口在海底，为实现正常钻井，需要在海底井口与平台之间装设一套隔绝海水、适应平台摇摆、形成钻井液返回平台的通道、控制井口的装置，这套装置就是钻井水下装置。这套装置中的设备有的与陆地上所用的相同，有的类似，但大部分是海上钻井所独有的。

钻井水下装置由引导系统、防喷器系统和隔水管系统三部分组成，如图 12 - 27 所示。在海上作业时，用快速连接器将两个部件连接起来。

25. 引导系统由哪几部分组成？

引导系统的作用是在拆装水下井口装置和下套管时引导对正。如图 12 - 28 所示，它主要由三部分组成。

（1）井口盘

井口盘以足够大的自重压入海底淤泥中，以保持海底井口的位置不变，是第一个被安装在海底的部件。它由钢板和钢筋焊接而成，中间灌注混凝土。

（2）导向架及导引绳

导向架的 4 个主支柱上各固定 1 个导向绳，其上与张紧机构

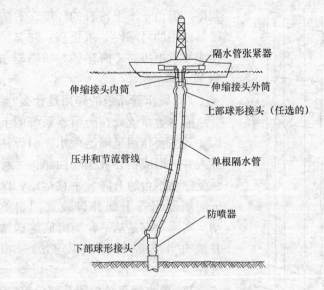

图 12 – 27 钻井水下装置

相连接，另有两根支柱用来连接液压管线和多芯电缆。导线架固定在导管上，并随导管一起下入，下入时依靠井口盘上的临时导引绳，准确进入井口盘的内孔，并将导引架坐在井口盘上，然后将井口盘上的临时导引绳割断，井口盘和导引架固定后就成为一口井的永久组成部分。

（3）导引绳张紧装置

引导绳的长度需要随着平台的升降而伸缩，才能起到引导作用，因此设有导引绳张紧器。

26. 防喷器系统由哪几部分组成？

海上钻井防喷器可以装在水下，也可以装在平台上。装在平台上的防喷器与陆用的基本相同；装在水下的防喷器装置与陆用的则有很大不同，必须采用液压或电液控制的遥控装置。海上钻井防喷器系统是水下井口装置的核心部分，防喷器系统包括万能防喷器、剪切闸板防喷器、半封闸板防喷器、全封闸板防喷器四通、压井防喷管线、防喷器控制操作系统以及防喷器系统的导引

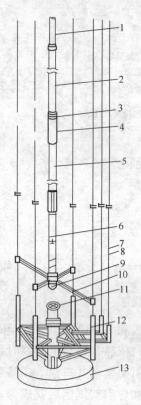

图 12 - 28　引导系统

1—钻杆；2—伸缩钻杆；3—送
入接头；4—套管头；5—套管；
6—回压凡尔；7—多芯电缆；
8—液压管汇；9—套管引鞋；
10—引导滑架；11—导管头；
12—引导架；13—井口盘

架等。但由于海上特有的环境，对防
喷器使用的可靠性要求更高，防腐蚀
性能要求也更高。海洋钻井防喷器如
图 12 - 29 所示。

27. 隔水管系统的作用是什么?

隔水管系统处在防喷器系统的上
面，其主要作用是隔绝海水，引导钻
具入井，形成钻井液循环回路，并且
承受浮动平台的升降、平移运动，保
证防喷器组等下部井口装置固定不
动。实际上它是从平台到海底输送钻
井液并作为钻柱导向装置的一根
管件。

28. 隔水管系统由哪几部分组成?

在固定式、坐底式和自升式等平
台上钻井时，隔水管从平台甲板下到
井口；但在半潜式平台、浮式钻井船
上进行钻井作业时，除了正常的隔水
管之外，还需要其他的一些设备，以
适应平台的升沉运动。这时隔水管柱
不再是一根单纯的管件，而是具有很
多复杂部件的系统。就像套管柱一
样，它也是由一段一段隔水管节通过
接箍连接而成的。隔水管系统主要包
括：隔水管接箍、伸缩隔水管、弯曲
接头、张紧装置和连接装置等。

（1）隔水管接箍

隔水管接箍的作用是连接各隔水管节，有多种式样，如卡箍
式接箍、领眼油壬式接箍、径向驱动榫-槽式接箍和领眼螺栓式
接箍等。

图 12 - 29 海洋钻井防喷器

（2）隔水管节

隔水管节是隔水管系统的主体，是用 16″ ~ 24″ 直径的钢管制成，每节的长度根据钻井平台的几何尺寸确定，一般为 15 ~ 24m，两端有公母接头。母接头向下，公接头向上，单根之间依靠公母接头配合连接。连接时只要将母接头套入公接头并下压，公接头上的钢圈即可进入母接头的槽内并互相锁紧。

（3）弯曲接头

弯曲接头有两种：一种是挠性接头，一种是球接头。如图 12 - 30 所示，挠性接头装在隔水管系统的最下部，允许隔水管在任意方向转动约 7° ~ 12°，其主要作用是补偿钻井平台的摇摆和平移运动。

（4）伸缩隔水管

伸缩隔水管的作用是补偿平台的升沉运动，使隔水管柱不致于因平台的上下运动而断裂。它一般装在隔水管系统的最上部，由内管和外管组成，两管可以相对上下运动，如图 12 - 31 所示。

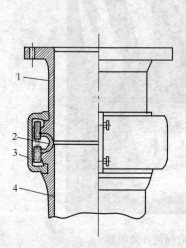

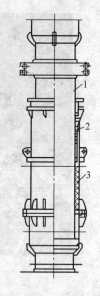

图 12 – 30　挠性接头
1—短管；2—橡胶圈；
3—夹箍；4—短管

图 12 – 31　伸缩隔水管
1—内管；2—盘根；3—外管

（5）张紧器

张紧器的作用是使固定隔水管的绳缆始终保持恒张力状态。当钻井平台的工作水深超过 31m 时，为了防止隔水管柱在轴向压力作用下被压弯而破坏，应使用张紧器张紧隔水管柱，使其承受拉力。目前使用的张紧器主要有导向索张紧器和隔水管张紧器两种，两者的布置分别如图 12 – 32 和图 12 – 33 所示。张紧器的工作原理是利用气液储能器的液压推动活塞，随着平台的升沉而放长或收短钢丝绳，以保持导向绳及隔水管的张力恒定。使用张紧器后，隔水管所受的张力变化可控制在 5% 以内。

29. 连接装置由哪几部分组成？

连接装置是连接水下井口装置各大系统之间的重要工具，如连接导引系统和防喷器系统、防喷器系统和隔水管系统、万能防喷器与闸板防喷器等。由于这种连接是在水下，距离遥远，所以要求结构简单、动作迅速、连接可靠。常用的连接器为液压卡块

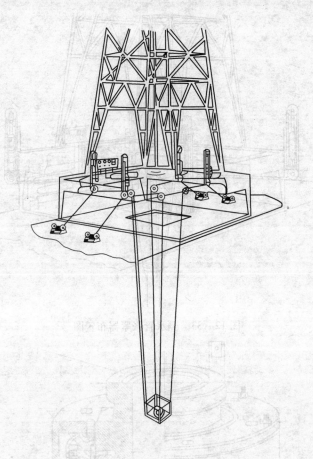

图 12－32　导向索张紧器布置图

式，如图 12－34 所示。它由上下接头、卡块、外液缸等组成。上下接头靠卡块卡紧而连接在一起。卡块由两部分组成，互成锥面接触。卡块的一部分叫做卡块动作环，与液压缸活塞杆相连，活塞杆的伸缩带动动作环上行或下行，使卡块的另一部分压紧或松脱。遇到危险情况，油压卸载、卡块松脱，上接头与下接头呈30°或更大角度而脱开，使钻井平台迅速离开井位，以避免重大损失。

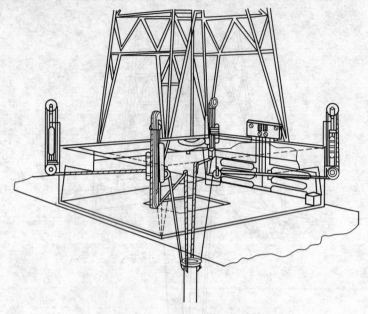

图 12-33　隔水管张紧器布置图

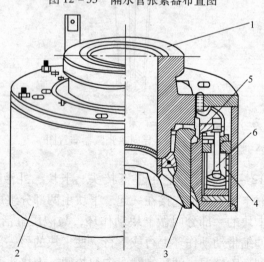

图 12-34　液压卡块式连接器
1—上接头；2—下接头；3—卡块；4—液缸；5—卡块动作环；6—活塞杆

30. 为什么要对石油钻井平台进行升沉补偿？

水深较大时，在海上钻井一般采用半潜式钻井平台或浮式钻井船。它们在风力、海浪力和海流力等海洋环境载荷的作用下，会产生升沉即上下运动，会使固定隔水管等水下装置的张力忽大忽小、井内钻柱忽上忽下、钻头忽而离开井底、忽而冲向井底、造成钻压不稳，影响钻进。严重时，使钻头脱离井底，无法钻进，无法确切测量井深，造成严重的顿钻等事故。因此，必须采取措施来解决钻柱的上下运动问题。解决办法就是对升沉运动进行补偿，解决钻柱和缆线上下升沉带来的问题的办法，称为平台的升沉补偿。

升沉补偿主要有在钻柱中增设伸缩钻杆和增设升沉补偿装置两种方法。

31. 伸缩钻杆补偿方式的工作原理是什么？

它是最早使用的升沉补偿方法。为了使钻柱不受平台起伏的影响，在钻铤的上部增设一根伸缩钻杆。伸缩钻杆的结构与伸缩隔水管类似，也是由内、外筒组成，内外筒之间有四道密封，可沿轴向相对运动。当平台作升沉运动时，伸缩钻杆的内管随其以上的钻柱作轴向运动，而外管及其以下的钻柱基本不动，这样就保持了钻头始终接触井底，能够正常进行钻进。

目前使用的伸缩钻杆有全平衡式和部分平衡式两种方式。

32. 全平衡式伸缩钻杆补偿的结构原理是什么？

（1）全平衡式钻杆的结构

其结构如图 12 - 35 所示。

（2）伸缩钻杆的补偿原理

其工作原理如图 12 - 36 所示。

全平衡式伸缩钻杆工作时，在内管和下工具接头间的环形截面上作用着钻柱内的高压钻井液，因而产生张开力。同时，从井筒中返回的钻井液作用在伸缩钻杆外筒的顶端面和防磨环下面的台肩上，也产生张开力。在此二力的作用下，有使内、外筒在轴向拉开的趋势。为了消除此趋势，在伸缩钻杆的中间增设有一个

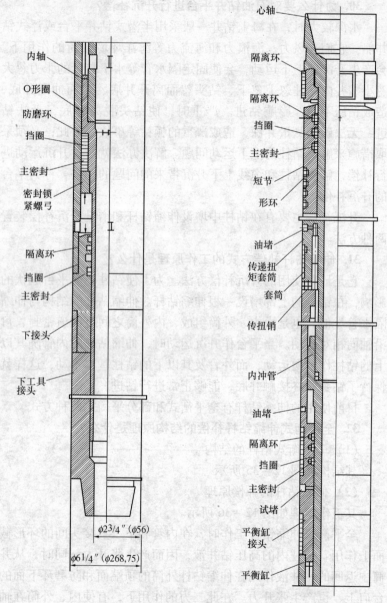

内轴

O形圈

防磨环

挡圈

主密封

密封锁
紧螺弓

隔离环

挡圈

主密封

下接头

下工具
接头

心轴

隔离环

隔离环

挡圈

主密封

短节

形环

油堵

传递扭
矩套筒

套筒

传扭销

内冲管

油堵

隔离环

挡圈

主密封

试堵

平衡缸
接头

平衡缸

$\phi 23/4''(\phi 56)$

$\phi 61/4''(\phi 268,75)$

图 12 - 35 全平衡式伸缩钻杆结构图

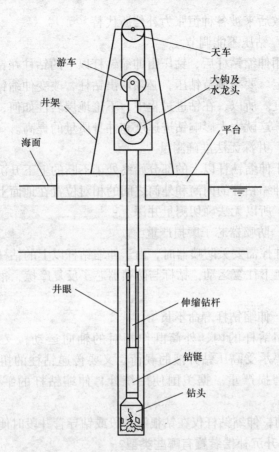

图 12 - 36　全平衡式伸缩钻杆补偿原理示意图

密封的平衡压力缸。它和流经伸缩钻杆内孔的高压钻井液相通，并使高压钻井液在平衡缸中产生的轴向力和张开力平衡，所以叫全平衡式。

部分平衡式伸缩钻杆没有平衡压力缸，只是靠尽量减小内管心轴尾端的壁厚来减小它与工具接头间的环形面积，实现部分地减小钻井液所产生的张力。

33. 使用伸缩钻杆补偿方式存在哪些问题？

虽然伸缩钻杆结构简单、使用方便，但它也存在着重大问题，以致后来被各种恒张力补偿所代替。

（1）钻压不能调节

使用伸缩钻杆后，钻压由伸缩钻杆以下的钻柱在钻井液中的重量决定。要想调节钻压，必须取出钻柱，改变伸缩钻杆以下钻铤的长度。所以，在钻进过程中，不论地层岩性如何，钻压总是一定的，这就大大影响钻进速度和井身质量的提高。

（2）井深无法准确测量

由于伸缩钻杆以上的部分始终处于不断的上下升沉运动的过程中，伸缩钻杆的内筒和外筒之间的相对位置在地面上无法精确的知道，所以无法确切测量井深。

（3）防喷器芯子磨损严重

当井控需要关防喷器时，由于伸缩钻杆以上的钻柱仍然要随平台作上下往复运动，钻杆与防喷器芯子反复摩擦，很容易磨坏芯子。

（4）伸缩钻杆寿命不长

伸缩钻杆的内、外筒既作相对的轴向运动，又作旋转运动；既要承受高压钻井液的载荷，又要传递钻柱的扭矩；各种密封件磨损严重。据美国使用统计，伸缩钻杆的平均寿命仅为 65.2h。

目前，伸缩钻杆仅在钻很浅井段或钻导管井段时使用。

34. 升沉补偿装置有哪些类型？

为了补偿平台的升沉运动，在钻机的部件中增设一套钻柱升沉补偿装置，使钻柱不随平台作上下运动。升沉补偿装置主要有游动滑车型和天车型两种。

35. 游动滑车型升沉补偿装置的结构原理是什么？

（1）结构

又称大钩恒张力补偿装置，其结构如图 12 - 37 所示，装在游车和大钩之间。它主要由液缸，上、下框架，储能器气瓶和锁紧装置等组成。两个液缸用上框架与游车相连，液缸中的活塞通过活塞杆与固定在大钩上的下框架相连，大钩载荷由活

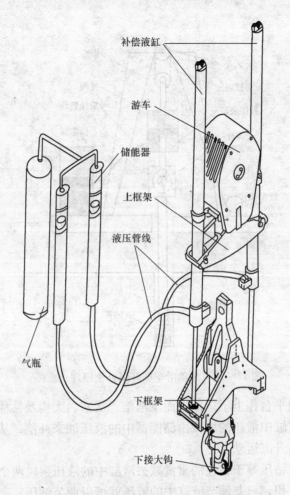

补偿液缸

游车

储能器

上框架

液压管线

气瓶

下框架

下接大钩

图 12 – 37　游动滑车型升沉补偿装置

塞下面的液压来承受。储能器与液缸相通。锁紧装置将上下框架锁成一体，从而使游动滑车与大钩连在一起。这样液缸体将随着游车、大绳、天车以及井架，平台一起上下升沉，而活塞杆和大钩以及大钩以下整个钻柱一起，不随平台升沉而升沉。

（2）工作原理

工作原理如图 12 – 38 所示。当平台作升沉运动时，液缸与

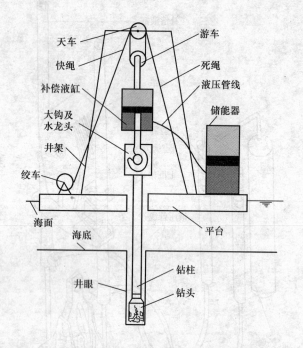

图 12-38 游动滑车型升沉补偿原理示意图

上框架随平台作上下运动，而下框架、活塞、大钩及钻柱基本上不动，液缸中液压的增减由储能器中的液压油来补偿，从而补偿了平台的升沉运动。

由于钻压等于钻柱的重量减去液缸中的液压乘以两个液缸中活塞的面积，只要调节液缸中的液压就可以调节钻压。

36. 天车型升沉补偿装置的结构原理是什么？

（1）结构

又称天车恒张力补偿。如图 12-39 所示，它是将补偿液缸装在天车上，主要由浮动天车、主气缸、液缸和储能器等组成。浮动天车除具有普通天车的结构外，还有 2 个辅助滑轮和 4 个滚轮，快绳和死绳分别通过辅助滑轮引出。天车轮并不是固定在天车上，而是装在一个滑块上，滑块可以在天车的轨道内上下移

444

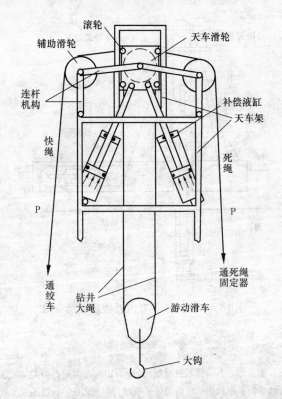

图中标注：
滚轮
辅助滑轮
天车滑轮
连杆机构
补偿液缸
天车架
快绳
死绳
P   P
通绞车
钻井大绳
通死绳固定器
游动滑车
大钩

图 12 - 39   天车型升沉补偿装置

动。主气缸用以支承浮动天车，与井架连在一起。液缸起缓冲作用。储能器装在井架上，与管路与主气缸相连，用以调节主气缸中的气压。

（2）工作原理

工作原理如图 12 - 40 所示，当平台作升沉运动时，井架沿轨道上下运动，主气缸中的气体压缩或膨胀，而天车与大钩基本上保持不动，这样就补偿了平台的升沉运动。钻压的调节与游动滑车型升沉补偿装置的相似。

445

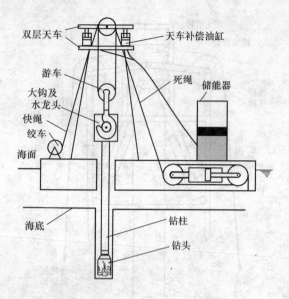

图 12 - 40　天车型升沉补偿装置示意图

参 考 文 献

［1］　李继志，陈荣振．石油钻采机械概论［M］．山东东营：石油大学出版社，2004．

［2］　华东石油学院矿机教研室．石油钻采机械［M］．北京：石油工业出版社，1980．

［3］　马永峰，康涛．钻机操作维护手册(上、中、下册)［M］．北京：石油工业出版社，2005．

［4］　陈如恒．电动钻机的工作理论基础．石油矿场机械，2005，34(3)：1 - 10；2005，34(4)：1 - 8．

［5］　马文星编著．液力传动理论与设计［M］．北京：化学工业出版社，2004．

［6］　中国石油天然气总公司劳资局组织编写．柴油机 - 钻机联动机装置与空压机．北京：石油工业出版社，1997．